# 과학천재가 된 카이우스

사고력과 분석력을 높여 주는 신 나는 시간 여행

# 과학 천재가 된 카이우스

헤지나 곤살베스 지음 | 이정임 옮김

살림Friends

# 머리말

시간. 정복되어야 할 차원!

이제 과거, 현재 그리고 미래의 문명으로 카이우스를 데려가는 여행이 시작됩니다.

그 여행에서 카이우스는 역사에 남을 업적을 쌓은 사람들을 만납니다. 역사적인 위기의 순간이나 인간과 신이 전쟁을 벌이는 현장에서 마주치는 여러 가지 수수께끼에도 도전합니다.

카이우스는 대부분의 또래 아이들처럼 공부를 좋아하지 않습니다.
하지만 카이우스는 서서히 자기 주변의 세계를 탐험하면서 점차 자신이 가진 힘을 발견합니다.
자신의 가장 멋진 능력인 추리의 힘을 사용하는 법을 배우게 됩니다.
카이우스는 시간을 넘나들며 운명이 이끄는 모험을 시작합니다.

작가의 말

## 아인슈타인, 피카소, 애거사, 채플린

시간 여행자 카이우스는 1905년의 파리에 도착한다. 20세기 초는 새로운 아이디어와 개념이 쏟아져 나오면서 사람들이 우주에 대해 깊이 탐구했던 시기이다.

유명한 공식 $E=mc^2$이 실린 논문을 발표하기 직전 아인슈타인은 며칠 동안 사라졌다고 한다. 그는 어디 있었을까? 이 소설에서 아인슈타인은 혁신적인 상대성 이론을 깨닫기 전에 파리에 있었다. 같은 시기에 피카소는 전통적인 원근법을 버리려는 생각을 막 시작하게 됐다. 두 사람 모두 시공간의 관계를 궁리한 것이다. 미술과 과학 사이의 만남은 마침내 무한한 상상력에 의해서 가능해진다.

20세기 초 파리의 흥미로운 장소들은 환상적인 분위기를 만든다. 카이우스와 아인슈타인, 피카소, 애거사, 시인 앙드레 살몽, 풋내기 화가 피카소의 후원자 거트루드 스타인이 피카소의 작업실에 모여서 미술, 문학, 과학, 시간 여행 그리고 미스터리 등 여러 주제에 대해 인상적인 토론을 나눈다.

카이우스는 상대성 이론과 큐비즘의 탄생에 영향을 미친다. 또한 조사하는 것을 좋아하는 애거사 크리스티와 놀라운 매력을 가진 찰리 채플린의 도움을 받아 불가사의한 살인 사건을 해결한다.

아인슈타인이 했던 다음의 말을 기억하자.

"우리가 경험할 수 있는 가장 아름다운 것은 신비감이다. 신비감이야말로 모든 진정한 예술과 과학의 원천이다. 이런 감정이 낯설게 느껴지고 더 이상 놀라워하지 않으며 경외감에 빠져 몰두할 수 없는 사람은 죽은 것이나 다름없다. 그의 눈은 닫혀 있는 것이다."

## 환상

헤지나 곤살베스

구름을 가로질러
저 햇살 뒤편을 향해
온갖 기억들이 질주한다.

망상으로 위장된 진실과
속임수를 쓰는 거짓 기억들은
초점이 맞지 않는
흑백의 전쟁 이미지처럼
순식간에 역사 속으로 사라진다.

진실은 무엇인가?
그리고 환상은 무엇인가?

모든 것이 환상이고
무엇이든지 가능하고
과학적으로 설명할 수 없는
귀중한 순간은
현상을 초월한다.

시간은 직관적 지식이고
색채도 예외가 아니다.
기나긴 시간은 큰 폭풍우와 같아서
내 생각이 흐릿해진다.

어떤 행위
어떤 감정
미소나 눈짓
부드러운 손길은
끝없이 되풀이되어 나타난다.

모든 것이 환상이다!
시간만이 지워 버릴 수 있다!

무엇이든지 가능하고
꿈은 이루어진다.

차례

실재의 모습은 나타나는 대로 묘사해서는 안 된다.
우리가 이해하는 대로 묘사해야 한다.
아인슈타인, 피카소, 애거사, 채플린처럼 진실을 보는 새로운 눈이 필요하다.

# 살인 사건을 목격하다

끊임없이 불어 대는 바람에 간판이 계속 기둥에 부딪치며 덜그럭거리는 소리를 냈다. 음산한 바람이 울부짖는 어두운 거리에는 한 소년이 홀로 걷고 있었다. 이렇게 기묘하고 음산한 곳에서 소년이 할 수 있는 일이라고는 꽁꽁 언 귀 위로 모자를 끌어내리고 큼지막한 반바지 주머니에 손을 찔러 넣는 것뿐이었다. 카이우스는 다음 역에 도착할 때까지 선로를 따라 정처 없이 걸었다. 그리 오래 걷지 않았는데도 얼어붙을 것 같은 추운 날씨와 지독한 허기 때문에 용기가 꺾였다. 그 길은 끝없이 이어질 것만 같았다.

불빛이 흐릿한 역에 도착하자 카이우스는 그만 허탈해졌다. 기차역은 온몸을 얼어붙게 만드는 불안한 정적에 휩싸여 있었다. 갑자기 흥분한 두 마리의 말이 끄는 사륜마차가 울퉁불퉁한 자갈길을 빠르게 달려가는 소리에 그 죽음과 같은 정적이 깨졌다. 카이우스는 마부의 주의를 끌기 위해 휘파람을 불려고 했지만 머뭇거리다가 기회를 놓치고 말았다. 화가 난 그는 넓은 역 안을 계속 헤매고 다녔다. 그러다가 철제 의자 가까이에 있는 누군가 두고 간 듯한 물건이 눈에 들어왔다. 불이 켜져 있는 랜턴이었다. 랜턴을 집어 든 카이우스는 지금 자신이 있는 곳이 어딘지를 알려 줄 만한 것을 찾아 나섰다.

몇 걸음 앞쪽에 있는 커다란 나무 시계 아래에는 프랑스 도시들로 향하는 열차 노선이 적힌 칠판이 있었다. '가르 뒤 노르'라는 역의 이름과 열차의 시간표가 함께 적혀 있었다. 그러나 정말로 주의를 끈 것은 날짜였다. 1905년이었다. 카이우스가 놀라운 충격에 빠져 있을 때 다시 어떤 소리가 그의 주의를 끌었다.

카이우스는 기묘한 소리를 따라서 반대편 선로로 갔다. 화물 열차 한 대가 정차한 채 대기 중이었다. 그런데 텅 빈 객차 한 칸에서 희미한 소리가 흘러나오고 있었다. 호기심이 생긴 카이우스는 천천히 객차로 올라가서 머리 위로 랜턴을 들고 고개를 쑥 들이밀었다. 그 순간 마치 시간이 정지된 것만 같았다. 카이우스는 심하게 일그러진 지독히 창백한 남자의 얼굴을 보았다. 그 남자의 벌어진 입에서는 혀가 끔찍하게 늘어져 있었다. 거의 의식을 잃은 듯한 그의 머리에서 낡고 허름한 베레모가 천천히 흘러내리자 짧은 머리가 드러났다. 섬뜩하게 검은 그늘이 드리운 두 눈이 카이우스를 향했다. 그 눈은 도움을 청하는 것처럼 보였다.

하지만 곧 절망 어린 눈에 남아 있던 빛이 서서히 사라지더니 깊은 공허감으로 바뀌었다. 축 처진 남자의 몸은 아직 똑바로 서 있었지만, 남자의 손은 그의 목을 조른 철사가 드러나 있는 찢어진 코트 위로 천천히 미끄러져 내렸다.

구역질이 왈칵 치밀어 올랐다. 그 바람에 랜턴이 심하게 흔들리면서 시체의 목을 조른 철사를 손에 쥔 사람을 비추었다. 그는 검정 양복을 입고 있었고 갈색 머리에 키가 컸다. 침입자와 시선이 마주친 살인자는 희생자를 놓고 금방이라도 새로운 먹이에게 달려들 듯 날카로운 발톱을 세웠다. 그는 윗입술을 비틀고 송곳니를 드러내며 잔인한 미소를 지었다. 카이우스는 심호흡을 했지만 목이 바짝 마르고 숨이 턱 막혔다. 너무 겁에 질려 살인자에게서 눈을 떼지 못했다. 다리는 너무 후들거려서 전혀 움직이질 못했다. 탈출로를 찾는 그 짧은 시간이 마치 영원한 것처럼 느껴졌다. 사나운 눈빛을 한 남자는 카이우스가 있는 쪽으로 한 발 다가왔다. 바로 그 순간 카이우스의 내면에서 힘이 솟았다. 카이우스는 재빨리 암살자를 향해 랜턴을 던지고 달아났다.

카이우스는 좁고 미끄러운 길을 지나 있는 힘을 다해 도망쳤다. 공포심과 사건 현장의 모습이 그림자처럼 그를 졸졸 따라왔다. 어둠에 싸인 건물 창문들이 그를 초조하게 했다. 건물 안에 있는 사람들은 밖에서 벌어진 끔찍한 사건은 꿈에서조차 상상하지 못한 채 편안히 잠을 자고 있었다. 그는 비명을 지를 수도 없었다. 살인자가 자신의 소리를 들을까 두려웠다. 카이우스가 할 수 있는 일이라고는 그저 멀리 달아나는 것밖에는 없었다. 가로등 불빛으로 생긴 그림자에도 흠칫 놀랐다. 마치 살인자의 그림자처럼 보였기 때문이다.

가게 진열창에는 땀에 흠뻑 젖은 카이우스의 얼굴뿐만 아니라 생각까지 비치는 듯했다. 카이우스는 진열창에 나타나고 있는 이미지에 시선을 고정했다. 그것은 측면에서 본 목이 졸린 남자의 일그러진 얼굴과 툭 불거진 눈으로 그를 노려보며 날카로운 이를 드러내고 있는 살인자의 이미지였다. 카이우스는 우스꽝스럽게 두툼한 입술과 잔인한 미소를 가진 살인자의 모습을 알아볼 수 있었다. 눈은 튀어나와 있었고, 몹시 긴장된 부자연스런 표정이 얼굴에 나타나 있었다. 갈고리 모양의 손에는 긴 철사가 들려 있었다.

이 범죄 장면의 배경에는 어린아이의 손으로 그린 것 같은 볼품없는 기차가 있었다. 왼쪽 위편 구석에는 카이우스의 어머니의 모습이 스케치되어 있었는데, 눈물로 일그러진 얼굴이 떨리는 손에 의해 잡아당겨져 있었다. 아래쪽 구석에는 카이우스의 이름이 피로 쓰인 묘비가 무덤을 관통한 섬뜩한 이미지가 있었다. 겁에 질린 마음에 끔찍한 이미지들까지 떠오르자 카이우스는 더욱 혼란스러워졌고, 거리 모퉁이에 설 때마다 어디로 가야할지 몰라 갈팡질팡했다. 올바른 방향으로 가고 있는 걸까? 이 길로 가면, 아니 저 길로 가면 어떻게 될까? 이쪽이 더 좋을까? 아니 저쪽이 더 좋을까? 당황하고 흥분한 상태에서 카이우스는 누군가와 부딪쳤다.

"조심해라!"

제복을 입은 남자가 소리쳤다.

"무슨 일이 있니?"

"경관님, 어떤 남자가 저를 쫓아오고 있어요. 죽은 사람을 봤어요."

카이우스는 헐떡거리며 간신히 말했다.

"흥분을 가라앉히고 천천히 말해 보거라. 대체 무슨 말을 하는 거냐?"

"어떤 남자가 절 죽이려고 해요. 그 사람은 저, 저쪽 역에 있는 기차에서 거지를 죽였어요."

"그게 무슨 말이냐?"

카이우스의 어깨를 움켜잡으며 경관이 말했다.

"제가 봤어요! 기차 안에 죽은 사람이 있어요, 죽은 사람이!"

"어떻게 그런 일이 있을 수 있지? 이 시간엔 역이 닫혀 있는데 넌 거기서 뭘 하고 있었던 거니? 부모님은 어디 계시니? 집은 어디니? 대답해 보거라!"

짜증이 난 경관은 카이우스의 팔을 꽉 붙잡았다.

"놓아주세요! 저는 진실을 말한 거예요. 저와 함께 역에 가시면 그 거지의 시체를 보여 드릴게요."

카이우스는 필사적으로 소리쳤다.

"거지라고? 얘야, 그만해라. 네가 어디 사는지나 말해라. 그렇지 않으면 지금 당장 경찰서로 데려갈 테니."

경관이 명령조로 말했다.

"싫어요!"

카이우스는 경관의 손아귀에서 벗어나서 전속력으로 달렸다.

"얘야, 돌아와라, 이리 돌아와!"

경관은 꼼짝도 않고 서서 고함쳤다.

"다 너를 위해서 하는 말이다!"

카이우스는 어딘지 알 수 없는 거리를 따라 지칠 때까지 계속 달리다가 캄캄하고 막다른 골목길에 멈춰 섰다. 얼굴이 화끈거리고 땀은 비 오듯 흘러내렸다. 숨이 턱까지 차올라 헉헉거렸다. 그는 커다란 쓰레기통 뒤에 앉아서 가능한 몸을 편안하게 했다. 방심하지 않으려고 애를 썼지만 녹초가 된 몸은 어느새 깊은 잠에 빠져들었다. 적어도 얼마 동안 그는 악몽에서 벗어날 수 있었다.

카이우스는 누군가가 자신을 건드려서 눈을 떴다.

"일어나라, 꼬마야!"

경관은 그의 다리를 살짝 걷어차며 소리쳤다.

"뭐예요?"

카이우스는 눈을 비비며 일어났다.

"왜 그러세요?"

"좀 비켜라. 시간이 없어. 지금 당장 여기서 떠나라. 그렇지 않으면 감방에 가둘 거다."

"정말 배고파 죽을 지경이에요."

카이우스는 투덜거렸다.

"그렇게 배가 고프면 쉼터로 가거라. 네가 갈 만한 곳이야. 어서 가라!"

"쉼터요? 거기가 어딘데요?"

카이우스는 일어나서 천천히 주위를 둘러보며 말했다.

"저 모퉁이를 돌면 나온다. 내 인내심이 바닥나기 전에 썩 꺼져라."

카이우스는 재빨리 일어나서 모퉁이로 향했다. 경관은 그의 일거수일투족을 주시했다. 주위를 둘러보니 이른 시각인데도 이미 보도를 따라 걷고 있는 사람들이 눈에 띄었다. 마차들도 꼬리를 물고 포장된 길을 달려가고 있었다. 주위의 모든 사람들, 특히 챙이 넓은 모자를 쓰고 브로치로 채운 높은 깃이 달린 긴 드레스를 입은 여자들은 카이우스를 이상한 눈으로 바라보고 있었다. 그의 괴상하고 더러운 옷차림은 확실히 사람들의 주의를 끌 만했다. 그는 몸을 웅크리고 셔츠의 가슴 부분을 꽉 쥐고는 걸음을 재촉했다.

카이우스는 길을 건너자마자 곧장 거지들이 줄지어 서 있는 건물로 갔다. 건물에 들어간 뒤 그는 카운터로 성큼성큼 걸어가서 그곳에 쌓여 있는 코트 하나를 움켜잡았다. 좀 크긴 했지만 아무튼 그것을 걸쳤다. 바로 그때 맛있는 수프 냄새가 확 풍겨 왔다. 카이우스는 황급히 복도를 가로질렀다. 수프를 받은 카이우스는 긴 탁자의 반대편에 몰려 있는 노인들에게서 떨어져 앉아 수프를 게걸스럽게 먹어 치웠다. 카이우스는 수프를 마지막까지 싹싹 긁어 먹은 뒤 주위를 둘러보다가 깜짝 놀랐다. 새벽에 마주쳤던 경관이 문가에 서 있었던 것이다. 그는 경관이 떠날 때까지 옷깃으로 얼굴을 숨겼다. 경관이 떠난 후 마음을 가라앉히고 나서 수프 한 그릇을 더 받으러 갔다.

"배가 고픈가 보구나?"

머리를 쪽 찐 노부인이 빵 바구니를 들고서 말했다.

"좀 먹을래? 갓 구운 거란다."

"네, 주세요!"

카이우스는 빙긋 웃으며 대답했다.

"이곳에서 본 적이 없는 것 같은데?"

노부인은 코끝에서 미끄러져 내리는 작은 안경을 바로잡으면서 말했다.

"이름이 뭐니?"

"카이우스 라고 해요. 할머니는요?"

"뒤팽이란다. 사무엘 목사님을 도와서 쉼터를 돌보고 있단다. 그런데 넌 혼자니? 부모님은 어디 계시니?"

안경테 너머에 있는 그녀의 작은 눈이 카이우스를 뚫어지게 보았다.

"음, 그게……."

카이우스는 우물쭈물거리며 잠시 그녀의 시선을 피했다.

"당분간 혼자 여행하는 거예요. 부모님은 이 세상에 안 계세요."

"가엾어라."

노부인은 한숨을 쉬며 말하고는 카이우스의 꾀죄죄한 얼굴을 쓰다

듣었다.

"어디 살고 있니?"

"동트기 전에 이곳에 도착해서 아직 묵을 곳을 찾지 못했어요."

"동트기 전이라고? 그럼 그전에는 어디에 있었니?"

"역에 있었어요. 그런데 저는……."

카이우스는 자신이 목격한 사건을 이야기하려고 했지만 소심한 성격 때문에 친절한 노부인에게 나머지 이야기를 하지 못했다.

"무슨 일이 있었니? 내게는 말해도 된단다."

"어, 어떤 남자가 목이 졸려 죽는 것을 봤어요. 틀림없이 봤어요."

마침내 카이우스가 털어놓았다.

"정말이냐? 그 사람을 죽인 남자의 얼굴을 봤니?"

"자세히 보진 못했어요."

노부인은 잠시 동안 카이우스를 응시했다.

"맙소사, 어떻게 그런 일이 일어난 거지?"

그녀는 무릎에 바구니를 놓고 카이우스의 옆에 앉았다.

"그러니까 경관이 찾고 있는 아이가 너로구나."

"경관이요?"

"음, 솔직하게 말하면 좀 전에 어떤 경관이 와서 살인 사건에 대해 말한 소년을 찾았단다. 그 소년의 머리가 좀 돈 것 같다면서 보는 즉시 자신에게 알려 달라고 부탁하더구나."

노부인은 웃으며 카이우스의 등을 살살 두드렸다.

"만약에 네가 정말로 범죄를 목격했다면 경찰서에 가서 네가 알고 있는 모든 것을 말해야 한단다."

"안 돼요!"

카이우스는 소리쳤다.

"왜 안 된다는 거니?"

"그, 그냥 그럴 수 없어요."

"도대체 왜 안 된다는 거니?"

뒤팽 부인은 다그치듯 물었다.

"무서워서 그런 거라면 내가 함께 가 주마."

"아니요, 그냥 잊어버리세요. 저는 지금 혼자라서 경찰서에 가면 경찰이 절 체포할지도 몰라요."

"정말 그렇게 생각하니?"

"네. 틀림없어요."

"네 말이 맞을지도 모르겠구나. 모든 것을 말한 뒤에 네가 혼자라는 것을 알면 경찰이 너를 고아원으로 보낼 수도 있을 거야. 그런데 네가 그곳을 좋아할 것 같지는 않구나."

그녀는 고개를 천천히 끄덕이며 말했다.

"고아원이요? 말도 안 돼요!"

카이우스는 숨을 헐떡거리며 말했다.

"그럼 카이우스, 고아원에 가고 싶지 않다면…… 따로 묵을 장소는 있니?"

"아뇨, 이미 말씀드렸잖아요."

카이우스는 얼굴을 찡그리며 말했다.

"그래, 그랬지. 내 생각에는 네가 거리에서 지내서는 안 될 것 같은데. 그럼 나와 함께 가자꾸나! 내가 살고 있는 하숙집으로 널 데려가마."

그녀는 똑바로 앉아서 카이우스를 보고 싱긋 웃었다.

"하숙집이요?"

그 말을 듣자마자 카이우스는 곧 기운이 났다. 하지만 다시 고개를 떨어뜨리며 말했다.

"하지만 저는 돈이 없어요."

"걱정하지 마라. 대신 네가 일을 하면 돼. 나와 함께 가겠니? 네 얼굴에 휴식이 필요하다고 써 있구나."

결국 카이우스는 뒤팽 부인을 따라가기로 결심했다. 하숙집으로 가는 길에 카이우스와 뒤팽 부인은 인적이 드문 골목길을 지나갔는데 거기서 노부인이 갑자기 멈춰 섰다. 카이우스가 계속 걷다가 그녀가 어디 있는지 돌아보았을 때 한 남자가 소리쳤다.

"뒤팽 부인!"

그녀는 허둥지둥 스커트 허리끈을 매만진 뒤에 자신을 부른 키 큰 금발 남자를 돌아보았다.

"안녕하세요, 두아르테 씨. 잘 지내시죠?"

"그럼요, 부인."

"날씨가 아주 좋죠?"

그녀는 눈을 가늘게 뜨고 하늘을 보며 미소 지었다.

"네, 부인. 그런데 이런 골목에서 뭘 하고 계세요?"

"여기 꼬마 친구를 우리 하숙집으로 데려가는 길이에요."

"아, 처음 보는 얼굴이네요. 만나서 반갑다!"

그 남자는 모자를 벗고 카이우스에게 말했다.

"나는 장 두아르테란다."

"저는 카이우스라고 해요."

카이우스는 대답하고 나서 손을 들어 올렸다.

"부인, 이리로 다니시면 안 됩니다. 아주 위험하답니다."

노부인을 돌아보며 남자가 말했다.

"걱정 말아요! 낮에는 위험하지 않아요. 또 이 길이 가장 가까운 지름길이잖아요."

그녀는 조바심을 내며 말했다.

"여성이 그런 위험을 무릅쓰는 건 현명하지 않습니다. 허락해 주신다면 제가 부인과 함께 가지요."

"하지만 거기서 오시는 길 아니었나요?"

"그렇긴 하지만 괜찮습니다. 그저 나중에 사진 찍을 것을 찾으면서 산책을 하던 것뿐인데요, 뭐. 그럼 가실까요?"

"정 그러시다면."

노부인은 카이우스를 힐끗 보고 말했다.

"그렇게 하겠습니다, 부인. 제가 문까지 바래다 드리죠."

# 새로운 친구를 만나다

딸랑딸랑.

뒤팽 부인은 하숙집 접수대에 놓인 작은 벨을 울렸다.

"가요, 간다니까요!"

어깨에 큼지막한 숄을 두른 부인이 불평스레 말했다. 그녀는 백발에 눈동자는 짙었고 이마에 깊은 주름이 잡혀 있었다. 지팡이에 의지하여 절뚝거리며 계단을 내려온 부인이 접수대 뒤에 섰다.

"어머, 뒤팽 부인! 기다려 보세요. 알다시피 제가 여러 곳에 동시에 있을 수는 없잖아요?"

"블랑슈 부인. 제가 바로 그 문제에 대해 이야기하러 온 거랍니다. 제가 데려온 이 소년이 부인을 도와서 하숙집 일을 하면 어떨까요?"

뒤팽 부인이 말을 꺼냈다.

"오, 아니에요. 됐어요!"

블랑슈 부인은 질겁한 얼굴로 숄을 꽉 움켜쥐었다.

"설마 당신네 거지들 중 한 명은 아니겠지요?"

"아니에요, 부인. 이 아이는 쉼터에 오는 노숙자가 아니에요."

"그래요? 그럼 이 소년은 어디서 왔나요? 제 집에 낯선 사람들이 있는 걸 원치 않아요."

블랑슈 부인은 미심쩍은 눈초리로 지나치게 큰 코트를 입고 있는 있는 카이우스에 대해 말했다.

"부인. 이 소년이 여기 머무는 것에 무슨 문제가 있나요? 도와줄 사람이 필요하다고 하셨잖아요. 이 소년은 힘도 세고 건강해서 창문을 닦는다든지 심부름을 한다든지, 뭐 그런 일을 할 때 부인에게 도움이 될 겁니다. 그 대신 음식과 방을 주시면 될 것 같은데요?"

장 두아르테가 끼어들었다.

"아니, 방은 없어요. 꼭대기 층은 짐을 두는 곳이에요."

"상관없어요."

뒤팽 부인은 미소를 지었다.

"너도 괜찮지?"

그녀는 카이우스에게 물었다.

"네, 괜찮아요."

카이우스는 난처한 얼굴이었지만 분명히 대답했다.

그때 적갈색 머리의 키가 큰 부인이 블랑슈 부인 뒤에서 나타났다.

"그 애는 누구예요?"

낯선 부인은 카이우스를 힐끗 보며 근심스러운 목소리로 물었다.

"별일 아니에요, 엘프람 부인. 그냥 입이 하나 늘었을 뿐이에요."

블랑슈 부인이 그렇게 말하고는 절뚝거리며 계단을 올라갔다.

"마린느! 당신이 여기 있어서 다행이에요."

뒤팽 부인은 키가 큰 부인에게 말했다.

"부탁 좀 들어줄래요?"

"물론이죠. 뭘 도와드릴까요?"

"난 곧 쉼터로 돌아가야 해서요. 내가 외출하는 동안 카이우스를 좀 돌봐 주시겠어요?"

"그럼요, 그럴게요."

엘프람 부인은 묵직한 손을 카이우스의 어깨에 얹고 말했다.

"기꺼이요. 이곳에서 새로운 얼굴을 만나는 건 항상 기분 좋은 일이죠."

"고마워요, 마린느. 되도록 빨리 돌아올게요. 잘 돌봐 줘요. 카이우스, 어디 가지 말고 여기 있어라. 알겠니?"

뒤팽 부인은 이미 문을 향해 가면서 말했다. 그녀는 어깨 너머로 카이우스를 바라보며 문을 나섰다.

"자, 따라와라. 집을 보여 주고 나서……."

엘프람 부인은 잠시 멈춰 서서 카이우스를 곁눈질로 보았다.

"먼저 네가 입을 만한 옷을 좀 찾아보고……."
그러고는 코를 위로 향하고 공기를 들이마셨다.
"목욕을 하는 게 어떻겠니?"

목욕을 하고 나서 마린느 엘프람 부인과 네 시간에 걸친 지루한 답사를 한 뒤에 카이우스는 마침내 혼자가 되었다. 그는 이 기회에 잠깐 쉬기 위해 소파에 몸을 던졌다. 천장을 응시하며 오늘 일어난 일을 생각해 보려고 하다가 앞쪽 작은 탁자 위에 놓인 신문이 눈에 들어왔다. 손을 뻗어서 신문을 움켜잡고는 불안한 심정으로 대충 훑어보다가 마침내 한 면을 읽기 시작했다.
"범죄 기사를 읽는 거니?"
소파 뒤에서 빨간 머리 소녀가 그 기사를 읽으려고 애쓰며 물었다. 카이우스보다는 약간 나이가 많아 보였는데, 잿빛 스커트와 하얀색 옷깃에 꽃 모양 브로치를 단 코트를 입고 있었다.
"뭐?"
카이우스는 깜짝 놀라서 신문을 덮었다.
"진정해."
그녀는 두 손을 들며 말했다.
"너를 놀라게 하려던 건 아니야. 그냥 호기심이 생겼을 뿐이지. 네가 신문을 읽는 방식 말이야. 틀림없이 너는 뭔가 아주 특별한 것을 찾고 있었어. 나는 메리야."

"나는 카이우스야. 그리고 나는 그냥 시간을 보내려고 신문을 보고 있던 것뿐이야."

카이우스는 신문을 내려놓았다.

"정말 애석하네."

소녀는 낙담한 표정으로 입을 삐죽 내밀었다.

"드디어 이 따분한 장소에서 이야기할 상대를 찾았다고 생각했는데. 그냥 희망일 뿐이겠지?"

그녀는 한숨을 쉬었다.

"여기 사람들은 독서도, 말을 많이 하는 것도 좋아하지 않거든. 추리소설 좋아하니? 『셜록 홈스의 모험』을 읽어 본 적 있어?"

"홈스라고? 아주 잘 알지."

카이우스는 기운차게 소리쳤다.

"그럼 그의 책들을 좋아하는구나? 잘됐다!"

"그 사람은 정말 쿨한 것 같아."

"쿨하다고? 홈스는 탐정인데 그게 날씨와 무슨 관계가 있는 거지? 어쨌든 아까 내가 한 말이 맞지? 너도 나처럼 미해결된 사건을 찾아서 신문을 읽는 것을 좋아하는 것 같은데?"

"음, 반드시 그렇지는 않아. 사실 나는 역에서 죽은 남자에 대한 기사를 찾고 있었어."

"역에서?"

그녀는 만족스러운 얼굴로 카이우스 옆에 앉았다.

“그 일이 언제 일어났는데?”

“오늘 새벽에.”

“그런데 그게 벌써 신문에 나올 거라고 생각한 거야? 새벽에 일어났다면 내일 신문에 나올 거야. 열한 시쯤에.”

“열한 시라고?”

“당연하지. 몽마르트르에 신문이 도착하려면 시간이 걸리니까.”

“제기랄!”

“어쨌든 네가 본 사건에 대해 말해 봐.”

“내가 사건를 봤다고 누가 그래?”

“그건 분명해. 마린느 아줌마가 사건에 대해 말하는 것을 듣지 못했기든. 아줌마가 아무 말도 하지 않았다면 다른 사람들은 아무도 모른다는 거야. 이 부근에서 최고의 소식통이거든. 게다가 네가 신문을 훑어보는 방식은 뭔가 수상쩍은 데가 있었어. 네가 개인적으로 그 사건에 관련됐다는 의미지. 그런데 뭘 본 거야?”

“한 남자가 목이 졸려 죽는 것을 봤어.”

“목이 졸려 죽었다고?”

메리는 잠시 생각하다가 이어서 말했다.

“어디서?”

“역에서.”

“어느 역에서?”

그녀는 초조하게 물었다.

"내 생각에는 그게……. 맞다, 가르 뒤 노르 역이야."

"파리에서 가장 큰 역 중 한 곳인데. 네가 본 걸 자세히 말해 봐."

"노숙자가, 어떤 거지가 누군가에 의해 목이 졸려 죽는 걸 봤어."

"살인자의 얼굴을 봤어?"

"글쎄. 불빛이 별로 밝지 않았거든. 큰 키에 머리색이 짙고 검정 양복을 입고 있었어. 순식간에 일어난 일이라서 더 자세한 건 못 봤어. 그런데 그 남자가 정말로 아주 무서운 눈으로 날 바라보던 건 기억이 나."

"뭐 놀랄 것도 없지. 누군가의 눈에 띌 거라고는 예상하지 못했을 테니까."

메리는 킥킥 웃다가 웃음을 멈추고는 호기심 어린 눈길로 카이우스를 바라보았다.

"그건 그렇고, 그 시간에 넌 역에서 뭘 하고 있었던 거야?"

"나? 선로를 따라 걷다 보니 역이 나왔어. 막 도착한 참이었거든."

"혼자?"

"응! 그게 뭐 어때서?"

카이우스는 어색하게 말했다. 그의 태도가 변한 것을 눈치채고 메리는 화제를 바꿨다.

"그밖에 또 뭘 봤어? 그 살인자는 어떻게 생겼니? 덩치가 큰 사람이었어? 흉터 같은 건 있었어?"

"아니. 그는 아주 평범한 사람이었어. 그러니까……."

카이우스는 메리가 웃지 않으려고 애쓰는 것을 보면서 중얼거렸다.

"내가 기억하는 건 살인자가 그저 보통 남자였다는 것뿐이야."

"그러니까 그 남자가 누군가를 목 졸라 죽이고 있었다는 사실을 제외하면 말이지?"

카이우스는 어색한 듯 아무 말도 하지 않았다. 메리는 계속 말했다.

"또 무슨 일이 있었는데?"

"그냥 거기 서 있다가 그 남자가 나를 향해 다가오는 것을 보자마자 그에게 랜턴을 던지고 달아났어."

"그 거지가 죽은 게 확실해?"

"분명히 죽었어. 바로 내 눈앞에서. 살인자는 거지의 혀가 쑥 늘어지고 얼굴이 하얘질 때까지 철사로 목을 졸랐어. 입술이…… 어, 저쪽에 있는 저 천같이 보랏빛이었어."

카이우스는 작은 탁자에 깔린 테이블보를 가리키며 말했다.

"그 사람은 표정과 눈빛으로 도움을 청하고 있었지만 나는 아무것도 할 수 없었어. 내가 그렇게 쓸모없게 여겨진 적은 없었어. 하지만 내가 뭘 도울 수 있었겠어?"

"경찰서에는 갔었니?"

"아니."

"아니라니, 그게 무슨 소리야?"

그녀는 마음에 안 든다는 듯이 말했다.

"넌 목격자고……."

"왜 내가 경찰서에 가야 하지?"

화가 난 카이우스는 소파에서 일어났다.

"난 혼자 살아. 방금 여기 도착해서 아는 사람도 없어. 내가 경찰서에 가면 경찰은 날 고아원으로 데려갈 거야. 난 그러지는 않을 거야. 그러니 그만해."

"그래, 그래. 알겠어."

그녀는 잠시 생각하는 듯하다가 이어 말했다.

"그럼 기다려 보자. 만약에 이 일이 새벽에 일어난 거라면 아마 내일 신문에 뭔가 나올 거야."

"나는 정말로 봤어! 전부 사실이란 말이야!"

"네 말을 믿어. 네가 신문을 자세히 보고 있던 것이나 바로 눈앞에서 다시 사건이 벌어지는 것처럼 말하는 것으로 판단해 보면 말이야. 네가 이야기를 거짓으로 꾸며 내거나 과장해서 말하지 않는다는 걸 알아. 그저 여자애에게 관심을 끌려고 떠들어 대는 그런 아이 같아 보이지는 않거든."

메리는 장난기 어린 눈길로 카이우스를 바라보며 차분하게 말했다.

"자, 긴장을 풀도록 해. 틀림없이 내일이면 단 몇 줄이라도 기사가 나올 테니까."

메리의 미소 짓는 눈을 보고 카이우스는 훨씬 자신이 생겼다. 이제 다른 화제로 대화를 시작하려고 할 때 블랑슈 부인이 나타났다.

"아, 여기 있었군."

부인이 거친 소리에 놀란 카이우스가 소파에서 일어났다.

"네가 여기서 해야 할 일을 적은 목록을 가져왔다. 네가 게으르지 않으면 좋겠구나. 알다시피 게으르다면 나랑 일을 할 수 없을 게다."

카이우스는 주의 깊게 목록을 살펴보고는 자신이 해야 할 일의 양에 입이 딱 벌어졌다.

"그럼 어서 가 봐, 충분히 쉬었잖니?"

그녀는 지팡이로 카이우스를 밀며 고함쳤다.

"일을 시작해!"

"잠깐만. 아직 네 성을 말해 주지 않았잖아."

메리가 끼어들었다.

"내 성은 집이야. 카이우스 집"

카이우스는 방에서 나가면서 대답했다.

"너는?"

"메리 밀러야."

그녀는 재빨리 말했다.

"여기서 잠깐 기다려라. 곧 돌아올 테니."

블랑슈 부인은 명령조로 말하고는 몸을 돌려 급히 이 층으로 올라갔다. 기다리는 동안 카이우스는 창 옆에 서서 거리를 내다보았다. 헝클어진 갈색 머리에 콧수염을 기른 남자가 서성거리고 있었는데 체크무늬 양복에 조끼까지 차려 입고 있었다. 그 남자는 여행 가방을 들고 큰 걸음으로 성큼성큼 들어오다가 하숙집을 나가는 여자를 보고는 모자에 가볍게 손을 대고 인사했다. 카이우스는 헝클어진 머리를 한 이 기묘한 사람이 양말도 신지 않고 가죽 구두를 신고 있으며 쭈글쭈글한 바지를 입고 있는 것에 주목했다. 그런데 그의 태도는 훨씬 더 이상했다. 시선을 이리저리 돌리면서 어린애처럼 주위에 모든 것을 만져 보았다. 마치 처음으로 신기한 장소를 방문한 사람같았다. 그는 마치 이곳에서 벗어나 자신의 세계, 자신의 시간에 있는 사람처럼 보였다.

"저 여행 가방이 손님 건가요?"

엘프람 부인이 계단을 내려오며 물었다.

"네, 네."

남자는 천천히 여행 가방 쪽으로 다가가며 말했다.

"방을 빌리고 싶은데요."

"아, 그렇군요."

마린느는 손잡이에 끈이 묶여 있는 낡은 여행 가방을 바라보면서 무뚝뚝하게 말했다.

"그런데 얼마나 머물 생각이세요?"

"일주일은 있을 것 같은데요."

"그럼 아침 식사와 점심 식사를 포함해서 십오 프랑을 선불로 주세요."

"이 정도면 충분할까요?"

손님은 주머니에서 지폐를 꺼내 카운터 위에 펼쳐 놓았다.

"어머, 이건 독일 마르크화네요!"

마린느가 말했다.

"환전할 시간이 없었어요."

“그것 참 이상하네요. 손님은 독일 사람 같아 보이지는 않아요.”

마린느는 호기심 어린 눈초리로 그를 쳐다보았다.

“독일인이 맞아요. 현재 국적은 스위스지만.”

“그게 무슨 말씀이세요?”

그녀는 더욱 호기심이 발동해 캐물었다.

“난 독일 울름에서 태어났지만 스위스로 귀화했답니다.”

“귀화한 지 얼마나 되셨어요?”

그녀는 접수대에 기대며 물었다.

“오래전의 일이기도 하고 바로 얼마 전의 일이기도 하죠. 상대적이라고 할 수 있죠.”

“그럼 어디서 오는 길이세요?”

“베른에서요.”

“성함이?”

“알베르트라고 불러 주세요.”

손님은 부인의 손을 다정하게 잡으며 말했다.

“그럼 알베르트.”

그녀는 웃으며 말하고는 머리를 매만졌다.

“혼자 여행하시는 건가요?”

“네.”

“그러면 미혼이세요?”

“아니요. 결혼을 했고 아들이 하나 있습니다.”

그는 자랑스럽게 말했다.

"그럼 십오 프랑을 내셔야 해요. 우리는 독일 마르크화는 받지 않는다고요."

마린느는 카운터에서 팔을 떼며 쌀쌀맞게 말했다.

"그건 내가 결정할 일이에요, 마린느."

양동이와 대걸레를 들고 지팡이에 의지해 계단을 내려오면서 블랑슈 부인이 말했다.

"가서 부엌일이나 돌봐요. 손님 일은 내가 마무리할 테니."

블랑슈 부인은 명령조로 말했다.

"네, 부인."

마린느는 얼굴을 붉히며 말했다.

"이리 와라!"

블랑슈 부인은 창가에 있는 카이우스를 불렀다.

"이걸 가져가서 지금 바닥을 닦아라. 다 끝나거든 내게 말하고. 할 일을 더 줄 테니."

그녀는 카이우스를 세워 두고 돈을 받으려고 접수대로 곧장 갔다.

"괜찮으세요?"

알베르트가 조용히 물었다.

"아, 그럼요."

이제 안주인은 조용한 말투로 상냥하게 대답하고는 두꺼운 표지의 큼지막한 검정색 장부를 꺼냈다.

"성함이?"

"알베르트라고 부르세요."

"그렇게 하죠. 방을 준비하는 동안 여기에 필요한 사항을 기입하고 서명을 하세요."

그녀는 남자가 숙박부를 기입하도록 남겨 두고 급히 자리를 떠났다.

카이우스는 서툰 솜씨로 더러운 나무 바닥을 닦았다. 양동이에 대걸레를 담갔다가 어색한 손놀림으로 홱 잡아당기는 바람에 바닥이 물로 흥건했다. 대걸레를 들어 올릴 때마다 지나가는 사람들에게 구정물도 튀겼다. 내내 접수대 앞에 서 있던 알베르트는 당연히 물을 많이 맞았다. 새 손님은 신참 일꾼에게 조용히 다가갔다.

"이봐요, 내가 뭐 좀 물어봐도 될까요?"

"그럼요."

카이우스는 청소를 멈추고 대답했다.

"내가 어느 쪽에서 왔는지 알아요?"

"오른쪽에서요. 그런데 그걸 왜 물어보세요?"

"아, 정말 잘됐네요. 그건 내가 카페에 가서 이미 점심을 먹었다는 얘기니까."

그는 천장을 쳐다보고 두리번거리며 말했다.

"괜찮으세요?"

"그럼요, 좋아요. 특히 이렇게 상쾌한 비가 내린 뒤에는."

"비라고요?"

"비가 오지 않나요? 빗방울이 떨어지고 있다고 생각했는데. 내 양복이 축축하게 젖어서 말이죠."

"아이고!"

카이우스는 대걸레를 등 뒤로 감추려고 했다.

"죄송해요. 제가 실수를 했네요. 오늘이 첫날이거든요."

"그런 것 같군요."

눈썹을 추켜세우며 알베르트가 작은 목소리로 말했다.

"당신이 이 일을 계속한다면 그건 틀림없이 우주의 심오한 미스터리일 거예요."

카이우스에게 눈길을 주지 않고서 알베르트는 현관으로 나가다가 금테가 둘러진 검정 모자를 쓴 소년과 부딪쳤다. 소년은 문에 기대서서 모든 상황을 지켜보고 있었다. 소년은 모자를 기울이는 것으로 알베르트에게 인사를 하고 카이우스를 빤히 쳐다보았다.

"뭘 보는 거야?"

카이우스는 손에 양동이를 들고 대걸레를 어깨에 기댄 채 말했다.

"아무것도 아니야."

소년은 카이우스에게 다가오며 말했다.

"그냥 보고 배우는 것뿐이야. 네가 상당히 희한한 인물이라는 걸 알고 있니? 너는 이 모든 행동을 정말 자연스럽게 하는구나."

"무슨 말을 하는 거야?"

갑자기 돌아서며 카이우스가 말했다.

"이런!"

대걸레가 거의 그의 얼굴을 칠 것처럼 움직이자 깜짝 놀란 소년이 소리쳤다.

"조심해!"

"뭐라고?"

대걸레로 다시 그를 칠 뻔하면서 카이우스가 물었다.

"이리 줘 봐!"

소년이 대걸레를 잡아챘다.

"이걸 가지고 아주 갈팡질팡하는구나."

"갈팡질팡한다고?"

카이우스는 양동이를 바닥에 놓으며 중얼거렸다.

"네가 나를 그렇게 만들고 있잖아."

"그럴 생각은 없었어. 반대로 나는 네가 타고난 코미디언이라는 말을 하고 싶었던 것뿐이야."

"날 놀리지 마."

카이우스는 심각한 어조로 말했다.

"널 놀리는 게 아냐. 네가 훌륭한 배우가 될 가능성이 있단 말이야."

"그러는 너는 코미디언이야?"

카이우스는 흥미를 가지고 물었다.

"난 모든 걸 조금씩 하고 있어. 배우, 댄서, 가수 그리고 팬터마임도 좀 하고……."

"어떤 팬터마임인데?"

소년은 카이우스에게 다가가서 자신의 모자를 건넸다. 그러고는 대걸레를 움켜잡고 상상의 왈츠 리듬에 맞춰 춤을 추기 시작했다. 소년은 대걸레를 의자에 기대 놓고 안내실 한가운데 서서 머리가 흠뻑 젖은 검정 곱슬머리와 가느다란 나무 몸을 가진 가상의 아가씨와 춤을 췄다. 소년은 금발에 수염을 기른 지저분해 보이는 남자가 갑자기 중단시킬 때까지 생명이 없는 그 상대와 활기찬 대화를 계속했다.

"뭐 하고 있니, 이 게으름뱅이 녀석아! 네가 하숙집을 엉망으로 만들어 놓았구나!"

"죄송해요, 보이르 의사 선생님."

소년은 하던 것을 즉시 멈추고 당황한 표정으로 바라보았다.

"저는 그저……."

"네가 뭘 하지 않았는지는 알지. 어서 일해!"

그는 이마를 찌푸린 채 입 냄새를 풍기며 소년에게 다가가서 폭언을 퍼부었다.

"여길 빨리 깨끗이 청소해, 멍청아! 넌 구역질나는 인간 쓰레기야. 일을 시작해!"

그는 무방비 상태의 소년을 밀쳐서 하마터면 넘어뜨릴 뻔했다.

"그 애를 그런 식으로 취급하지 마세요."

카이우스가 대걸레를 움켜잡으며 가로막았다.

"청소는 제가 할 거예요."

"참견하지 마라! 네게 말하고 있는 게 아니야."

카이우스를 보자마자 의사의 표정이 싹 바뀌었다.

"왜 그러세요?"

카이우스는 그가 그렇게 공포를 느끼는 얼굴로 자신을 바라보는 게 이상했다.

"저리 가라!"

불안한 표정으로 그가 소리쳤다. 그는 눈물이 그렁그렁한 채로 입술을 미친 듯이 깨물고 있었다.

"진정하세요, 선생님. 화를 내실 필요는 없어요."

카이우스를 감싸려고 애쓰며 소년이 말했다.

"너희 둘 다 날 귀찮게 하지 마라. 지금 당장 일을 해!"

의사는 소리쳤다. 그리고 격렬하게 돌아서는 바람에 그가 나온 문 옆에 걸려 있는 그림이 거의 떨어질 뻔했다.

"지금 당장 일을 해!"

의사가 떠나자 소년은 그의 몸짓과 말투를 흉내 냈다.

"술주정뱅이 늙은이야! 왜 우리에게 화를 내는 걸까? 날이 갈수록 사람들이 웃음이라는 선물을 잃어버리고 점점 더 기계처럼 돼 간다는 느낌이 들어."

"나도 같은 생각이야."

카이우스는 고개를 끄덕였다.

"신경과민인 게 꼭 고장난 자동차처럼 보이더라."

"그러게!"

소년은 맞장구를 치며 모자를 썼다. 카이우스와 소년 모두 잠시 동안 웃었다. 모자를 쓴 소년은 점잖은 표정으로 카이우스를 돌아보았다.

"나는 찰리야. 웃음을 즐기는 마지막 인간 중 한 명이지."

그가 자랑스럽게 말하고는 손을 내밀었다.

"나는 카이우스야, 마지막에서 두 번째 인간이고."

그들은 악수를 했다.

"더 시끄러워지기 전에 네가 일하도록 두고 나는 이제 그만 가는 게 낫겠다."

찰리는 카운터 위에 있는 큰 괘종시계를 힐끗 보았다.

"역으로 돌아갈 시간이야."

"역이라고? 어느 역으로?"

"가르 뒤 노르 역."

"거기서 일한단 말이지? 정말 우연의 일치네."

카이우스는 깜짝 놀라서 물었다.

"왜? 너도 거기서 일하니?"

"아니, 하지만 오늘 날이 밝기 전에 그곳에서 살인 사건을 목격했어."

"그래서 내가 코미디언인지 물은 거야? 이게 뭐 농담 같은 건가?"

"그랬으면 좋겠다."

카이우스는 걱정스러운 듯 중얼거렸다.

"누군가 역에서 거지 시체를 발견하지 않았어?"

"거지 시체라고?"

그는 큰 소리로 말하고는 이상한 태도로 카이우스를 바라보았다.

"거지라고? 누가 왜 거지를 죽이겠어? 그 사람들은 살아남기 위해서 고생하는 것만으로도 충분하지 않나? 도대체 무슨 말을 하는 거야?"

"자, 내가 자초지종을 말해 줄 테니 들어 봐."

카이우스는 긴장한 얼굴로 말했다.

두 소년은 흥분된 어조로 이야기를 나누면서 현관을 떠났다.

# 평화를 위하여, 우정을 위하여

카이우스는 밤이 되자 몹시 피곤해졌다. 블랑슈 부인이 아직 일이 서투른 카이우스에게 엄청나게 많은 일을 시켰기 때문이다. 등이 뻐근했고 양팔에는 지하실에서 나른 나무 상자들의 무게가 여전히 느껴졌다. 게다가 다락방에서 쉴 공간을 만들기 위해 어쩔 수 없이 방을 정돈해야 했기 때문에 잡동사니들을 치우느라 더 팔이 아팠다.

카이우스는 비틀거리며 낡은 세면대로 걸어가서 하얀색 도자기를 집어 들어 세면기에 물을 따랐다. 얼굴을 씻고 나서 잠시 거울을 보았다. 찡그린 얼굴, 갈색 눈 위로 축 늘어진 눈꺼풀, 하루 종일 흐트러졌던 갈색 머리칼이 이제는 깨끗이 정돈되어 훨씬 괜찮은 얼굴로 보였다. 카이우스는 작은 수건으로 아픈 목과 등을 문지르고 나서 기지개를 켠 뒤에 마침내 바닥에 깔린 얇은 매트리스에 몸을 뉘었다.

아무리 애를 써도 피곤에 지친 몸 때문에 생각에 집중할 수 없었다. 통증이 너무 심해서 편안한 자세를 찾을 수 없었다. 이런 낡은 매트리스와 구멍 난 두꺼운 담요만 뒤집어쓰고 편안하게 잔다는 건 거의 불가능하다고 생각했다. 그는 잠을 잘 수도 깨어 있을 수도 없었다. 작은 야간등으로 간신히 밝힌 다락방은 무시무시한 범죄의 기억을 상기시키는 그림자들로 가득 차 있었다.

마음속에서 그 생각을 몰아내려고 했지만, 마치 그가 꼼꼼히 살펴주었으면 하고 바라기라도 하는 듯 범죄 장면이 자꾸 생각났다. 카이우스는 생각을 멈출 수도 없었고, 기억을 종합해서 실제로 무슨 일이 일어났는지 상황을 더 잘 이해할 수도 없었다. 결국 극도의 피로감이 매트리스의 딱딱함도 잊게 만들었다. 생각하는 것에 지쳐서 카이우스는 꾸벅꾸벅 졸기 시작했다. 때때로 몸을 떨면서도 카이우스는 긴장이 풀리고 깊은 잠에 빠져드는 것을 느꼈다.

갑자기 시끄러운 소리가 들려서 카이우스는 완전히 잠에서 깼다. 그는 잠자리에서 벌떡 일어났다.

"그만 좀 떠들어요!"

줄무늬 파자마를 입은 한 손님이 소리쳤다.

"이봐요, 무슨 일이죠?"

잿빛 양복을 입은 대머리 남자가 커다란 음악 소리가 들리는 방에서 나오며 소리쳤다.

"시끄러운 소리 때문에 잠을 잘 수가 없단 말이오."

파자마를 입은 남자가 화가 나서 대답했고, 다른 손님들이 그를 둘러 싸고 복도에 모여들었다.

"하지만 우리는 시끄럽게 하지 않았는데요. 이보게들, 우리는 시끄럽게 연주하지는 않잖아?"

양복을 입은 남자는 재미있다는 표정으로 한 무리의 음악가들을 바라보며 말했다.

"당신이 여기서 소동을 일으키는 유일한 사람이에요. 당신이 모두의 잠을 깨운 걸 봐요."

"무슨 일이에요?"

블랑슈 부인이 지팡이로 사진사 두아르테와 의사 보이르 선생을 밀치고 나오면서 물었다.

"아무것도 아니에요, 부인."

여주인을 진정시키려고 엘프람 부인이 말했다.

"에밀리아노 씨가 자코브(1876~1944, 프랑스의 시인—옮긴이) 씨 방에서 나는 시끄러운 소리에 대해 불평을 해서요."

"또요?"

노부인은 지팡이에 두 손을 올려놓고 호통을 쳤다.

"예술가 친구들과 여기서 모임을 가지면 안 된다고 당신에게 이미 말했잖아요. 이곳은 하숙집이에요, 카바레가 아니고."

부인은 못마땅한 눈으로 자코브를 노려보며 계속 말했다.

"우린 아무것도 하지 않았어요, 부인. 그저 우리가 가진 막대한 부를 축하하고 있는 중이에요."

기타를 든 남자가 방에서 나와 말했다. 그는 스페인 사람처럼 보였다.

"아, 그거 잘됐네요."

노부인은 빈정거리는 미소를 지었다.

"그럼 드디어 지난 석 달 동안 밀린 방세를 줄 수 있겠네요."

"아니요, 오늘은 아니에요."

자코브가 재빨리 말했다. 그는 여주인의 반응이 두려워서 눈을 내리깔았다.

"제 기사 세 개를 산 신문사에서 아직 원고료를 지불하지 않아서 말이죠. 하지만 이달 말까지 돈을 받을 테니 그때 방 값을 치를 겁니다."

"아무쪼록 그러길 바라요. 이번에는 어떤 경우라도 당신 친구의 그림을 방 값으로 받지 않겠어요."

그녀는 굽은 손가락으로 음악가의 활기 넘치는 친구를 가리키며 선언했다.

"그런데……."

그녀는 헛기침을 하고 이어서 말했다.

"틀림없이 물어본 것을 후회할 테지만, 뭘 축하하고 있는 중이었죠? 그 막대한 부라는 게 뭔가요?"

"그게 뭘까요, 부인?"

기타를 든 남자는 동료들을 바라보며 들뜬 어조로 말했다.

"에, 그것은 인생 그 자체가 될 수 있지요."

"인생을 위하여!"

방 안의 모든 사람이 외치고는 와인을 단숨에 마셨다.

"허튼짓들 그만해요!"

블랑슈 부인은 화가 나서 소리쳤다.

"막스 자코브 씨, 마지막으로 말하는데 이 주정뱅이 무리들을 여기서 내보내지 않으면 경찰을 부르겠어요."

"우리는 떠나지 않을 겁니다."

기타를 든 남자가 딱 잘라 말했다.

"우리는 인생을 축하할 권리가 있어요. 이 멋진 것 외에 우리에게 무엇이 있을까요? 자 건배합시다. 인생을 위하여!"

"인생을 위하여!"

그들은 모두 빈 잔을 들어 올리며 외쳤다.

"나가요! 경찰을 부르겠어요!"

격분한 여주인이 명령했다.

"부인."

한 남자가 옆방에서 나오며 끼어들었다. 카이우스는 그가 현관을 청소하다가 이야기를 나눴던 남자라는 것을 알아챘다.

"경찰을 부르지는 마세요."

"왜요? 손님 성함이……."

“알베르트라고 부르세요. 형식에 얽매이는 건 좋아하지 않습니다.”

그가 말허리를 잘랐다.

“아주 멋진 분이시군요!”

기타를 든 남자는 알베르트의 손을 잡고 힘차게 흔들며 칭찬했다.

“당신이 마음에 들어요. 형식에 얽매이지 않는다. 마음에 드는군요! 나는 파블로예요.”

“경찰을 부르겠어요.”

블랑슈 부인은 파블로를 향해 지팡이를 들어 올리며 말했고, 그는 기타로 자신을 방어했다.

“이봐요, 이건 어때요?”

싸우는 두 사람을 떼어 놓으면서 알베르트는 말을 꺼냈다.

“우리 모두가 인생에서 도달할 수 없는 것을 축하한다면 어떨까요?”

“그게 뭐죠?”

호기심이 생긴 파블로가 물었다.

“평화예요.”

알베르트는 미소를 짓고 한손은 남자의 어깨에, 다른 한손은 여주인의 어깨에 얹었다.

“그럼 평화를 위하여 우리 잠시 반성하고 침묵하도록 할까요?”

“평화를 위하여.”

모든 음악가들은 입술에 손을 대고 작은 소리로 말했다.

파블로는 미소 띤 얼굴로 음악가들을 배웅하고 나서 자코브에게 작별 인사를 했다. 그는 베레모와 코트를 집어 들고 나가는 길에 알베르트를 꽉 껴안으며 말했다.

"현명한 사람이네요. 평화를 위하여. 하지만 무엇보다도 우정을 위하여!"

# 살인 사건 탐정단 결성

불안한 둘째 날 밤을 보낸 뒤 카이우스는 정원에서 아침 일찍 일을 시작했다. 서투른 일꾼이 방마다 걸려 있는 장식용 미술품을 손상시킬 수도 있다는 여주인의 판단에 따라 바깥일이 지정됐다. 몇 시간 뒤에 아침 식사를 하러 부엌으로 갔을 때 카이우스는 그곳에서 메리가 문을 등지고 있는 어떤 소년과 이야기하고 있는 것을 보았다. 방해하고 싶지 않았던 카이우스는 그들의 대화에 귀를 기울이며 문 옆에 서 있었다.

"너는 영국인이구나."

그 소년은 확신을 가지고 말했다.

"응."

식탁에서 머핀을 먹으며 메리가 말했다.

"나도 영국인이야. 파리에 살고 있니?"

"아니, 나는 데번셔의 토키에 살아. 거기가 어딘지 알아?"

그녀가 물었다.

"아니. 하지만 뭐가 유명한지는 알고 있어. 그곳에 아름다운 해변이 많다고 하더라."

"맞아. 내가 가장 좋아하는 해변은 미드푸트야. 그곳이 제일 쾌적하거든. 그럼 너는 어디 사니?"

"나는 런던에 살아."

"그럼 파리에서 뭘 하고 있는 거야?"

"그냥 지나가는 중이야. 너는 무슨 일로 여기 온 거야? 휴가 중이니?"

"나는 드라이든 여학교 학생인데, 지금은 방학 중이라서 엄마랑 이곳에 며칠 머물고 있는 거야."

"드라이든이라고? 잠깐 있어 봐. 거기 유명한 데 아냐?"

메리는 고개를 끄덕였다.

"그 학교는 음악이나 연극을 공부하는 여학생들만 받잖아. 그럼 너는 배우가 될 생각이니?"

"아니, 아니야."

손으로 입을 막으며 메리가 말했다.

"하지만 언젠가 내가 오페라 가수가 될지 누가 알겠어?"

메리는 소년을 바라보며 말했다.

"넌 지나가는 중이라면서 왜 배달부 옷을 입고 있는 거야?"

"뭐? 이걸 말하는 거야?"

소년은 탁자에서 모자를 집어 들었다.

"이건 아무것도 아냐. 마임 강습비를 내려면 일을 하지 않으면 안 되거든. 이건 그냥 임시로 하는 거야. 사실 난 배우야."

"정말이야? 나는 연극을 정말 좋아해. 어렸을 때 우리 할머니가 나를 데리고 코미디와 뮤지컬을 보러 다니셨거든. 그때 악보를 사 주셨어. 그럼 넌 어떤 연극에 출연하고 있니?"

"음, 〈셜록 홈스의 모험〉이라는 연극에서 배역을 받았어."

"정말 멋지다! 코넌 도일은 내가 제일 좋아하는 작가야. 넌 셜록 홈스 역을 맡았니?"

"아니."

"그럼 왓슨?"

"아니. 나는 배달부 빌리 역을 맡았어."

카이우스는 웃음을 터뜨리다가 받침대 위에 놓인 꽃병에 부딪쳤다.

"카이우스니?"

메리가 물었다.

"응. 안녕!"

카이우스가 꽃병을 잡으며 말했다.

"카이우스, 너에게 소개해 줄 사람이……."

"찰리?"

카이우스가 말을 끊었다.

"서로 알고 있는 거야?"

"응, 어제 만났어."

카이우스가 말했다.

"맞아. 카이우스는 내 선생님 중 한 명이야."

찰리가 말했다.

"선생님이라고?"

메리는 의심쩍은 얼굴로 말했다.

"신경 쓰지 마. 그냥 농담하는 거야."

"아무튼 너는 내게 영감을 주는 사람이야."

카이우스가 다시 꽃병에 부딪치자 찰리는 웃음을 터뜨렸다.

"메리, 오늘 신문 봤어?

카이우스는 질문을 던지며 탁자로 다가갔다.

"유감스럽게도 신문에는 아무것도 없었어, 카이우스."

"아무것도 없다고? 그럴 리가! 거지가 살해된 일 따윈 관심을 갖지 않는다는 거야? 있을 수 없는 일이야!"

카이우스는 툴툴댔다.

"아무것도 없었어."

메리는 되풀이해서 말했다.

"하지만 내가 봤단 말이야. 난 거짓말을 하는 게 아니야."

카이우스는 눈에 띄게 몸을 떨며 말했다.

"널 믿어, 카이우스."

찰리가 카이우스에게 힘을 실어 주었다.

"찰리에게도 말했어?"

그녀는 카이우스를 바라보며 물었다.

"응, 말했어."

"카이우스, 조심해야 돼. 모두에게 말을 하면 안 돼."

"나도 알아. 하지만 찰리가 가르 뒤 노르 역에서 일한다는 것을 알았을 때 뭔가 알지도 모른다고 생각했어."

"거기서 일해?"

갑자기 생기를 찾은 메리가 물었다.

"잘됐다. 어쩌면 네가 그곳에서 사람들에게 물어보면서 우리를 도울 수 있을지도 몰라."

"이미 그렇게 해 봤어."

찰리가 말을 잘랐다.

"아무도 모르던데. 거지든 누구든 최근에 죽은 사람이 있다는 걸 아무도 몰라."

"하지만 맹세컨대 난 봤어."

카이우스는 소리쳤다.

"제기랄! 어떻게 시체가 그냥 사라질 수 있지? 그럼 이제 어떡하지? 난 누군가가 목 졸려 죽는 걸 봤어. 그 사람은 내 눈앞에서 죽었단 말이야! 범인이 시체를 어떻게 처리한 거지?"

"카이우스, 네가 본 기차는 어느 선로에 서 있었니?"

찰리가 물었다.

"모르겠어."

"범죄가 몇 시에 일어났는지는 알아?"

"어. 내가 아는 건 한 가지야. 역에서 시계를 본 기억이 나는데, 정확히 두 시 이십 분이었어."

찰리는 잠시 생각하다가 이어 말했다.

"보통 두 시 삼십 분에 떠나는 화물 열차가 네가 말한 그 시간에 그곳에 있어. 그리고 아침 여섯 시 십오 분에 떠나는 다른 화물 열차가 있어."

"그렇다면 내가 생각할 수 있는 유일한 설명은 그 살인자가 두 시쯤에 기차에 타고 있었고, 기차가 움직이자 시체를 기차 밖으로 던졌다는 거야."

메리가 추리를 했다.

"나무 상자나 궤에 시체를 넣어서 간단히 처리하지 않았을까?"

카이우스가 말했다.

"불가능해."

찰리는 카이우스의 말에 동의하지 않았다.

"화물 열차는 역에서 짐을 내리고 다른 여객 열차가 지나갈 수 있게 빨리 출발해야 돼."

"그럼 이제 어떡하지?"

이마를 문지르며 메리가 말했다.

"이 사건은 아주 기묘해서 확실히 조사할 가치가 있어. 시체를 내던져야 했다면 분명히 다른 역에 도착하기 전에 그렇게 했을 거야."

"그런 일이 실제로 일어났다면……."

카이우스는 생각에 잠겨 말했다.

"찰리, 다음 역까지 얼마나 멀어?"

"좀 멀어."

"그럼 내가 둘러보면서 뭔가 있는지 확인할 수 있을지도 몰라."

"그렇게 쉬운 일은 아니야. 걸어서 그곳까지 가는 건 좀 복잡해."

"그래, 정말 힘든 일일 거야."

카이우스는 낙심하며 말했다.

"이봐, 걱정하지 마. 우리 모두 다 애쓰고 있잖아."

메리가 격려하듯 말했다.

"하지만 메리."

찰리가 끼어들었다.

"그만한 가치가 있는지 모르겠다. 이치에 맞는 게 아무것도 없잖아."

"그런 게 아니야."

메리는 날카롭게 말했다.

"어쨌든 지금은 그 남자가 칼에 찔려 죽지 않고 목이 졸려 죽었다는 사실이 이치에 맞는 거야."

"그래?"

두 소년은 그녀를 이상한 눈길로 보았다.

"목이 졸려 죽은 시체는 깨끗하지만 부패하는 데 더 많은 시간이 걸려. 영리한 범죄자들은 단지 그들의 범죄가 발견되지 않기 때문에 붙잡히지 않는 거야. 이 사건의 살인자가 누군지 몰라도 그는 매우 용의주도했어. 단서도 남기지 않았고 시체도 남기지 않았어."

"그럼 네 말대로 그 대단한 범죄자가 일부러 거지의 시체를 없앴다는 게 이상하지 않아? 왜 그랬을까? 아무도 죽은 거지한테 관심을 갖지 않을 텐데."

찰리는 딱 잘라 말했다.

"만약에……."

메리가 덧붙였다.

"뭐가 말이야?"

카이우스는 답답해하며 말했다.

"만약에 그 남자가 거지가 아니었다면……. 카이우스, 정말 그 남자가 거지였어?"

"어린애가 더럽고 찢어진 옷을 입고 있는 것을 본다면 이상하다고 생각하지 않겠지만 나이든 남자가 그렇게 입고 있다면 당연히 거지라고 생각하지 않겠어?"

"모르겠다."

메리는 꺼림칙한 표정으로 말했다.

"그 사람 얼굴이 어땠니?"

"절대 잊지 못할 거야! 정말 끔찍했어. 눈 주위가 검고 눈이 툭 튀어

나왔어. 혀가 축 늘어져 있었고."

카이우스가 말했다.

"그래, 알았어."

메리가 말을 끊었다.

"턱수염이 있었어? 아니면 깨끗이 면도를 했어? 얼굴은 더러웠어?"

"턱수염? 턱수염은 없었어. 얼굴이 더럽지도 않았고. 밀랍 인형처럼 하얬어."

카이우스는 턱을 문지르며 말했다.

"그럼 머리는? 머리는 어땠어?"

그녀는 집요하게 물었다.

"음, 흰머리가 좀 있었어."

카이우스는 골똘히 생각하며 말했다.

"다른 거 생각나는 거 없어?"

메리는 몸을 앞으로 숙이며 물었다.

"그냥, 음……. 자신의 외모에 신경을 쓰는 사람처럼 보였어. 있잖아 몸단장을 하는 사람 말이야. 그래, 이제 기억이 난다. 그 남자의 손! 그 남자의 손톱은 손질이 잘됐고 깔끔했어. 나보다 더 깔끔하게 말이야. 머리는 짧고, 빗질이 잘돼 있었어."

"이런!"

찰리는 탁자 위에 있던 빵 한 조각을 먹다가 소리쳤다.

"정말 우아한 거지네. 이제 그가 피다 만 담배를 보관하는 값비싼 담배 케이스도 갖고 있었다고 말할 셈이야?"

"그의 손이나 팔에 물린 상처나 할퀸 상처가 있었는지 기억나니?"

메리는 찰리의 말을 무시하고 계속 말했다.

"아니, 없었어."

카이우스는 자신의 손을 보며 대답했다.

"내 손에는 내가 뒷골목에서 잘 때 쥐새끼한테 물린 자국이 있는데."

"그럼 결론을 내릴 수 있어."

메리는 자신의 의견을 말했다.

"이 남자는 단지 꾀죄죄한 옷을 입고 있었을 뿐이고, 결코 거지가 아니라는 거야."

"아주 훌륭해!"

자신의 허벅지를 찰싹 치며 찰리가 소리쳤다.

"시체가 없는 범죄를 해결해야 하고, 거지가 아닌 거지 살인 사건도 해결해야 한다는 거야? 도대체 무슨 소리야! 누가 거지처럼 옷을 입겠어?"

"아마 변장을 했을 거야."

카이우스가 대꾸했다. 그의 상상력이 살아나기 시작했다.

"그래. 어쩌면 그는 달아나려고 했는데 살인자가 객차에 숨어 있던 그를 찾아내서 죽였는지도 몰라."

"그런 거라면 내게 더 좋은 생각이 있어."

찰리는 조롱하듯 말했다.

“가짜 거지는 살인자의 눈먼 여동생을 포함하여 온 가족을 살해한 범인이었다는 가설은 어때?”

찰리는 연극을 하는 것처럼 의자에 뛰어올랐다.

“그때 혼자 살아남은 그 검정 양복을 입은 남자는 복수를 맹세한 거야! 사악한 가족 살해범은 제 정신이 아닌 오빠의 복수가 두려워서 그날부터 구원을 찾는 거지가 되기로 맹세했어. 하지만 잘되지 않았지. 아름다운 장님 여인의 오빠는 그를 찾아냈고 자신의 손으로 정의를 실현했어. 여기서 한 가지 빠진 건 로맨틱한 배경 음악이야. 어때?”

“그만둬!”

카이우스는 의자에서 몸을 움츠리는 찰리에게 덤벼들었다.

“내가 이 빌어먹을 살인 사건을 꾸며낸 게 아니란 말이야. 알겠어?”

카이우스는 화를 냈다.

“둘 다 그만둬!”

메리가 소리쳤다.

“우리 셋이서 함께 조사를 할 건데 이렇게 계속 싸우면 안 되잖아.”

“우리 셋이?”

깜짝 놀란 얼굴로 찰리가 물었다.

“그래. 우리 셋이 이 사건을 조사할 거야.”

“어떻게? 우리는 시체가 어디 있는지도 모르는데.”

찰리는 반박했다.

“그래, 시체가 어디 있는지 알 수 있다면 도움이 될 거라는 건 인정해. 하지만 어쨌든 도전해 보는 것도 재미있을 거야. 범죄가 있었다면 나는 그걸 해결해 보고 싶거든."

메리는 도전적으로 말했다.

"내가 이미 말했잖아."

카이우스는 화를 내며 말했다.

"그 거지가 목이 졸리는 것을 봤다고 말이야."

"그게 어쨌다는 거야? 살인자는 이미 시체를 없애 버렸고 지금쯤은 벌써 도시를 떠났을 텐데."

찰리는 단호히 말했다.

"도시를 떠났다고?"

메리는 웃었다.

"왜? 그는 그럴 필요가 없어. 아무도 그 범죄에 대해 알지 못하잖아."

"내가 있잖아."

카이우스는 순진하게 물었다.

"에, 카이우스. 네가 지금까지 경찰한테 신고하지 않았다면 살인자는 틀림없이 앞으로도 네가 그럴 거라고 생각할 거야. 더구나 시체가 없다면 경찰이 네 말을 믿지도 않을 거고."

메리는 팔짱을 끼고 대꾸했다. 카이우스는 낙담하여 한숨을 쉬었다.

"시체도 없고 살인자도 없다."

찰리는 장작 난로 위에서 찾은 빵 한 조각을 아무도 보지 못하게 얼른 입에 넣은 뒤에 자신의 의견을 말했다.

"내 생각에는 이 남자는 벌써 멀리 멀리 달아났고 사건은 완전히 끝이 난 것 같아."

"어쩌면."

메리가 동의했다.

"하지만 어쩐지 그가 아직 근처에 있을 것 같은 예감이 들어. 아무튼 시체를 찾게 되면 더 많은 것을 알게 되겠지."

"그런데 우리가 어떻게 시체를 찾을 수 있을까?"

찰리는 빵을 먹으면서 순수한 호기심을 가지고 물었다.

"아직 모르겠어. 좀 더 자세히 알아보러 역에 가 봐야 돼. 틀림없이 사건 현장에 단서가 있을 거야."

"뭐, 그건 내가 할 수 있어. 어차피 그곳에 가야 하니까."

찰리가 말했다.

"그럼 가자."

세 사람이 떠날 준비를 갖췄을 때 블랑슈 부인이 무뚝뚝한 표정으로 문 앞에 나타났다.

"어딜 갈 생각이지?"

그녀는 카이우스를 노려보며 빈정거리듯 물었다.

"그냥 잠깐 나갔다 오려고요."

"웃기지 마! 너는 일을 해야 돼, 알겠어?"

그녀는 고함을 쳤다.

"하지만 오늘은 벌써 일을 많이 했는데요. 잠깐 쉬면 안 될까요?"

카이우스는 중얼거렸다.

"이건 날 위한 일이 아니야. 네가 알고 싶을 것 같아서 말하는데, 난 이미 네게 정나미가 떨어졌어. 그렇지만 너 때문에 제때 방세를 내는 손님들을 잃을 수는 없어!"

화를 내던 블랑슈 부인이 갑자기 한숨을 쉬며 말했다.

"음, 신경 쓰지 마라. 내가 하는 말은 뒤팽 부인을 위한 거다. 부인한테 네가 마음에 들지 않는다고 말했더니 네가 여기 묵을 수 있게 부인이 방세를 내겠다고 했어. 그 대신 이제부터 너는 쉼터에서 자신을 위해 일해야 한다고 알려 주라고 부탁했다."

"그러면 뒤팽 부인은 제가 지금 와 주었으면 하시는 건가요?"

어리둥절한 표정으로 카이우스가 물었다.

"지금이 아니야."

부인의 말에 카이우스는 안도의 한숨을 쉬었다.

"이미 넌 그곳에 가 있어야 했어. 부인이 하루 종일 기다리고 있을 테니 어서 가 봐."

"하지만 그 말을 방금 전해 주셨잖아요!"

"이 집에서 누군가를 찾는 일이 쉬운 것 같니? 잔말 말고 어서 가."

그녀는 명령조로 말했다.

"곤란하게 됐네."

카이우스는 안타까운 눈길로 친구들을 바라보며 중얼거렸다.

"난 지금 역에 갈 수 없어."

“아무튼 이제는 노예 신세를 면하게 됐잖아.”

찰리는 여주인의 엄숙한 표정을 주시하며 작은 소리로 말했다.

“그래, 널 관대하게 대하다가 결국 이렇게 된 거지.”

블랑슈 부인은 카이우스를 차갑게 노려보며 중얼거렸다.

“내 부엌에서 저 먹보를 데리고 썩 꺼져. 어서 나가!”

“걱정하지 마, 카이우스.”

메리가 그의 어깨를 두드리며 말했다.

“넌 쉼터로 가. 역에는 찰리와 내가 가 볼게. 이따가 여기서 만나자. 알았지?”

# 새로운 심부름

계단이 끝도 없이 이어졌다. 몽마르트르의 길모퉁이를 돌 때마다 마치 지구력 테스트를 받는 것 같았지만 카이우스에게는 일도 아니었다. 그는 메리와 찰리를 빨리 다시 만나고 싶은 마음에 힘든 것도 모르고 좁은 거리를 달렸다.

아침이라 거리는 마차와 당나귀가 끄는 짐수레로 몹시 혼잡했다. 큰 거리에서 보행자들은 길을 건널 수 있는 권리를 주장하며 버스와 전차, 마차와 전쟁을 벌이고 있었다. 빠른 속도로 지나가는 많은 자동차들의 싸움은 더 치열했다. 자동차의 시끄러운 엔진 소리가 사람들을 짜증나게 했다. 경적 소리는 목이 졸린 새 울음소리 같았다. 공기 중에는 참을 수 없는 악취가 떠돌았다. 이따금 배기관에서 배출되는 짙은 회색빛 연기 때문에 기침이 나고 숨이 막혔다. 운전자들은 두툼한 코트와 장갑, 모자 그리고 큼직한 조종사용 안경으로 자신을 보호해야 했다. 통쾌한 복수를 할 수 있는 순간은 주차가 끝난 뒤였다. 눈 주위만 빼고 그을음 투성이가 된 채 의기양양하게 차에서 내리는 운전사를 보는 건 즐거운 일이었다.

카이우스는 무슨 일이 일어나고 있는지도 잊고서 멍하니 그 모든 광경을 구경했다. 그 순간 뒤팽 부인의 심부름이 떠올랐다. 정신없이 서두르는 통에 카이우스는 쉼터로 들어가던 거지와 부딪쳐서 그가 꾸러미를 놓치게 만들고도 눈치를 채지 못했다. 거지는 화가 났지만 무례한 소년을 노려보기만 하고 꾸러미를 주워서 가던 길을 계속 갔다.

"실례합니다."

한 중년 남자가 작은 탁자에 앉아 있었다. 금발 머리인 그는 성직자용 옷깃이 달린 검정 양복을 입고 있었다.

"뒤팽 부인이 어디 계신지 아세요?"

"음, 뒤팽 부인은……."

남자는 주위를 둘러보았다.

"분명히 사무실에 계실 거다."

"그럼 사무실은 어디 있나요?"

"이 복도를 따라 끝까지 가서 두 번째 문을 두드려라."

카이우스는 복도를 따라가서 천천히 문을 열었다. 노부인은 문을 향하여 책상에 앉아 있었다. 책상 위에는 접힌 종이들이 잔뜩 놓여 있었고, 부인은 그것들을 하나씩 정성 들여 봉투에 넣은 다음에 혀로 핥아서 봉했다.

"얘야, 들어오너라!"

이렇게 말하고 그녀는 편지들을 서랍에 넣었다.

"늦었구나."

"부인이 절 부르셨다는 걸 방금 전에야 들었어요."

카이우스는 숨을 고르며 말했다.

"그럴 리가! 그래, 아무튼 왔으니 됐다."

그녀는 일어나서 방문을 닫았다.

"네가 하숙집에서 맡은 일을 그다지 잘하지 못했다는 얘길 들었어. 블랑슈 부인은 네가 게으르다고 불평을 하던데."

"저는 게으르지 않아요."

카이우스는 발끈하며 대답했다.

"그저 노새처럼 취급받는 것에 익숙하지 않은 것뿐이에요. 제가 모든 일을 해 주기를 원해서 그렇게 했고 하숙집의 모든 방이랑 현관뿐만 아니라 다른 곳도 청소했어요. 하지만 그 노예 감시인은 저 혼자서 지하실을 청소하라고 명령했어요. 거미줄이 쳐져 있는 것으로 봐서 오랫동안 아무도 그곳에 내려가지 않았던 것 같은데 말이에요."

"그래, 블랑슈 부인이 좀 과장을 해서 말했다는 건 인정한다. 하지만 중요한 점은 네가 묵을 장소가 필요하면 이제 날 위해서 일해야 한다는 거야. 쉼터에서는 자선을 베풀지 않거든. 수프도 공짜가 아니야. 목사님과 나는 사람들을 돕는 최선의 방법이 그들을 노력하게 해서 스스로 꿋꿋이 설 수 있도록 용기를 갖게 해 주는 거라고 생각한단다. 아무리 맛이 좋다고 해도 수프는 육체를 만족시킬 뿐이지만 노동은 영혼까지 만족시킬 수 있으니까, 안 그러니?"

"그렇죠."

카이우스는 짧게 대답했다.

"그래서 제가 뭘 하길 바라세요?"

"사무엘 목사님의 지시를 받아서 쉼터의 활동을 돕는 몇몇 교회와 선교 단체의 일을 담당하는 거야."

그녀는 자꾸 미끄러지는 안경을 밀어 올리며 말했다.

"가끔 약간 멀리 가야할 때도 있겠지만 너 같은 소년에겐 그다지 힘들 것 같지는 않은데, 어떠니?"

그녀는 고개를 갸우뚱하며 물었다.

"문제없어요. 할 수 있어요."

"훌륭해! 바로 그거야. 마음에 드는구나. 그럼 지금 당장 시작하는 게 어떨까?"

"지금이요?"

카이우스는 불쑥 대답하고는 벽에 걸린 시계를 힐끗 보았다.

"좋아요, 그럴게요. 가능한 한 빨리 할게요."

검정 양복을 입은 남자가 들어와서 카이우스에게 다시 인사를 할 때 노부인은 이미 방 뒤쪽에 있는 벽장을 향해 다가가고 있었다.

"아, 사무엘 목사님."

벽장의 자물쇠를 열고 부인이 인사를 했다.

"우리 새 친구, 카이우스 집과 인사를 하셨어요?"

"그냥 지나가면서요."

목사는 시계에서 눈을 떼지 못하는 소년에게 주목했다.

"부인, 혹시 제 안경을 보셨어요?"

"저기 탁자에 있잖아요."

"아, 거기 있구나. 요 도망자야."

그는 유쾌하게 농담을 하고는 어항 옆에 있는 탁자에서 작고 둥근 안경을 집어 들었다.

"부인이 여기 안 계시면 제가 뭘 할 수 있겠어요?"

뒤팽 부인은 희미하게 미소를 짓고 벽장 안을 계속 뒤졌다. 사무엘 목사는 방을 떠나기 전에 소년을 보고 환하게 미소 지었다. 그는 매우 친절해 보였지만 어딘지 카이우스를 불안하게 하는 데가 있었다.

"아, 여기 있구나!"

그녀는 노란색 꾸러미와 종이 한 장을 들고 몹시 긴장하고 있는 카이우스에게 다가왔다.

"자, 이 꾸러미를 여기 적힌 주소로 갖다 주고 하숙집으로 돌아가거라. 알겠니?"

뒤팽 부인은 재빨리 돌아서서 항아리 안에서 동전을 몇 개 꺼냈다.

"이걸로 전차를 타고 일찍 돌아오너라. 네가 밤 늦게 걸어 다니는 걸

원치 않으니까. 조심해서 다녀오거라. 아, 잠깐만!"

그녀는 벽장으로 다시 갔다.

"하마터면 잊을 뻔했네, 너에게 줄 것이 있는데."

"저한테요?"

부인은 카이우스에게 코트를 건넸다.

"와! 이러지 않으셔도 되는데!"

"입어 봐라! 잘 맞는지 보고 싶구나."

카이우스는 입고 있던 큼지막한 코트를 벗어 던지고 새 코트를 입었다.

"잘 맞아요."

그는 짧은 소매를 끌어내리며 말했다.

"네가 쉼터에서 고른 저 큰 코트보다는 이게 더 나은 것 같구나."

"이건 돌려드릴게요."

카이우스는 난처해하며 중얼거렸다.

"신경 쓰지 마라. 이 코트들은 가난한 사람들을 위해 이곳에 기증된 거야. 자, 항상 그걸 입거라. 감기에 걸리면 안 되니까."

그녀는 상냥하게 말했다.

"정말 친절하세요."

"천만에. 단지 내 의무일 뿐이란다."

그녀는 감동한 얼굴로 말했다. 그러고 나서 문을 열고 소년을 방에서 천천히 배웅했다.

“자, 내가 더 많은 심부름거리를 찾아내기 전에 이제 그만 가거라. 그리고 하숙집에 늦게 돌아가면 안 된다. 약속할 수 있지?”

“네, 약속할게요.”

카이우스는 한숨을 쉬고 돌아서서 길을 나섰다.

# 피카소와 예술가 친구들

카이우스는 또다시 거리를 급히 달려갔다. 선교 단체를 찾는 데는 시간이 오래 걸리지 않았다. 카이우스는 끝없이 이어지는 계단을 통해 겨우 본관 건물에 들어갈 수 있었다. 접견실에 들어서자 접수대에 앉아 있는 여자가 보였다.

"안녕하세요!"

접수원은 공손하게 인사했다.

"안녕하세요!"

카이우스도 인사를 하고 책상에 꾸러미를 내려놓았다.

"사무엘 목사님이 이 꾸러미를 전하라고 하셨어요."

"그럼 목사님이 말씀하신 아이가 너로구나."

그녀는 자리에서 일어서면서 말했다.

"코트를 벗어서 거기에 놓고 나를 따라오렴."

카이우스는 시키는 대로 하고서 그녀를 따라 교회 부속실로 갔다.

"여기서 기다려라. 매튜 신부님께 말씀드릴 테니."

"그냥 이 꾸러미를 전하면 되는 줄 알았는데."

카이우스가 툴툴댔다.

"아냐, 그건 신부님만 받으실 수 있어."

카이우스는 빨리 돌아가고 싶은 마음에 초조하게 발을 굴렀다. 지루하게 십오 분이 흐른 뒤에 백발의 사제가 나타났다.

"안녕, 뭘 도와줄까?"

"안녕하세요, 저는 사무엘 목사님이 보내신 꾸러미를 가져왔어요."

"아, 알겠다. 고맙구나. 목사님을 만나면 고맙다는 말을 전해 주겠니?"

"그것뿐이에요?"

겨우 그 말 때문에 이렇게 기다리게 했다니 카이우스는 짜증이 났다.

"이제 가도 되나요?"

신부님은 십 대 소년의 배짱에 재미있어하며 가도 좋다는 허락의 뜻으로 고개를 끄덕였다. 접수원이 뒤에서 그를 불렀을 때, 카이우스는 허둥지둥 뛰어나가려던 참이었다.

"잠깐만 기다려, 코트를 가져가야지!"

카이우스는 코트를 받아 들고 급히 떠났다.

하숙집의 응접실은 조용했다. 점심 시간이라서 모두 식당에서 식사를 하고 있었지만 메리는 보이지 않았다.

"마린느 아줌마."

카이우스는 접시를 들고 바삐 움직이는 마린느를 불러서 물었다.

"메리 못 보셨어요?"

"길 건너편 광장에 있어."

카이우스는 그녀에게 감사하다고 인사하고 작은 광장 쪽으로 가 보았다. 하지만 광장은 텅 비어 있었다. 무턱대고 주변을 둘러보는데 분수 근처에서 웃음소리가 들려 카이우스는 그쪽으로 향했다. 놀랍게도 벤치 근처에서 가죽 끈으로 롤러스케이트를 묶은 신발을 신고서 갈팡질팡하며 중력과 싸우고 있는 알베르트와 그를 보고 깔깔 웃고 있는 메리를 발견했다.

"이게 무슨 일이야?"

카이우스는 롤러스케이트 초보자가 다가와 그와 부딪치려는 순간 펄쩍 뛰어 뒤로 물러서며 물었다.

"아저씨는 저게 어디서 났지?"

"내 거야."

카이우스가 깜짝 놀란 눈으로 메리를 빤히 바라보자 그녀는 붙임성 있게 씩 웃었다.

"네 거라고? 그게 무슨 말이야, 네 거라니?"

"뭐? 내 거라는 게 어쨌다는 거야?"

그녀는 손을 허리에 올리고 화가 난 듯이 말했다.

"아무것도 아냐."

그녀의 날카로운 시선을 피하려고 손을 들어 올리며 카이우스가 대답했다.

"그냥 상상하기 어려워서 그래. 그런 긴 옷을 입고서 어떻게 롤러스케이트를 탈 수 있어?"

"옆으로 말을 타는 거나 다를 것이 없어. 다른 모든 것들과 마찬가지로 우리 숙녀들은 그것에 익숙해져야 돼. 요즘에는 다리를 벌리는 것보다 그렇게 타는 게 더 편한 느낌이 들어."

"롤러스케이트에다가 승마까지 한다고?"

카이우스는 친구의 취미에 만족스레 미소를 지었다.

"해 보고 싶은 게 또 있어?"

"테니스와 크리켓도 하고 싶지만 별로 잘하지 못해. 하지만 내가 정말 좋아하는 건 수영이야. 내가 사는 곳에는 아름다운 해변이 많이 있거든. 비 오는 날에도 나는 해변에 가. 폭풍우가 치면 더 좋아. 롤러스케이트는 그저 겨울 음악회 시즌이 지나서 인적이 없을 때 집 옆에 방파제에서 타는 것뿐이야. 그런데 이 길이 훨씬 낫다. 저것 봐. 아무래도 자주 엎어지니까. 게다가 이렇게 속치마를 받쳐 입은 풍성하고 긴 옷들은 정말 불편하거든."

"그건 그렇고 여기서 뭘 하는 거야? 역에 가지 않은 거야?"

카이우스가 물었다.

"어이, 안녕."

알베르트는 그들 사이로 돌진하며 인사했다.

"너는 아주 재주 있는 친구를 뒀구나."

"잘하셨어요."

알베르트가 비틀거리며 지나갈 때 카이우스는 활기가 넘치는 그에게 소리쳤다.

메리는 이어서 말했다.

"카이우스, 나는 역에 갈 수 없었어. 우리 엄마가 집에 돌아갈 수 있도록 짐을 꾸려야 한다고 고집을 부리셔서."

"떠나는 거야? 언제?"

"걱정하지 마. 엄마가 물건을 다 싸려면 적어도 이 주일은 걸리니까."

"이제 어떻게 할 거야? 사건을 포기할 거야?"

카이우스는 절망적으로 물었다.

"진정해! 난 포기한다고 말하지 않았어. 찰리가 역에 갔으니 곧 돌아올 거야."

메리는 근엄한 표정으로 카이우스를 바라보았다.

"코트를 바꿔 입어서 다행이다. 예전 코트는 너무 컸어. 이건 어디서 났니?"

"뒤팽 부인이 주셨어."

카이우스가 말했다.

"아아아!"

알베르트의 목소리가 울려 퍼지는가 싶더니 그는 다시 빠르게 지나가서 나무 둘레를 돌았다.

"이거 아주 맘에 드는데!"

"금방 배우시네요."

메리가 소리쳤다.

"네가 훌륭한 선생님이라서 그래."

그는 빙빙 도느라 현기증이 나는 얼굴로 소리쳤다.

"이거 정말 즐겁네. 꼭 나는 것 같아. 자전거를 타는 것보다 훨씬 재미있어. 너는 이걸 타 본 적 있니?"

"네, 많이 타봤어요."

"정말?

메리는 깜짝 놀라 카이우스를 바라보았다.

"타 보고 싶어? 아마 아저씨는 지쳤을 거야."

이제 더 멀어진 알베르트를 주시하면서 그녀가 물었다.

"아냐, 걱정 마. 난 괜찮아."

카이우스는 메리에게 말을 한 뒤 혹시 무슨 일이 있는지 하숙집 정문을 지켜보았다.

"난 스케이트보드가 더 좋아."

"스케이트보드라고?"

그녀가 물었다.

"응, 그건 바퀴가 달린 나무 보드야."

"바퀴가 달린 보드? 재미있을 것 같지는 않은데?"
"정말 최고야!"
카이우스는 찰리가 의기양양한 걸음으로 거리를 걸어오는 모습을 발견하고 말을 멈췄다. 카이우스는 그를 향해 달려갔다.
"찰리, 역에서 뭔가를 알아냈어?"
카이우스는 불안한 듯 물었다.
"야호! 이거 정말 멋진데!"
세 아이들 사이를 쏜살같이 지나가면서 알베르트가 소리쳤다.
"저게 뭐야?
찰리는 전속력으로 달리는 알베르트를 보고 놀라서 말했다.
"신경 쓰지 마."
메리는 킥킥 웃었다.
"내가 알베르트한테 롤러스케이트를 가르치는 중이야."
"롤러스케이트라고! 재미있어 보인다. 나 좀 가르쳐 줄 수 있어?"
"와우!"
알베르트는 다시 돌아오는 길에 작은 통나무를 뛰어넘으려고 했다.
"그가 허락하면 가르쳐 줄 수 있어."
메리가 이야기했다.
"찰리, 말해 봐. 무슨 일이 있었어?"
카이우스가 끼어들었다.
"아무것도. 아무것도 알아내지 못했어. 제일 좋은 방법은 경찰서에 가는 거였어. 내겐 힘든 일이었다는 것만 알아 둬. 나는 경찰이 정말 싫거든."

"아무것도 없다고?"

카이우스가 물었다.

"그래. 아무도 그 주변에서 시체를 발견했다고 신고하지 않았대."

찰리가 얘기할 때 카이우스는 실망감에 눈을 깜박였다.

"그런데 네가 부탁한 건 여기 가져왔어, 메리."

"잘됐다!"

메리는 찰리가 건네 준 종이를 받았다.

"그게 뭐야?"

카이우스가 물었다.

"기차 노선이 나온 지도야. 그날 아침 기차 시간표도 있어. 또 필요한 게 있으면 말만 해, 메리."

찰리는 친절하게 설명했다.

"정말 도움이 되겠네."

카이우스는 약간 질투가 나서 중얼거렸다.

"우리에게 많은 도움이 될 거야."

지도를 들춰 보며 메리가 계속 말했다.

"이제 이 지역을 더 잘 알 수 있으니 우리는 여행을 떠날 수 있어."

"무슨 여행?"

카이우스가 놀라서 물었다.

"메리는 우리가 화물 열차 노선을 따라가면 재미있을 것 같나 봐."

"맞아, 카이우스. 그렇게 하면 더 많은 것을 알아낼 수 있을 거야."

그녀는 자랑스럽게 말했다.

"일요일 아침에 갈 거야."

찰리가 덧붙였다.

"일요일? 꼭 일요일까지 기다려야 돼?"

카이우스가 말했다.

"음, 내가 쉬는 날이고, 또 네가 그 할머니를 위해 일하는 것을 감안하면 아마 너도 쉬는 날일 테니까."

찰리는 신 나게 말했다.

"그렇네."

카이우스는 마지못해 인정했다.

"하지만 일요일이면 단서들이 돌같이 차가워질까 봐 걱정이다."

"이미 차가워졌을걸?"

찰리는 킬킬거렸다.

"그러니까 괜찮을 거야."

"카이우스, 바보같이 굴지 마."

지도를 접으며 메리가 말했다.

"벌써 금요일이야. 너만큼 나도 이 모든 것이 어떤 결과에 이르게 될지 알고 싶단 말이야."

"알베르트는 어디 있지?"

목을 길게 빼서 둘러보며 찰리가 물었다.

다른 두 친구도 알베르트를 찾기 시작했다.

"저기 있다."

카이우스는 알베르트가 하숙집 앞에서 어떤 사람들과 이야기하고 있는 것을 가리키며 말했다. 세 사람은 그가 서 있는 곳으로 달려갔다.

"잘 지냈니?"

금발 여인이 온화한 미소로 인사했다. 그녀는 큼지막한 꽃무늬 모자를 쓰고 있었는데, 막스 자코브와 그의 친구인 말썽꾼 화가 파블로와 같이 있었다.

"니나 언니! 파리에는 웬일로 왔어요?"

메리가 금발 여인에게 다정하게 입을 맞췄다.

"니나는 나와 함께 일하고 있어."

자코브가 대답하며 모자를 조금 올려 인사했다.

"우리는 자동차 박람회에 관한 기사를 쓰고 있지."

"그럼 아저씨는요? 아저씨는 어디 계세요?"

메리가 물었다.

"영국 해협에서 동력 비행에 성공한 산투스두몽(1873~1932, 브라질 항공기 산업의 선구자로 파리 근교에서 유럽 최초 비행에 성공한 사람—옮긴이) 씨가 발명한 석유 엔진으로 움직이는 비행기에 관한 기사를 쓰고 있어. 아마 오늘 돌아올 거야."

"엔진이 달린 비행기요?"

"맞아! 그는 지금 풍선도 가스도 사용하지 않고 비행기가 이륙할 수 있도록 실험을 하는 중이거든."

니나가 설명했다.

"하지만 자동차에서 나는 소음만으로도 충분하지 않나요? 머리 위에서 나는 소음도 참아야 하는 거예요?"

메리는 진저리치며 물었다.

"비행기가 조종 불능 상태가 된다면 그 공포야 말할 것도 없겠지!"

그들은 웃음을 터뜨렸다.

"우리 친구들은 이미 아시죠?"

자코브가 말을 끊고는 알베르트와 세 친구들에게 일행을 소개했다.

"이쪽은 거트루드 스타인(1874~1946, 미국의 작가. 그녀의 파리 사택은 제1·2차 세계대전 동안 주요 예술가와 작가들이 어울리는 장소로 사용됐다.—옮긴이)이에요."

알베르트는 머리를 뒤로 꽉 묶은 살진 여자의 손에 입을 맞췄다. 그녀는 일행 중에서 가장 재기 넘치고 생기에 찬 눈빛을 갖고 있었다.

"이쪽은 우리의 시인 앙드레 살몽(1881~1969, 프랑스의 시인. 아폴리네르, 자코브 등과 함께 큐비즘을 옹호한 사람—옮긴이)입니다."

자코브가 손가락으로 가리키며 말했다.

"만나서 반가워요."

검은 머리의 키가 작은 앙드레 살몽이 알베르트와 악수하며 말했다.

자코브가 이어서 말했다.

“이쪽은 시인 피에르 뒤르에요. 거트루드의 사촌이죠.”

카이우스보다 약간 나이가 많고 금발에 갈색 눈동자를 가진 그는 롤러스케이트를 신은 낯선 사람을 보고 그저 눈썹을 추켜세우기만 했다

“그리고 이쪽은 우리의 페르낭드…….”

“우리가 아니지.”

파블로는 약간 화를 내며 잘못을 지적했지만 말투는 유쾌했다.

“이쪽은 나의 페르낭드랍니다.”

그는 강한 소유욕을 드러내며 덧붙였다.

“반가워요.”

페르낭드가 말했다.

알베르트는 이 우아하고 가냘픈 여인의 부드러운 손에 입을 맞추면서 아쉬워했다. 페르낭드는 지독히도 붉은 머리와 대조를 이루는 밝은 녹색 눈동자 때문에 그중에서 단연 눈에 띄었다.

“소개는 그 정도로 해요, 막스.”

거트루드가 자코브의 어깨에 손을 얹으며 끼어들었다.

“아무도 이 많은 이름들을 다 기억하지 못해요. 우리 모두 카페에 가서 서로를 더 잘 알아보는 게 어때요?”

그녀가 제안했다.

“멋진 생각이에요!”

파블로는 페르낭드의 허리에 팔을 두르며 맞장구쳤다.

“어서 가죠!”

"그러죠, 갑시다."

알베르트는 페르낭드를 쳐다보며 덧붙였다.

"우리랑 같이 갈 거지?"

니나는 재촉하듯 메리에게 물었다.

"너의 두 친구들도 함께 가자. 가서 우리와 같이 얘기를 나누자. 토키가 정말 그립다. 모두 잘 지내지?"

"다들 잘 지내요."

"무용 학교 사람들은 어때? 그리고 네 언니는? 언니는 결혼했니?"

"네. 언니랑 제임스 형부는 벌써 애들도 있는걸요."

"정말 빠르구나! 맙소사, 내가 정말 오랜만에 소식을 들었네. 그럼 몬티는? 몬티는 어떻게 지내?"

그녀는 흥분하여 계속 물었다.

"오빠는 인도에 주둔하고 있는 연대에서 복무 중이고……."

"카페에 가서 계속 이야기를 나누는 게 어떨까요?"

파블로가 예의바르게 끼어들었다.

"아, 네. 좋아요."

얼굴을 살짝 붉히며 메리가 말했다.

"그 전에 모자를 좀 가져올게요."

메리가 말하고는 알베르트를 빤히 보았다.

"무슨 문제가 있니?"

갑작스런 시선에 영문을 모르겠다는 듯 알베르트가 물었다.

“롤러스케이트를 벗는 게 나을 것 같지 않으세요, 알베르트?”

“아, 내 머리는 언제나 현실에서 동떨어져 있다니까.”

알베르트는 몸을 굽히며 중얼거렸다.

# 과학자와 예술가

일행은 언덕 꼭대기를 향해 계단을 올랐다. 그리고 스테인드글라스로 가득한 사크레 쾨르 성당에 도착했다. 의심할 바 없이 그 장소의 가장 큰 매력은 모든 계층과 인종이 모여 사는 세상을 관찰할 수 있다는 점이었다. 저 앞쪽, 숨 막히는 광경의 한가운데에는 에펠탑이 우뚝 서 있었다. 외부인이나 마찬가지인 카이우스 일행은 결국 카페에 자리를 잡았다. 자코브의 말에 따르면 이곳은 몽마르트르에서 가장 맛있는 커피를 마실 수 있는 곳이었다.

한창 붐비는 시간에 웨이터들이 인원이 많은 카이우스 일행에게 자리를 마련해 주는 것은 쉬운 일이 아니었다. 하지만 거트루드 스타인의 존재는 파리의 어떤 문이라도 열 수 있었다.

일단 모두 자리를 잡고 앉자 청년 시인 피에르 뒤르는 그의 옆에 앉은 독일계 스위스인과 대화를 시작했다.

"좀 여쭤 봐도 될까요, 선생님? 직업이 어떻게 되세요?"

"알베르트라고 불러요."

"알베르트?"

청년은 한쪽 손으로 뺨을 받치고 다시 말했다.

"별명이 있으세요?"

"그런 것에만 관심을 갖는군요."

이미 탁자에서 가져온 치즈를 먹다가 파블로가 끼어들었다.

"부디 내 천재 친구를 친절히 대해 주세요."

"천재요?"

뒤르가 물었다.

"파블로가 과장하는 거예요. 나는 취리히에 있는 스위스 연방 공과대학에서 수학과 물리학을 공부했을 뿐이에요."

"뭐라고요?"

뒤르는 어리둥절한 얼굴로 말했다.

"그는 과학자야."

거트루드가 넌지시 말했다.

"그리고 내가 아는 바로는 일류 대학 출신이고."

"꼬리표를 붙이는 것을 좋아한다면 그렇게 하죠. 나는 교사이자 과학자예요."

알베르트는 빈정거리는 투로 말하며 치즈 한 조각을 먹었다.

"과학자란 말씀이죠!"

뒤르는 툴툴대며 말했지만 깊은 인상을 받은 듯했다.

"그럼 연구실이 어디 있는지 여쭤 봐도 될까요?"

"여기 있어요.

알베르트는 코트 주머니에서 펜을 꺼내 시인에게 보여 주었다.

"아, 그렇군요."

그는 그 대답에 당황해하며 중얼거렸다. 그다음에 그는 카이우스 쪽으로 얼굴을 돌렸다.

"그럼 너는 직업이 뭐니?"

"저는 여행자예요."

"와, 그거 재밌네. 그럼 어디에서 온 거지?"

"오랜 시간이 걸리는 곳에서요."

카이우스는 말을 자제했다.

"그럼 부모님은 뭘 하시니?"

그는 흥미를 가지고 계속 물었다.

"이 세상에 안 계세요."

"이 세상에 안 계신다고? 그럼 누가 여행 경비를 지불하는 거야?"

뒤르는 이해할 수 없다는 듯 덧붙였다.

"운명이죠."

"그렇군."

뒤르는 그 대답에 혐오감을 숨기지 않고 내뱉듯이 말했다. 그리고 의자에 앉은 채 몸을 젖히고 다른 표적을 찾아 둘러보았다.

"유니폼을 입은 너!"

"누구요? 나 말이에요?"

"너는 배달부 같은데?"

"나는 역에서 전보 배달 일을 하고 있어요."

찰리는 자랑스럽게 힘주어 말했다. 명백히 경멸적인 시인의 태도에도 주눅 들지 않고 찰리는 레드 와인과 푸아그라를 곁들인 토스트 한 조각을 집어 들고서 거드름 피우는 상대에게 고개를 끄덕여 말했다.

"어느 역인데?"

젊은이는 호의적인 태도로 물었다.

"가르 뒤 노르 역이요."

"정말 유감이네. 에펠탑 역에서 일할지도 모른다고 생각했거든. 우리 아버지가 운영하는 신문사의 신문에서 읽었는데, 무선 전신의 도움으로 에펠탑 역에서는 러시아와 일본 간의 전쟁에 대한 정보를 받을 수 있다고 하던데."

"솔직히 이해가 안 된다니까요."

앙드레가 대화에 끼어들며 말했다.

"무선 전신이 어떻게 작동할 수 있는 거죠?"

"그건 간단해요!"

알베르트는 딱 잘라 말한 뒤에 와인을 단숨에 들이켜고 이야기를 계속했다.

"무선 전신은 그리 어렵지 않게 이해할 수 있어요. 보통 전보는 아주 기다란 고양이 같은 거예요. 당신이 런던에서 꼬리를 당기면 그 녀석이 파리에서 야옹 하고 우는 식이죠. 무선 전신은 똑같은 원리지만 고양이가 없는 거예요."

냉담한 눈길로 알베르트를 응시하는 피에르 뒤르를 제외하고 모두 웃음을 터뜨렸다.

"무섭다."

찰리가 카이우스를 팔꿈치로 슬쩍 찌르며 피에르 뒤르에 대해 작은 소리로 말했다.

"저런 사람은 가르치기 힘들어."

카이우스는 샌드위치를 먹으면서 말했다.

"그를 가르치는 건 힘이 좀 드는데……."

알베르트가 작은 소리로 말했다.

"우리가 그의 감정을 자극하지 않으면 안 돼."

"맞아요."

찰리는 고개를 끄덕였다.

"기계적인 인간은 배울 수는 있지만, 진짜 사람이라면 체험을 해야 하잖아요. 그런 다음에야 비로소 뭔가 창조적인 일을 할 수도 있고요."

"미술은 감정을 자극하지."

레드 와인을 마시다가 파블로가 의견을 말했다.

"내 생각으로는 말이죠."

갑자기 당황한 어조로 니나가 덧붙였다.

"때때로 내 주위에서 보이는 것은 정말로 충격적이에요. 너무나……."

"혁신적이라는 뜻인가요?"

파블로가 넌지시 말했다.

"기괴하다고 하고 싶네요."

자코브는 정의를 내리고 차를 조금씩 마셨다.

"기분이 어떤데요? 왜 그렇게 생각하는 거죠?"

파블로가 니나에게 말했다.

"글쎄, 잘 모르겠어요. 가끔 속이 불편해요. 여기 몽마르트르에 있는 화가들의 몇몇 작품은 아주 기묘해요. 그중에 어떤 건 모든 것을 속속들이 보여주는 것 같아요. 요새 미술은 전혀 이해가 안 돼요."

"당신은 참 솔직하군요."

파블로가 미소를 지으며 말했다. 페르낭드는 시샘 어린 눈길로 니나를 바라보았다.

"더 친밀해질 수 있는 훌륭한 출발이로군요."

파블로는 니나의 손에 부드럽게 입을 맞췄다.

"미술과의 관계를 말이죠."

"우리는 감동할 때에만 배우게 되죠."

알베르트는 계속 말했다.

"내 경우에는 내가 연구하는 것에 열중해 있을 때만 배울 수 있어요."

"맞습니다."

약이 오른 여자 친구를 꼭 껴안은 채 파블로가 맞장구쳤다.

"학교 다닐 때 난 늘 너무 지루해서 교과서에 스케치만 하고 있었죠."

"배움의 즐거움을 강제로 갖게 할 수 있다고 생각하는 건 잘못이에요."

알베르트는 말을 마치고 치즈를 한 조각 더 먹었다.

"저도 그렇게 생각해요."

메리는 아이스티를 따르고 크림과 호두가 푸짐하게 덮인 케이크 한 조각을 덜면서 찬성의 뜻으로 고개를 끄덕였다.

"저는 미술 수업을 좋아하지 않았어요. 명암을 이해할 수 없었거든요. 하지만 어쩔 수 없이 미술을 공부해야 해서 다른 친구들과 함께 의무적으로 미술관에 가야 했어요. 감상력이나 예술적인 이해력이 없다면 위대한 거장들의 그림을 보고도 별다른 느낌이 없어요. 그러나 음악은 전혀 달라요. 저는 엄마에게 피아노와 노래를 배웠어요. 나머지는 아줌마에게 배웠고요."

"아줌마? 그게 누군데?"

카이우스가 물었다.

"아! 그건 내 멋진 놀이 친구였던 보모를 부르는 말이야. 아줌마는 늘 내가 학교 수업에서 깨닫지 못한 것을 정성껏 가르쳐 줬어."

"아주머니가 떠나서 정말 유감이야."

니나는 몹시 슬퍼했다.

"너희 집에 갔을 때 아주머니가 『피터팬』이나 『신데렐라』를 읽어 주는 모습을 보는 게 좋았어. 너는 『이상한 나라의 앨리스』를 연기하는 것을 정말 좋아했잖아! 우리 셋이서 몇 시간이고 계속해서 연기했던 것 기억나니?"

"정말 재미있었겠네."

카이우스는 가볍게 덧붙이며 초콜릿 무스 케이크 한 조각을 먹었다.

"나를 그렇게 가르쳐 주는 사람이 있었으면 좋았을 텐데. 나는 학교가 싫어. 내가 배운 거라곤 잔소리를 듣지 않기 위해 애를 써서 시험에 통과하는 방법뿐이야."

"이해가 된다."

자신의 추억에 취해 알베르트가 맞장구쳤다.

"나도 수학과 과학에 흥미를 가질 수 있도록 격려해 준 삼촌이 두 분 계셨지만, 실제 학습을 방해한 건 따분하고 기계적인 방식의 학교 교육이었어. 지리와 역사에는 암기할 것이 너무 많아! 독일의 교육 방식을 회상해 보면……. 나는 수학에서는 늘 일등이었지만 교장 선생님이기도 했던 그리스 어 선생님은 내가 아무것도 되지 못할 거라고 말씀하셨지. 단지 내가 적극적이고 질문이 너무 많다는 이유 때문에 말이야."

"그런 식으로 행동하면 선생님들은 반항을 한다고 생각해요."

"맞아. 그들은 고개를 끄덕이는 기계들을 좋아하지. 나는 졸업 시험을 통과하지 못했고, 결국 고등학교를 졸업하지 못했어. 연방 공과대학도 첫 입학시험에 합격하지 못했고."

"수학을 잘 못하시지 않았나요?"

"뭐라고?"

알베르트는 소리쳤다.

"이봐, 나는 수학도 과학도 절대 못하지 않았어. 내 문제는 언제나 기억력이 좋지 않다는 거였지. 추론을 요구하는 건 다 괜찮았지만 암기를 하는 건 정말 악몽이었어. 쓸모없는 화학과 생물 시험, 그 끔찍한 프랑스 어 때문에 연방 공과대학에 입학할 수 없었던 거야."

"정말이요? 믿을 수가 없네요!"

카이우스가 불쑥 말했다.

"그러니까 그런 과목들 때문에 입학할 수 없었단 말씀이세요?"

"뭐, 하지만 결국은 잘됐지."

알베르트는 한숨을 쉬었다.

"시험에 떨어졌지만 시험관인 헤르조그 선생님은 내 물리와 수학 점수에 매우 감동해서 내게 취리히 근처에 있는 아라우의 고등학교에서 마지막 학년을 마치라고 제안하셨어. 나는 주저하지 않고 그곳에 가서 빈텔러 교장 선생님 댁에 방을 빌리고 공부를 시작했어. 그 작은 스위스 학교는 그때까지 내가 본 학교 중에서 가장 멋진 곳이었지."

알베르트의 눈이 반짝거렸다.

"내가 정말로 행복하게 보낸 최초의 장소였어. 얼마나 자유로웠는지!

나는 피아노 즉흥 연주까지 시작했어. 정말 좋았지. 그리고 물리학 실험실도! 모든 게 새것이었어. 빛과 전기의 비밀을 밝힐 때 그게 도움이 됐지. 바로 그곳에서 나는 광선과 나란히 달려가는 상상을 했고, 빛이 어떻게 보일까 생각했어. 내가 빛을 따라잡으면 빛이 움직이지 않을까, 빛이 정지할까?"

"정말 어리석은 생각이네."

뒤르는 콧방귀를 뀌었다.

"정말 놀라웠어!"

알베르트는 뒤르를 무시하고 생각에 잠겨 계속 말했다.

"자유로운 창조력을 허용하는 학교라니. 하늘을 나는 듯한 느낌이었지."

"저는 학교가 어떤지도 몰랐어요. 학교에 다녀 본 적이 없었거든요."

메리가 말했다.

"정말?"

카이우스는 깜짝 놀라서 물었다.

"내게는 우리 가족이 학교였어. 집에 돈이 별로 없어서 엄마가 내 교육을 돌봐 주셨어. 그 후에 일주일에 두 번씩 집 근처 학교에 다니게 해 주셨어. 파리에 와서야 자주 가게 됐지만 그것에 대해선 조금도 불만이 없어. 우리 엄마는 지금도 나를 가르치시거든."

"넌 행운아야."

카이우스가 말했다.

"가엾어라."

피에르 뒤르가 낄낄 웃었다.

"하지만 그건 흔한 일이야. 그런데 여자들이 뭣 때문에 학교에 가야 하지? 틀림없이 남편을 찾기 위해서 학교에 다니는 것일 뿐인데. 반면에 나는 유럽에서 최고의 학교들을 다녔어."

"정말이요? 실제로 그렇다면 왜 우리에게 그곳에서 배운 것을, 이를테면 훌륭한 예절을 보여 주지 않는 거죠?"

카이우스는 이죽거렸다.

"뭐라고? 이봐, 너는 그저 바보일 뿐이야."

그는 경멸스러운 듯 말했다.

"그럴까요?"

카이우스는 놀리듯 말했다.

"아무도 완벽하지는 않아요. 아버지 돈이나 쓰는 당신을 제외하고는 말이에요."

뒤르는 화를 내려고 했지만 시인 앙드레와 얘기하고 있던 사촌 거트루드의 만족스런 표정에 기가 죽어서 몸을 움츠렸다.

"한 가지 말해 줄 수 있어, 메리?"

찰리가 말했다.

"알고 싶은 게 있어. 어떤 분이셨어?"

"누구 말이야?"

"네 아버지 말이야. 어떤 분이셨어?"

"아버지는 내가 열두 살 때 돌아가셨어. 그래도 내게 산수를 가르쳐 주셨고, 우리 집이 파산했을 때조차도 삶을 즐겁게 바라보는 법을 가르쳐 주셨어. 아버지가 돌아가시고 우리 엄마가 빚을 떠안았으니 얼마나 힘드셨겠어. 알다시피 엄마는 그때까지 사업을 하신 적은 없었지만 지혜가 많으셨어. 실제로 엄마는 애쉬필드에 있는 집을 팔고 더 작은 집을 사고 싶어 하셨지만 오빠와 내가 어린 시절을 보낸 그 집에서 계속 살자고 간청하는 바람에 결국 팔지 못하셨어. 보다 못한 형부까지 얼마간의 돈을 보태겠다고 했고……. 이젠 우리가 감상에 젖어서 얼마나 바보짓을 했는지 알겠어. 그런 집을, 더욱이 하인도 없이 관리하려면 할 일이 엄청 많거든."

"음, 너는 행복한 삶을 살았구나."

찰리는 생각에 잠긴 채 탁자에서 유리잔을 굴리며 말했다.

"무슨 뜻이야?"

슬픔에 잠긴 소년을 응시하며 메리가 물었다.

"나도 열두 살 때 아버지를 잃었어. 술 때문에. 잃었다? 생각해 보니 웃기는 소리네! 아버지는 내가 태어났을 때 이미 우리 엄마와 이복형 시드 그리고 나를 버렸는데 말이야."

찰리는 웨이터가 와인 한 병을 더 가져오는 것을 바라보면서 말했다.

"알코올 중독이 되기 전에 아버지는 좋은 사람이었던 것 같아. 음, 아버지는 시드 형을 법적인 아들로 호적에 올려 줬거든. 우리 엄마의 첫 번째 남편인 시드 형의 친아버지도 하지 않았던 일인데 말이야. 그건 분명히 중요한 거야."

"아버지를 한 번도 만나지 못했어?"

카이우스가 조심스레 물었다.

"나중에 만났어. 우리 엄마는 가수였는데 나중엔 목소리가 나오지 않게 됐지."

다시 유리잔으로 장난을 치며 찰리가 이어서 말했다.

"엄마가 실직하게 되자 우리 세 식구는 임시 수용소에 가서 살았어. 엄마는 병이 든 데다가 가난과 싸워야 했고, 결국 정신 병원으로 가게 됐어. 시드 형과 나도 그들이 마련해 준 좁은 방에서 잤고. 갑자기 우리는 엄마도 아버지도 없는 신세가 됐지. 그러자 수용소 관리자는 나 혼자만 고아원에 보내기로 결정했어."

"혼자만? 네 형은 어쩌고?"

메리가 걱정스러운 얼굴로 말했다.

"시드 형은 해군에 들어갔어. 나는 멍청한 경찰들에게서 달아나려고 그들 가랑이 사이를 통과하기까지 했어. 그중 한 명은 엉덩방아를 찧었지."

들고 있는 유리잔에 투영된 자신만이 볼 수 있는 그 장면을 떠올리면서 찰리는 슬며시 웃었다. 이윽고 한숨과 함께 소년의 얼굴에서 만족스런 표정이 금세 사라졌다. 갑자기 텅 빈 유리잔의 다른 부분에서 나타난 기억에 그는 화가 난 듯 얼굴을 찡그렸다.

"그들이 나를 마차로 질질 끌고 갈 때 나는 놓아달라고 소리쳤지만 소용이 없었어. 결국 그들은 나를 데려가서 오랫동안 고아원에 감금했어. 시드 형과 나는 한때 아버지와 살았는데 성질이……. 아버지의 부인은 우리를 쓰레기처럼 취급했어."

찰리는 몹시 분한 듯 잠시 말을 멈췄다가 다시 평정을 되찾고 의자에서 몸을 조금 움직였다.

"그래도 아버지에 대한 좋은 기억이 있어. 내 여덟 번째 생일에 무용단에 들어갈 수 있도록 아버지가 도와줬지. 그곳에서 많은 것을 배웠지만 내게 진정한 학교는 우리 엄마였어. 엄마가 없었다면 배우 일을 좋아하게 되지 않았을 것 같아. 때때로 엄마는 몇 시간이고 창가에 앉아서 거리의 사람들을 관찰하고는 그 아래에서 벌어지는 모든 것을 손짓과 눈빛과 표정으로 연기를 했어. 엄마를 보며 나는 손짓과 표정으로 내 감정을 표현하는 법을 배우게 됐고, 무엇보다도 사람들을 이해하는 법을 배웠어."

"나도 손으로 내 감정을 표현하는 것을 배우고 있어. 그림에서 말이야."

파블로가 말했다.

"재미있군요."

알베르트는 턱을 문지르며 말했다.

"나는 손으로 바이올린을 켜는 것밖에 배우지 못했는데. 바이올린을 켜는 걸 정말 좋아하죠. 내가 바이올린 연주를 할 때……. 그렇지, 연주한다는 게 정확한 용어예요. 그걸 즐기는 유일한 사람 같아서 유감이지만요."

"우리 모두는 인생이라는 무대에 선 예술가들인 것 같아요."

다시 기운을 되찾은 찰리가 넌지시 말했다.

"글쎄."

마침내 막스가 대화에 참가했다.

"내 자신을 예술가로 생각할 수 있는지 모르겠군요. 나는 손으로 기사를 쓰죠. 그런데 좋든 싫든 간에 내 그림을 팔 때보다 더 나은 건 확실해요."

그는 시원스레 웃음을 터뜨리고 파블로를 힐끗 보았다.

"우리가 함께 방을 쓰던 무렵이 기억나는군, 파블로. 어찌나 가난하고 비참했던지."

"아, 그랬지."

화가는 인정하고 한숨을 쉬었다.

"나는 언제나 한손에는 그림붓을 들고 다른 손에는 촛불을 들고 있었지. 참 어려운 시절이었어! 방이 너무 추워서 내 그림들로 불을 피우기도 했잖나."

"식사를 준비할 수도 없었지."

그의 전 룸메이트가 덧붙였다.

"사실 그렇게 나쁘지만은 않았어."

파블로는 다시 와인을 마시고 나서 주먹으로 탁자를 쾅 쳤다.

"음, 이전에는 좋지 않았지. 내가 아름다운 가구들, 특히 침대를 갖고 있었을 때……."

"뭐라고요?"

카이우스는 어리둥절한 얼굴로 소리쳤다.

"가구들이 있을 때가 힘든 시기였다고요?"

"당연하죠."

페르낭드가 놀리듯 말하고는 스페인 사람의 어깨에 슬그머니 팔을 둘렀다.

"벽에 그린 아름다운 침대에서 자고 싶다면요."

"나는 당신처럼 아름다운 것을 그리지."

파블로가 중얼거리고는 그녀에게 열렬한 키스를 해서 니나와 메리의 얼굴을 붉히게 만들었다.

"그럼 거트루드 당신은요?"

알베르트는 생각에 잠긴 여인을 불러 대화로 끌어들였다.

"좋아하는 게 뭐죠?"

"나는 글을 써요."

거트루드는 입술 사이로 연기를 천천히 내뿜으면서 말했다.

"손으로 생각을 표현하려고 애쓰죠. 이런 이유로 의학 분야에서 손을 쓰는 것을 그만둔 건 나뿐인 것 같아요."

"후회하나요?"

알베르트는 걱정스럽게 물었다.

"단지 육체만을 구해 봐야 소용없다고 생각해요."

그녀는 진지하게 말했다.

"양심도 있어야 하잖아요?"

"그것도 상당히 양심이 있어야 하죠."

앙드레는 행복감에 젖어 말했다.

"거트루드는 확실히 반성을 하게 만드는 법을 알고 있어요. 그리고 우리의 파블로처럼 갓 데뷔한 예술가들에게도 투자하려는 훌륭한 생각도 갖고 있고요."

"글을 쓰는 건 제게 어려운 일이에요. 날마다 신문 전단으로 철자를 공부하지만 그래도 계속 실수를 해요. 제 공책에는 보기 흉하게 휘갈겨 쓴 글씨와 구별할 수 없는 B자와 R자로 가득해요. 저는 단어의 이미지를 암기하는 것으로만 배울 수 있어요."

메리는 작은 소리로 말했다.

"나도 글자를 바꿔 쓰는데."

파블로가 말했다.

"나도 마찬가지에요."

알베르트가 덧붙였다.

"그래서 나는 이미지를 떠올리는 식으로 생각을 하죠."

"나도 그래요!"

화가는 놀라서 말했다.

"이봐요, 우리는 공통점이 참 많네요. 내 머릿속에는 아주 많은 이미지가 있어요."

알베르트는 다른 인상파 화가들의 그림 몇 점이 장식된 한쪽 구석을 뚫어지게 바라보았다.

"화가가 진정한 사실성을 나타내는 것과 동일한 방식으로 나는 수학을 통해서 진실을 밝히죠."

"수학이요?"

메리는 들뜬 어조로 말했다.

"항상 저를 매료시키는 과목이에요. 공부를 더 할 수 있는 기회가 있다면……. 그러니까 만약에 공부를 할 수 있다면 앞으로 평생 수학과 피아노를 공부하면서 보낼 거예요."

"수학이라고?"

카이우스는 넌더리를 내며 중얼거렸다.

"그 괴물은 나를 어디나 따라다닌다니까. 난 수학을 잘하지 못해."

"걱정마. 네 문제들이 수학과 관계가 있다면, 틀림없이 내 문제들이 훨씬 더 크니까."

알베르트가 말했다.

"그렇다면 수학은 뭣 때문에 있는 거죠?"

뒤르는 과격한 어조로 물었다.

"재미있는 질문이군요!"

과학자는 어이없다는 표정으로 소리쳤다.

"수학에는 창조적 원리가 존재하죠. 그것은 우주를 이해하는 최상의 방법이에요. 내가 그러고 싶어도 우주를 날 수는 없지만 나는 음악을 통해 지구상의 이 소란스런 삶에서 해방될 수 있고, 수학을 통해 내가 직접 볼 수 없는 세상을 탐험할 수 있어요."

"음악이 긴장을 풀게 하고 공상에 잠기게 할 수도 있다는 건 이해할 수 있지만 수학이 그렇다고요?"

청년 시인은 콧방귀를 뀌었다.

"이봐요, 피에르. 당신 말이에요! 훌륭한 학교에서 공부한 누군가는 음악과 수학이 밀접한 관련이 있다는 것을 좀 알아야겠군요."

파블로가 말했다.

"밀접한 관련이 있다니 무슨 말이에요?"

불쾌한 표정으로 거트루드가 물었다.

"이런……. 거티, 둘 다 우리의 영혼이 가장 필요로 하는 무한한 우주와의 접촉을 열렬히 표현한단 말이에요."

"자, 여러분."

막스가 말을 자르며 벌떡 일어섰다.

"이렇게 활기찬 대화에서 빠지고 싶지는 않지만 시간이 없어서 말이죠. 니나, 갈까요? 한 시간 후에 마감이에요."

"이렇게 일찍 떠난다고?"

파블로는 불평스레 말했다.

"이봐, 일찍은 아니지. 난 자네처럼 스스로 일정을 정할 수 있을 만큼 운이 좋지는 않다고. 되도록 빨리 기사를 전해야 돼. 게다가 계속 따라다니면서 밀린 방세를 요구하며 퍼붓는 그런 잔소리를 참아낼 기분도 아니고."

"그건 걱정하지 마, 막스! 부인에게 내 그림 한 점을 줄 테니."

"기억력하고는, 파블로! 그 구두쇠 할멈이 한 말을 잊었어? 더 이상 자네 그림을 받으려고 하지 않는단 말이네."

그는 친구에게 일깨워 줬다.

"나도 가는 게 낫겠다. 역으로 돌아가야 돼."

찰리가 말했다.

"뭔가 알게 되면 말해 줘."

카이우스는 그에게 말했다.

"그건 내게 맡겨."

찰리는 미소를 지으며 말하고는 카페를 떠났다.

# 예술가들의 모임

시간이 흘렀다. 세 사람이 빠진 채 일행은 또다시 몽마르트르 거리를 돌아다녔다. 아이들이 즐겁게 가브리엘르 가의 계단을 지나다가 시장을 발견하고 깜짝 놀랐다. 유리창 간판이 있는 상점 앞에는 수레들이 세워져 있었고, 빵집과 시장 상인들은 손님을 끌기 위해 치열하게 경쟁을 벌이고 있었다. 어느 향기와 냄새 혹은 빛깔이 그 주변을 걷고 있는 사람들의 마음을 더 끄는지 말하기 어려웠다. 빵집에 진열된 구수하고 달콤한 빵 냄새인지, 아니면 갓 딴 꽃들이 내뿜는 향기인지. 식욕을 돋우는 빛깔과 신선한 향기를 풍기는 과일도 먹음직스러웠다.

모두 허기진 눈빛으로 그 호사를 즐기고 있을 때, 날카로운 시각을 가진 파블로는 완벽한 모양과 구도에 대한 욕구를 만족시키려고 생선을 파는 손수레에서 가져온 갈색 포장지 몇 장에 스케치를 시작했다. 별다른 저항 없이 일행은 서서히 충동에 따랐다. 거트루드는 바구니를 사서 좋아하는 과일로 채웠다. 포도, 바나나, 사과, 수박, 레몬 등. 그리고 일행은 그녀를 졸졸 따라다니면서 다른 것도 사달라고 아이처럼 꽥꽥거렸다.

갑자기 폭풍우가 불어 닥치면서 파티는 끝이 났다. 평화로운 광경은 뛰고 밀치는 장면으로 바뀌었다.

"이쪽으로!"

거리 끝을 가리키며 파블로가 소리쳤다.

"어디로 가는 거예요?"

재킷을 펼쳐 빗줄기를 막으며 메리가 물었다.

"이쪽으로 와요."

페르낭드가 손을 흔들었다. 파블로가 향한 곳은 라비냥 가의 초입이었으며 음침하고 초라한 셋집이 밀집돼 있는 동네였다. 깨진 지붕의 갈라진 틈에서 빗물이 줄줄 새고 있었다. 그곳의 가난한 거주자들은 여러 번 연습한 것처럼 느릿느릿 대야와 양동이를 가져와서 비가 내릴 때마다 하나둘 늘어나는 빗물 새는 곳 밑에 놓았다.

"이곳은 어디인가요?"

다른 사람들과 함께 어두컴컴한 건물로 들어가면서 알베르트가 물었다.

"하숙집처럼 보이진 않는군요."

"당연히 아니죠."

메리는 큰소리로 웃었다.

"정말로 모르시는 거예요?"

"정말로 몰라. 내가 어디 있는지, 특히 내가 어디 사는지 잊어버리는 건 흔한 일이야. 그런 이유 때문에 난 잊지 않도록 항상 주머니에 주소를 적은 메모지를 넣어 놔."

알베르트는 진심으로 말했다.

"하지만 어떻게 오해하실 수 있죠? 이곳에는 광장도 없고, 가로등 기둥도 없고, 포장도로도 없는데!"

"정말 굉장한 곳이네!"

카이우스는 흥분하여 말했다.

"이곳에는 누가 사나요?"

"페르낭드와 오십여 명의 사람들, 그리고 내가 살지."

파블로가 대답했다.

"여긴 집세가 비싼가요?"

알베르트가 물었다.

"여기가요? 천만에요!"

페르낭드가 말했다.

"한 달에 십오 프랑씩 내요."

"맙소사! 그건 내가 하숙집에 일주일 방 값으로 내는 돈인데."

"뭐 가구도 없고, 가스도 연결돼 있지 않고, 난방 장치도 하수도도 없고, 전기도 들어오지 않아서 싼 거예요."

"무슨 말을 하는 거야, 페르낭드?"

파블로는 불평조로 말했다.

"아무것도 없다는 게 무슨 뜻이지? 스물 네 개의 방 사람들이 공동으로 쓸 수 있는 변소가 있다는 걸 잊었어?"

파블로는 친구 알베르트를 팔꿈치로 슬쩍 찔렀다.

"정말 싸잖아요, 안 그래요?"

"이곳은 막스가 지어 준 '바토 라브와르(세탁소라는 뜻)'라는 이름이 딱 맞는다니까."

앙드레가 말했다.

"아주 잘 맞죠."

거트루드는 미소를 지으며 맞장구쳤다.

"마치 시청에서 세탁부들에게 나눠 준 나무로 만든 낡은 거룻배 같잖아요."

"누나는 낙천적이네요."

뒤르는 손수건을 허공에 휘두르며 말했다.

"이곳은 사용을 금지하고 폐쇄해 버려야 돼요. 이 썩은 천장을 좀 봐요! 언제라도 무너질 수 있다고요. 여긴 물기가 없는 곳이 없군요. 내 신발이 엉망이 됐네요!"

일행은 뚝뚝 떨어지는 빗방울을 피해 가면서 무너질 것 같은 계단 밑에 녹슨 수도꼭지가 달린 커다란 세면대가 있는 곳으로 갔다. 느닷없이 파블로가 그의 연인에게 달려들어서 키스를 퍼부었다.

"대체 왜 이러는 거예요?"

페르낭드는 날카로운 목소리로 말하고 그를 밀어젖히려고 했다.

"대체 왜 이러냐니 그게 무슨 뜻이지? 우리가 바로 여기서 만났던 날이 오늘 같은 날 아니었나? 당신은 바로 세면대 앞에 맨발로 서 있었잖아?"

"나는 따뜻한 장소가 필요하다고, 파블로."

앙드레는 유일하게 빗물이 새지 않는 곳에서 뻣뻣하게 서서 중얼거렸다.

"난 자네처럼 열정이 불타지 않아서 말일세, 파블로. 제발!"

"파블로!"

어디선가 천사 같은 얼굴에 커다란 눈을 가진 여자가 나타나 소리쳤다. 그녀는 잿빛 양복을 입은 검정 머리에 짙은 눈동자를 지닌 남자를 동반하고 있었다.

"오, 아름다운 알리크!"

파블로는 인사를 하고 연극적으로 그녀의 뺨에 입을 맞췄다.

"지난 며칠 동안 어디 갔었어요?"

대답을 기다리지 않고서 그는 검은 머리의 남자를 보고 말했다.

"어이, 모리스(1875~1973, 프랑스 수학자. 보험 수학의 전문가—옮긴이)!"

"안녕, 파블로."

그는 상대에게 대꾸하고 모두에게 고개를 끄덕여 인사를 한 뒤에 거트루드의 손에 입을 맞췄다.

"안녕하세요, 부인?"

"모리스 씨, 다시 만나게 돼서 기뻐요, 어떻게 지내세요?"

"잘 지내고 있습니다."

"유부남 생활을 즐기시는 모양이네요."

"모르겠어요."

그는 말하고 나서 피카소의 목에 팔을 두르고 있는 아내를 힐끗 보았다.

"만약 직장에서 승진을 하지 못한다면 차라리 예전이 나을 테죠."

"결혼한 남자가 애인과 동거하는 미혼 남자보다 더 신뢰할 수 있다는 생각은 대단히 잘못된 거네요. 중요한 것은 당신 능력이지 당신 사생활이 아니에요."

"맞아요, 부인. 이 상태를 승진 문제로 받아들인 건 제가 비겁했어요. 이런 생각이 우리 관계에 해가 될 것 같네요."

그는 유감의 표정을 지었다.

"그런데 알리크, 어디 있었던 거예요? 어서 말해 봐요."

파블로는 다시 물었다.

"근처에 있었어요. 마침내 모델 일자리를 얻었어요. 그래서 페르낭드도 그 일에 관심이 있는지 알아보러 온 거예요."

"어디서?"

페르낭드가 물었다.

"믿을 수 없을걸?"

그녀는 흥분을 감추지 못하고 말했다.

"장 두아르테 스튜디오에서 우리 둘의 일을 얻었어!"

"그 사진가?"

"맞아, 맞아."

알리크는 발끝으로 서서 살짝 뛰면서 말했다.

"어떻게 생각해?"

"전에 그 이름을 들은 적이 있는데."

메리는 카이우스에게 작은 소리로 말했다.

"하숙집에 묵고 있는 사람 중 한 명이야."

카이우스는 기억하고 있었다.

"맞다!"

불현듯 생각이 떠오른 모양이었다.

"내가 어떻게 깜빡할 수 있지? 그 아저씨는 정말 유쾌한 사람인데."

"그러면 페르낭드, 한번 가 볼래?"

알리크는 다그치듯 물었다.

"물론 가야지! 언제 가는 건데?"

"두아르테는 우리가 오늘 일을 시작해 주었으면 해. 그리고 대략 이 주 동안 계속하게 될 거고. 어때?"

"좋지."

"그럼 가자."

"어이, 배신자들!"

화가는 길을 가로막으면서 말했다.

"난 어떻게 하고? 그 멍청한 사진가들과 내 그림을 기꺼이 바꾸겠다는 거야?"

"말도 안 돼요, 파블로."

그의 팔에 매달리며 페르낭드가 말했다.

"무엇을 준대도 우리는 당신과 바꾸지 않을 거예요. 그리고 사진가들은 멍청하지 않아요."

"물론 아니죠."

알리크가 덧붙였다.

"두아르테는 보통 그날 모델료를 지급해요. 또 모델료도 아주 후해요! 갈까?"

이제 화가는 알리크 때문에 정말로 화가 나서 무섭게 노려보았다. 페르낭드는 그의 이마에 키스를 하고 나서 친구와 함께 비에 젖은 거리를 총총히 걸어갔다.

"휴우."

잿빛 양복을 입은 남자는 한숨을 쉬었다.

"우리 둘 다 이제 여자 친구가 없는 것 같군."

"여자 친구도 없고."

낡은 건물 안을 응시하면서 파블로는 중얼거렸다.

"그리고 아무것도 없어."

# 시간에 관한 대화

파블로는 코트를 벗고 램프와 양초를 찾기 시작했다. 불꽃이 작은 작업실에 신비한 기운을 주었다가 천천히 세세한 부분까지 밝혀 주었다. 습한 어둠 속에서 녹슨 난로와 형편없이 페인트칠 된 벽 사이에 놓인 철제 침대에 깔린 매트리스가 드러났다. 흔들리는 불꽃 사이로 흙빛 대야가 작은 탁자 위에서 나타났다. 소박한 나무 의자 몇 개와 의자로 사용되는 게 분명한 통나무도 하나 보였다. 강렬한 작품들은 다양한 크기의 캔버스에서 날카로운 비명을 질러 댔고 그토록 음침하고 축축한 환경에서 생명의 불꽃처럼 사방으로 흩어졌다. 바닥에는 물감과 붓들이 놓여 있었다. 피카소가 언제든지 그것들을 집어 들어 그림을 그리는 모습을 쉽게 상상할 수 있었다. 촛불과 램프에서 새어나오는 불빛과 오렌지 빛 일몰과 겹쳐진 자줏빛 구름은 오로지 파블로에게만 속한 세상에서 만들어진 무한한 열정을 강렬하게 비추었다.

갑작스런 폭풍우로 가려진 냉엄한 현실보다 더 순수하고 생생한 세상의 작은 거주자가 서랍에서 나왔다.

"걔는 항상 그곳에 있어요?"

메리가 물었다. 파블로는 서랍에서 조심스레 흰쥐를 집어서 메리의 손에 올려놓았다.

"이곳을 좋아하거든."

화가는 그녀를 안심시켰다.

"저희 오빠도 예전에 흰쥐를 키웠어요."

메리는 추억에 잠겼다.

"그럼 너는, 너는 애완동물이 없니?"

"아뇨, 토니라는 개가 있어요. 너무 보고 싶어요."

"오!"

알베르트는 주위를 둘러보며 입을 열었다.

"이곳을 보니 '올림피아 아카데미'가 많이 생각나네요."

"어떻게 이곳을 보고 아카데미가 생각날 수 있죠?"

모리스가 놀라서 물었다.

"정확히 아카데미는 아니에요."

알베르트는 분명히 말했다.

"친구들과 내가 집에서 가진 모임을 그렇게 불렀어요. 우리는 집을 번갈아 가면서 모임을 가졌죠. 생활이 어려울 때였어요. 저녁으로 소시지와 과일 한 개씩밖에는 먹지 못했어요. 그것도 어쩌다가 말이에요."

알베르트는 웃었다.

"하지만 그건 중요하지 않았어요. 우리가 정말로 좋아한 건 올림피아가 우리에게 부여한 자유였어요. 잰체하고 까다롭기만 한 아카데미들과는 정반대였지요. 그곳에서 우리는 머리에 떠오르는 모든 생각들을 편안하게 이야기했어요. 나는 늦은 시간까지 바이올린을 연주할 수도 있었죠. 우리는 정치에 관해서도 자유롭게 이야기를 나눴어요. 철학책을 읽고 토론하기도 했죠. 플라톤, 스피노자, 칸트, 쇼펜하우어 그리고 찰스 디킨스 등……."

그는 말을 멈추고 생각에 잠긴 채 혼자 웃었다.

"저는 디킨스를 아주 좋아해요."

메리가 즐겁게 말했다.

"엄마와 저는 항상 잠자기 전에 그의 책을 읽었어요."

"나도 그런 것 같아."

알베르트는 꿈꾸는 듯한 표정으로 말했다.

"헤르츠와 앙페르(1775~1836, 전자기학의 기초를 확립한 프랑스의 물리학자—옮긴이), 푸앵카레(1854~1912, 프랑스의 수학자·이론 천문학자·과학 철학자. 우주 진화론, 상대성 이론, 위상 수학에 영향을 미쳤다.—옮긴이)의 이론을 읽는 것도 즐거웠고."

"푸앵카레요! 『과학과 가설』을 읽은 적 있어요. 그러면 당신은 과학을 좋아하나요?"

모리스가 물었다.

"내가 가장 좋아하는 것 중 하나죠."

"학위가 있습니까?"

"취리히에 있는 스위스 연방 공과대학에서 수학과 물리학을 공부했어요."

"연방 공과대학에서 공부했단 말이죠!"

알베르트는 고개를 수그렸는데, 이 모리스 프랑세라는 사람도 타이틀을 과도하게 중시하는 사람일 것 같다는 불안감이 표정에 나타나 있었다.

"나도 수학을 많이 좋아하기는 하지만……."

그는 조금 소심해져 말했다.

"사실 그저 취미에 지나지 않아요."

"그러면 충분한 거예요."

알베르트는 안심한 듯 목소리가 떨렸다.

"내가 그곳에서 무엇이든 배웠을 거라고 생각한다면 그건 오해예요."

"음, 난 그렇게 생각했어요."

뒤르가 말을 꺼내자 그의 사촌이 즉시 옆구리를 찔러서 제재했다.

"그곳의 선생님들은 오로지 소리 지르고 처음부터 끝까지 책을 큰 소리로 읽는 법밖에는 알지 못했죠."

알베르트는 짧게 끼어든 말을 알아채지 못하고 계속 말했다.

"그곳에서 내가 배운 건 오직 도서관에 가서 가능한 모든 책을 탐독하는 것뿐이었어요. 하지만 더욱 중요한 건 나의 밀레바를 만난 것이었어요."

"그 학교 여학생이었나요?"

"네, 맞아요. 밀레바는 그곳에 입학한 몇 안 되는 여학생 중 한 명이었죠. 확실히 나는 모든 면에서 탁월한 파트너를 얻었어요. 둘이서 같이 연구하는 것이 훨씬 효과적이죠. 내가 장담할 수 있어요."

그러면서 수수께끼 같은 미소를 지었다.

"그런 식이라고는 꿈에도 생각지 못했어요."

모리스는 실망하여 중얼거렸다.

"그 대학에서는 창조적으로 자유롭게 토론을 벌일 거리고 생각했는데……. 그런데 당신은 교사 일을 하는 거죠?"

"개인 교습을 좀 했을 뿐이에요. 지금은 베른의 특허청에서 일하고 있어요."

"지루한 일일 것 같은데요."

"예전엔 나도 그렇게 생각했지만 상상력을 펼칠 자유 시간이 많아서 지금은 축복이라고 생각하죠."

알베르트는 굳은 표정으로 메리와 카이우스를 바라보았다.

"이 비가 곧 그치면 좋겠는데."

메리는 경첩 한 개에 겨우 의지하고 있는 금방이라도 떨어질 듯한 창문 너머를 내다보며 중얼거렸다.

"우리가 일요일에 여행을 할 수 있으면 좋겠어."

카이우스는 자신의 생각을 말했다.

"이런 궂은 날씨가 그때까지 계속되지 않아야 할 텐데."

"우리 중 어떤 사람이 시간 여행자일까요?"

알베르트가 불쑥 물었다.

"대체 그게 무슨 말입니까?"

앙드레는 쉰 목소리로 말하고는 탁자 위에 있는 와인을 좀 마셨다. 카이우스는 눈을 동그랗게 뜨고 알베르트를 응시했다.

"무슨 말을 하는 겁니까?"

"시간 말입니다. 우리는 시간에 대해서 뭘 알고 있죠?"

과학자가 묻고는 벌떡 일어나서 창가로 걸어갔다. 카이우스는 아무 말도 하지 않았다. 심장이 격렬하게 뛰었고 이 대화가 어디로 흘러가게 될지 집중했다.

"시간이 우리를 관통하는 걸까요? 아니면 우리가 시간을 관통하는 걸까요?"

"시간 여행자라, 마음에 드네요."

파블로가 말했다. 카이우스는 널빤지처럼 굳어졌다.

"알았어요."

거트루드가 대답했다.

"시간은 강물처럼 흘러가고, 그 물결을 따라서 우리를 데려가는 거예요."

"시간은 흘러가는 거예요."

담배에 불을 붙이면서 앙드레가 결론을 내렸다.

"내게는 낮 동안에는 천천히 흘러가지만 밤에는 아주 빠르게 흘러가죠. 거울 속에 자신의 모습을 바라볼 때마다 시간이 젊음을 빼앗아 가고 있다는 것을 깨닫게 되죠."

알베르트는 카이우스와 나란히 앉은 메리가 수줍게 손을 드는 것을 알아챌 때까지 침묵을 지키고 있었다.

"할 말이 있니?"

알베르트는 예의바른 미소를 지으며 물었다.

"우리는 시간을 관통하니까 우리 모두가 시간 여행자 아닌가요?"

그녀가 말했다.

"그렇게 생각하는 이유가 뭐지?"

"음, 제 생각엔 시간이 없다면 우리는 아무 데도 가지 못하고 이동도 못할 테니까요."

"흠, 간단한 대답이지만 정확한걸."

알베르트는 칭찬해 주었다.

"어떤 점에서 우리 모두는 시간 여행자인 셈이죠. 우리는 미래까지 여행하지만 그것은 사람마다 다 달라요. 이것이 바로 핵심이에요."

카이우스는 안도감에 숨을 깊이 들이쉬었다. 알베르트는 계속 말했다.

"실제로 우리가 아는 것은 시간이 차원에 지나지 않는다는 겁니다. 『타임머신』이라는 책에 대해 들어 본 적이 있나요?"

"들어 봤어요."

바구니에서 과일을 집다가 카이우스가 말했다.

"H. G. 웰스가 쓴 책이잖아요."

"아, 나도 그 책 알아요."

모리스는 파블로가 내민 커피를 받아 들면서 끼어들었다.

"시간의 개념을 설명해 주고 있잖아요. 그 책에서 시간 여행자는 친구들에게 순간적으로만 존재하는 입방체가 존재할 수 있는지 질문을 던지죠."

"순간적으로만 존재하는 입방체라는 게 무슨 말이지?"

병으로 이마를 가볍게 누르면서 파블로가 물었다.

"시간 여행자의 친구들 아무도 그것을 이해하지 못했어요."

모리스는 덧붙이고서 와인을 조금씩 마셨다.

"그래서 시간 여행자는 '일정 기간 동안이나마 존재하지 않는다면 입방체가 어떻게 실재할 수 있겠는가?'라는 또 다른 질문으로 대답을 했어요."

그들은 모두 생각에 잠긴 채 서로를 바라보았다. 앙드레는 그의 옆에 있는 탁자에서 안경을 집어 든 뒤에 메모장에 기록했다. 모리스는 이야기를 계속했다.

"그 책에서 시간 여행자는 입방체가 길이, 폭, 두께를 갖는 것만으로는 충분치 않다는 말로 자신의 질문에 대답하죠. 사차원인 시간까지 있는 경우에만 존재할 수 있다는 말이죠. 그렇지 않으면 메리 양이 말한 것처럼 우리가 공간에서 어떻게 이동할 수 있겠어요? 이 입방체가 언제 존재했는지, 언제 존재하고 있는지, 혹은 언제 존재할지 알아야 한다는 말이죠."

"하지만 시간은 차원이 아니에요."

거트루드 옆에 앉아 있던 뒤르가 혀를 찼다.

"도대체 무슨 말을 하시는 건가요?"

"진정해, 뒤르."

거트루드는 그의 어깨에 손을 얹고서 말을 꺼냈다.

"모리스 씨가 무슨 말을 하려는 건지 이해할 수 있을 것 같은데. 그의 말대로 생각해 봐. 내가 너를 파티에 초대하는 경우에 파티가 플뢰뤼스가와 기네마 가가 만나는 모퉁이에 있는 집 이 층에서 열린다는 것을 아는 것만으로 충분하겠니?"

"물론 아니죠."

뒤르는 완강히 고개를 가로저으며 대답했다.

"정말 바보 같은 질문이네요."

"어째서?"

"뭐, 그야……."

그는 바보같이 히죽 웃으며 사람들을 바라보았다.

"파티가 몇 시에 열리는지 말하지 않았잖아요!"

"그러니 파티가 어디에서 열릴지 위치를 네게 말해 주는 것 외에 언제 열릴지도 말해 줘야 하지 않겠어?"

“바로 그거예요.”

바닥에 와인을 질질 흘리며 알베르트가 끼어들었다.

“처음 두 가지 사실은 우리가 어디로 가야 할지 지구 표면 위의 위치를 알려주죠. 다음에 세 번째 사실로 얼마나 높이 올라가야 할지 알 수 있어요. 하지만 시간은 그곳에 언제 가야 할지를 가르쳐 주는 겁니다. 세 가지 좌표는 공간과 관련이 있고, 나머지 한 가지는 시간과 관련이 있어요. 네 가지 좌표, 즉 네 가지 차원이죠.”

“순간적으로만 존재하는 입방체라.”

파블로는 가만히 이 말을 읊조리고 나서 메모장을 움켜잡았다.

“정말 흥미로운 개념이에요.”

모리스는 말을 맺고 방 안을 돌아다녔다.

“그럼 만약에 시간이 사차원으로 고려될 수 있다면 웰즈가 그의 책에서 언급한 시공이라는 새로운 개념은 옳다는 거군요.”

“독창적이야!”

화가가 소리치고는 신이 나서 메모장에 입방체를 스케치했다.

“이런 사차원이 존재한다면……. 내게 새로운 원근법이 열리는 거네. 마음에 드는데!”

“파블로, 알다시피 그 때문에 나는 줄곧 고민해 왔네. 고전주의 화가들의 이 연구 결과는 착시 기법이잖나.”

모리스가 이어 말했다.

“중력이 작용하는 방식 때문에 공간 차원 세 개와 시간 차원 한 개,

즉 시공이 존재할 수 있는 겁니다."

알베르트는 주머니에서 파이프를 꺼내 불을 붙일 준비를 하면서 설명했다.

"어째서요?"

카이우스가 물었다.

"푸앵카레 이론의 토대 중 하나는 중력이 시간에 영향을 미칠 수 있다는 것이지."

사람들은 다시 침묵에 빠졌다. 그들은 물리학자와 함께하는 '여행' 때문에 어리벙벙한 것처럼 보였다. 알베르트는 파이프를 입에 물고 침대로 다가가서 시트를 밀어 넣고 팽팽해질 때까지 잡아당겼다.

"시간과 공간은 고정적인 것이 아니에요. 시간과 공간은 상대적인 것이지."

"공간이 어떻게 상대적이죠?"

뒤르가 물었다.

"일찍이 푸앵카레는 다음과 같은 경험을 가정했어요. 당신이 자고 있는 동안 온 우주, 당신, 침대, 완전히 모든 것이 천 배 커졌다고 생각해 봐요. 잠에서 깨면 차이를 느낄 수 있을까요?"

알베르트는 말했다.

"물론 느낄 수 없죠."

그는 짜증난 목소리로 대꾸했다.

"왜 못 느끼죠?"

"알 방법이 없잖아요."

"비교할 수 없기 때문이죠. 우주가 더 크다고 말하는 건 의미가 없어요. 더 작은 것과 우주를 비교할 수 없으니까요. 그러므로 크기의 개념은 상대적인 개념인 셈이죠."

"좋아요, 알겠어요. 그럼 시간은 어떤가요?"

"시간은 동적인 개념이에요."

알베르트는 와인을 한 잔 더 마시고 난 다음 말을 이었다.

"모든 것은 끊임없이 흘러가고 있어요."

"이해가 안 돼요."

"아무도 똑같은 강물에 두 번 들어갈 수 없어요."

카이우스가 말을 꺼냈다.

"어제의 강물은 오늘의 강물과 다르죠. 새로운 강물이 항상 흐르고 있으니까요."

"바로 그거야."

알베르트는 맞장구 치고 장래성 있는 학생을 돌아보았다.

"정말 대단한걸! 헤라클레이토스(B.C.535~B.C.475, '우리는 동일한 강을 두 번 건널 수 없다.'는 말로 유명한 그리스 철학자—옮긴이)를 알고 있니?"

"네, 그를 잘 알아요. 제게 훌륭한 충고를 해 주셨어요."

카이우스는 열중해서 말했다.

"정말?"

알베르트는 커다란 눈썹을 추켜세우며 미소를 지었다.

"나는 그의 개념도 마음에 들어. 걸어서 출근하는 길에 항상 그를 옆구리에 끼고 다녔어."

"헤라클레이토스라는 사람이 누군가요?"

모리스는 거트루드에게 작은 소리로 물었다.

"그리스의 위대한 철학자예요."

그녀는 작은 소리로 대답했다.

"아, 그래요? 그럼 그는 언제 죽었죠?"

"대략 2,500년 전에요."

"맙소사!"

그는 장난스럽게 웃으면서 돌아보는 거트루드를 기묘한 표정으로 보았다. 알베르트는 다시 이야기를 시작했다.

"아무튼 아까 내가 말했듯이 시간과 공간은 강물과 같아요. 모든 것이 흘러가고 아무것도 멈추지 않지요. 흘러가는 것 외에 시간은 상대적이에요."

"그게 무슨 뜻이에요? 저는 아직 이해가 안 되는데요."

메리가 물었다.

"무슨 말인가 하면 시간이 어느 곳에서나 똑같지 않다는 거야."

"난 생각이 전혀 달라요!"

모리스가 입을 열었다.

"뉴턴에 따르면 시간은 절대적으로 흘러가는 것이지 시계에 좌우되는 게 아니에요."

"이봐요."

알베르트는 탁자 위에 파이프를 내려놓고 나서 반박했다.

"내가 과거의 과학자들의 성과를 존중하기는 하지만, 구식의 물리학 개념을 다시 공식화할 수 있는 새로운 이론이 있다면 무턱대고 17세기의 개념을 믿어서는 안 된다고 생각해요. 우리가 확인할 수 있는 사실은 시계 하나를 적도 근처에, 다른 하나를 극지방 근처에 놓으면 적도에 놓은 시계가 극지방에 놓은 시계보다 더 느리게 간다는 거예요."

"그건 왜 그렇죠?"

카이우스가 물었다.

"중력이 시간에 영향을 미치기 때문이지."

알베르트는 말을 맺고 침대로 되돌아갔다.

# 시간 여행을 하는 방법

"도대체 침대로 뭘 하려는 거예요?"

파블로가 물었다.

"잠시 이 침대가 거대한 것이라고 생각해 볼까요?"

"네, 그렇게 이미 여러 번 생각해 봤어요."

파블로는 혼자서 킬킬거렸다. 알베르트는 바구니 쪽으로 가서 수박을 집어 들고는 다시 침대로 가면서 말을 이었다.

"자, 내가 이 수박을 침대에 떨어뜨리면 어떤 일이 일어날까요?"

그는 사람들 바로 눈앞에서 수박을 놓았고, 그들은 재미있어하며 실험을 응시했다.

"시트가 쑥 들어갔어요. 아주 많이요."

메리는 웃으며 말했다.

"바꿔 말하면 시트가 휘었다고 할 수 있지요. 그럼 내가 이 레몬을 떨어뜨리면 어떤 일이 벌어질까요?"

"역시 시트가 휘겠죠, 약간."

거트루드에게 다가가면서 모리스가 대꾸했다.

"하고 싶은 말이 뭡니까?"

알베르트는 그 질문을 무시하고 계속했다.

"그럼 수박 옆으로 레몬을 밀면요?"

그는 미소를 지으며 천천히 수박이 있는 곳으로 레몬을 굴렸다.

"이제 함께 놓여 있어요."

메리가 말했다.

"그게 어쨌다는 거예요, 알베르트?"

초조해진 파블로가 말을 끊고 끼어들었다.

"말해 봐요. 뭘 할 작정이에요? 침대 위에 과일을 놓고 그림이라도 그릴 건가요?"

"알았어요."

알베르트는 여기저기서 터져 나오는 웃음소리에 신경 쓰지 않고 이어 말했다.

"자, 이 시트와 침대가 투명하다고 가정해 보죠. 우리는 두 과일에서 어떤 인상을 받을까요?"

카이우스는 더 웃지 않으려고 애쓰며 말을 꺼냈다.

"음, 수박이 레몬을 끌어당긴 것처럼 생각될 거예요. 그래서 그런 식으로 있는 거라고."

"정확해."

알베르트는 과일을 가볍게 치며 말했다.

"우리는 더 무거운 과일이 작은 레몬을 끌어당기고 있다는 인상을 받게 되죠. 여러분, 나는 이와 같은 일이 우주에서 일어난다고 생각해요. 여기 보고 있는 것은 중력이 어떻게 작용하는지를 나타내는 겁니다. 태양은 이 수박과 마찬가지로 공간을 휘게 만들어요. 레몬은 우리의 행성 지구와 같고요. 만약에 지구가 궤도에서 회전 운동을 하지 않는다면 태양을 향해 직행하게 될 겁니다. 거대한 질량으로 인해 태양은 시공간을 휘게 만들고, 지구는 그 굽은 부분에서 회전하게 되죠. 이 만곡부가 가해자인 셈이에요. 그것이 물체들을 서로 끌어당기게 만드는 거예요. 그리고 곡률이 더 크든 작든 차이만 있을 뿐 물체는 항상 시공간을 휘어지게 만들죠."

"정말 놀라워요!"

카이우스는 침대에서 레몬을 집어 들며 말했다.

"만약에 제가 레몬을 수박 쪽 대신에 침대 가장자리로 굴리면 시트가 휜 곳을 피해서 계속 직선으로 움직일 수 있어요."

"이것으로 다른 별들이 태양에 끌려가지 않는 이유를 설명할 수 있겠군요!"

모리스는 덧붙였다.

"거 참 이상한 일이네요. 왜 지금까지 아무도 이것을 알아차리지 못한 걸까요?"

알베르트는 모리스에게 다가가서 그의 등에 양손을 얹었다.

"이봐요, 장님 딱정벌레는 나뭇가지 표면을 돌아다닐 때 실제로 그 길이 구부러져 있다는 것을 알아채지 못할 거예요. 다행히 나는 딱정벌레가 알아채지 못한 것을 알게 된 거고요."

"맞아요, 우리는 딱정벌레나 마찬가지예요. 우리는 지구가 자전하고 있다는 것을 지각하지 못하잖아요?"

카이우스는 말했다.

"꼭 그런 것은 아니야."

알베르트는 동의하지 않고 잔에 조금 남은 와인을 다 마셨다.

"때때로 나는 모든 것이 빙글빙글 돌아가는 게 너무 쉽게 보이는걸."

"이 시공간 개념이 훨씬 더 마음에 들기 시작하는데."

허공에서 팔을 휘두르며 파블로가 말했다.

"브라보, 현명한 친구! 대단한 상상력을 가졌군요!"

"나는 특별한 재능도 없고 상상력도 그다지 없어요. 단지 호기심이 왕성한 것뿐이죠."

그는 진지하게 말했다.

"저 알고 싶은 게 한 가지 더 있는데요."

메리는 알베르트를 돌아보며 똑똑히 말했다.

"물체들이 서로 끌어당긴다는 게 무슨 뜻인가요?"

"중력의 법칙에 따르면, 다른 물체에 비교적 가까이 있는 모든 물체는 서로 끌어당긴다는 것이지. 태양은 지구를 끌어당기고, 지구는 사람을 끌어당기고. 그리고 사람은 지구를 끌어당기지. 하지만 중력 때문에 사람들이 사랑에 빠지는 건 아니야."

그가 익살스러운 미소를 지으며 이렇게 설명하자 메리의 얼굴이 붉어졌다.

"내가 지구를 끌어당긴다는 말이에요?"

앙드레가 끼어들었다.

"아무렴요! 터무니없이 생각될지 모르지만 우리가 이것을 알아채지 못한다고 하더라도 사람과 행성 사이에는 인력이 작용하고 있답니다. 당신과 당신이 들고 있는 메모장 사이에도 인력이 존재한다는 것을 압니까?"

"음, 그 점에 있어선 당신 말에 동의해요."

앙드레는 싱긋 웃으며 말했다. 그러고는 사랑스럽다는 듯 메모장을 가슴에 끌어안았다.

"난 이것 없이는 살 수 없거든요. 내 근사한 많은 아이디어들을 기록하는 것이랍니다."

"재미있군요."

이렇게 말하고는 아인슈타인은 바구니에서 포도를 몇 알 집어서 입에 한꺼번에 집어넣었다.

"나도 지금 메모장을 지니고 있긴 합니다만."

"과일로 돌아가서……."

모리스가 끼어들었다.

"만일 그렇다면 중력이 시간이 더해진 사차원에서 삼차원 공간을 휘게 한다면 빛은 어떻게 설명할 건가요?"

"빛이 어때서요?"

알베르트는 눈을 부릅뜨려고 애쓰며 물었다.

"빛도 영향을 받는 건가요?"

모리스가 물었다.

"빛이 휜다는 말이에요?"

바나나와 사과를 가져오다가 메리가 말했다.

"음, 네 말대로야. 아무튼 빛은 공간으로 퍼져나가니까 공간이 휘면 빛도 휘게 되지."

알베르트가 말했다.

"이게 뭐야."

뒤르가 중얼거리고는 바지 주머니에서 손수건을 꺼내 땀에 젖은 이마를 닦았다.

"더 이상 참을 수 없어!"

"왜요? 점점 흥미로워지는구먼."

파블로가 말했다.

"정말 알고 싶네요. 어떻게 증명할 거죠?"

뒤르는 손수건을 든 손을 알베르트에게 향하고 비웃듯이 말했다.

"명확히 증명할 수는 없어요. 아무도 할 수 없죠. 우리가 할 수 있는 건 그것이 이치에 맞다는 것을 제시하는 거예요."

"이건 말도 안 돼. 믿을 수 없어!"

그는 허공에 주먹질을 하며 미친 듯이 소리쳤다.

"이봐요, 뒤르. 누군가 의심을 품고 반증을 제시해야 비로소 불가능하다고 할 수 있는 거예요."

알베르트는 카이우스의 어깨에 기댄 채 느긋이 미소를 지었다.

"그건 이치에 맞지 않아요. 논리적이지 않다고요."

"우주의 법칙을 발견하는 데에는 논리적인 길이 없어요. 유일한 길은 직관이죠. 질문을 하나 하죠. 시인은 어떻게 작업을 하나요?"

"무슨 말이에요?"

뒤르는 딱딱한 얼굴로 말했다.

"그러니까 내 말은 당신은 시를 어떻게 떠올리냐는 거예요?"

"몰라요. 그냥 느낌이 와요. 그냥 생각이 떠오르는 거예요."

"과학자에게도 바로 그와 똑같은 일이 일어난다 이겁니다."

알베르트는 주장했다.

"과학 이론의 발견은 논리적이지 않아요. 모르겠어요? 그건 갑작스런 계시예요. 거의 무아경이라고 할 수 있죠. 상상력과 관계가 있어요. 그리고 상상력은 지식보다 중요하죠."

"대단한 상상력이네요! 최고예요!"

카이우스가 놀리듯 말했다.

"나는 그가 무슨 말을 하고 있는지 알겠는데요, 뒤르."

파블로가 끼어들었다.

"나는 화가지만 내가 왜 이렇게 그리는지 왜 저렇게 그리는지 말로 설명할 수 없어요. 그냥 그리는 거지!"

"나는 아흔아홉 번 생각하고도 아무것도 발견하지 못할 때도 있어요."

다시 토론으로 돌아가서 알베르트가 중얼거렸다.

"생각을 그만두고 깊은 침묵에 빠지면 진실이 떠오르죠. 검토할 수 있는 상태까지 생각이 나아가다가 그다음엔 어떻게 그곳에 가는지는 모르겠지만 더 높은 차원이 떠올라요. 모든 새로운 사실의 발견은 이 과정을 거치죠."

"제 생각엔 이것은 언제나 해답이 없는 미스터리 같아요."

메리는 우울한 표정으로 중얼거렸다.

"메리."

알베르트가 그녀에게 다가가며 말했다.

"인간이 경험할 수 있는 가장 아름다운 것이 미스터리야."

알베르트는 그녀의 손을 잡고 살며시 입을 맞췄다.

"그것이 모든 진정한 예술과 과학의 근원이라고 생각지 않니?"

"집어치워요! 이 모든 건 순전히 허풍에 불과해요."

뒤르가 소리쳤다.

"한 가지는 당신이 옳아요."

알베르트는 조급한 어조로 말하고는 메리의 손을 우아하게 놓고서 뒤르를 마주보았다.

"무한한 게 두 가지가 있죠. 바로 우주와 인간의 어리석음. 우주에 대해서는 그다지 확신이 없네요."

"억지 부리지 마, 피에르!"

거트루드도 짜증을 내고 있었다.

"하지만 전 동의할 수 없단 말이에요, 거트루드 누나. 그뿐이에요!"

"저는 상관없습니다. 모두가 동의하는 토론이라면 헛된 토론이죠."

알베르트는 그녀를 안심시켰다.

"그보다 더 기묘한 게 있겠어요?"

앙드레는 놀리듯 말했다.

"우리가 미래로 가고 있다고 하지만 우리 주위에서 보는 것은 과거라는 것을 어떻게 생각하나요?"

주머니에서 은색 담배 케이스를 꺼내며 모리스가 물었다.

"과거라니 그게 무슨 말씀이세요?"

메리는 완전히 당황한 얼굴로 물었다.

"태양 광선은 지구에 도달하는 데 8분이 걸려요. 그러므로 언제든 태양을 볼 때 우리는 8분이 지난 태양빛을 보고 있는 거예요. 그러니까 우리는 언제나 과거의 태양을 보고 있는 셈이죠. 시리우스는 지구 표면에 닿는 데 9광년이 걸려요. 망원경으로 우리는 9년 전에 반짝인 별빛을 보고 있는 거예요. 극히 짧은 시간이긴 하지만 거울에 비친 우리 모습도 눈의 망막에 도달하는 데 시간이 걸리죠. 우리가 거울을 통해 보는 것은 우리 자신의 좀 더 젊은 모습인 거예요. 그러므로 우리가 보는 것은 우리의 과거인 셈이죠."

"내가 가장 좋아하는 철학자 데이비드 흄(1711~1776, 18세기 스코틀랜드의 경험론 철학자—옮긴이)이 말한 것처럼 현실은 그저 환상에 불과한 겁니다."

알베르트가 말했다.

"나도 같은 생각이에요."

파블로는 알베르트의 어깨에 손을 얹으며 동의했다.

"우리는 감각이 가리키는 것을 알고 있는 것뿐이에요. 우리 주변의 모든 것은 우리의 감각에 인상을 주죠."

"멋지다!"

카이우스는 열중한 채 중얼거리다 메리와 부딪쳤다.

"만약에 1,000광년 떨어진 별에 거울을 놓아두고 망원경으로 보면 1,000년 전에 지구에서 무슨 일이 있었는지 보인다는 말씀이세요?"

모리스는 담뱃불을 붙이면서 그렇다는 뜻으로 고개를 끄덕였다.

"굉장하다! 만약에 그러면 나는 더 이상 여행을 할 필요가 없잖아……."

"잠깐만."

강한 인상을 받은 얼굴로 메리가 말을 끊고 말했다.

"네 말은……. 망원경이 타임머신이라는 거야? 그런 거야?"

"그런 셈이지."

방 한가운데 있는 탁자에서 멜론을 자르다가 알베르트는 그녀의 말에 긍정하고 다정하게 미소를 지었다.

"달에 거울을 놓아 두면 지구에서 관찰할 수 있어."

"정말 애석한 일이네요."

메리는 콧방귀를 뀌고 땅거미가 내려앉는 창밖을 내다보았다.

"달이 정말로 멀리 떨어져 있다면 우리가 과거를 볼 수 있을 텐데……. 모리스 씨, 정말 빠른 속도로 시간 여행을 하는 게 가능할까요?"

담배 연기를 빨다가 모리스는 기침을 했다.

"음, 시간을 통과하는 게 우리고 그것의 리듬을 조정할 수 있다면 방향을 바꾸지 못할 이유가 없겠네요."

"늘 미래로 가는 대신에 우리가 과거로 간다고요?"

흥분하여 손뼉을 치면서 메리가 물었다.

"이 종이처럼 시공이 휘어지거나 정지해 있다면 말이죠."

모리스는 바닥에 쌓여 있는 책들 위에서 종이 한 장을 집어서 설명했다.

"여기 이 종이처럼 우리는 미래로 향하지만 어떤 순간에 과거로 돌아가는 거예요."

"터무니가 없네! 완전히 미쳤군요! 도대체 무슨 말을 하는 거예요?"

뒤르가 소리쳤다. 알베르트는 그를 성난 눈길로 노려보았다.

"옛날에 항해자들은 배를 타고 세계 일주를 하지 않았나요? 그들이 혹시 지구 표면이 곡면이라는 것을 알았을까요? 그들 중 몇몇은 줄곧 같은 방향으로 항해를 해서 항해의 끝에 출발점으로 돌아갔어요."

모리스는 종이를 구부리던 것을 멈추고 탁자 위에 내려놓았다.

"시간 여행자는 미래로 가고 있지만 시공간이 휘어진다면 자신의 과거로 돌아갈 수도 있어요. 여행 준비를 하고 있는 자신을 볼 수도 있죠."

"정말 슬픈 일이야."

앙드레는 수박 한 조각을 움켜잡은 채 수박 물을 질질 흘리며 안타까워했다.

"어린 시절의 자신의 모습을 본다고? 내가 필요한 것은 그것뿐인데. 아기인 내 자신을 보는 것 말이야."

"그럴 필요는 없겠는데요, 앙드레."

거트루드는 심술궂은 눈길로 그를 힐끗 보며 말했다.

"당신이 무슨 짓을 했는지 봐요. 당신 양복을 좀 보라구요."

"하지만 말이에요."

본론으로 돌아가고 싶어 조급해하며 카이우스가 끼어들었다.

"시공간은 너무 크잖아요. 항해자들이 했던 것처럼 그것을 돌 순 없어요. 그럼 어떻게 미래를 향해 가다가 과거에 도착할 수 있을까요?"

"우리가 아주 빠른 속도로 간다면 어떻게 될까요?"

메리가 넌지시 말했다.

"그것에 대해 이미 생각해 봤어요."

알베르트가 말을 꺼냈다.

"움직이는 상태에 있는 사람에게 시간이 더 느리게 흘러가죠. 어떤 사람이 시계를 차고서 굉장한 속도로 여행하고 있을 때, 정지해 있는 사람의 시계와 비교해 보면 자신의 시계가 느리다는 것을 알 수 있을 거예요. 빛의 속도에 이르면 이렇게 시간이 느려지는 범위에 이르게 되죠. 시계는 끝없이 느려지다가 정지해 버려요. 사람의 심장 박동도 느려지게 되고 신진대사도 마찬가지예요. 우리가 빛의 속도를 능가한다면 과거로 돌아갈 수도 있어요. 하지만 당연히 아무것도 빛의 속도보다 더 빠르게 이동할 수는 없어요."

"왜 빛의 속도보다 더 빠르게 갈 수 없는 거죠?"

메리가 실망한 얼굴로 물었다.

"기차로 빛의 속도를 능가해서 여행하는 사람을 상상해 봐요. 자신의 객차 앞에 횃불을 밝히려고 한다면 어떤 일이 벌어질까요?"

"빛은 그곳에 도달할 수 없어요."

사과를 먹고 있던 거트루드가 말을 꺼냈다.

"내가 1904년 세인트루이스 올림픽에서 본 선수 같을 거예요. 그는 자신보다 더 빠르게 달리는 다른 주자에게 올림픽 성화를 넘겨주려고 했지만 그럴 수 없었어요. 다른 사람이 속도를 늦춘 뒤 겨우 넘겨줄 수 있었죠."

"정확한 설명입니다."

알베르트는 박수를 치고 남아 있던 와인을 다 마셨다.

"두 주자들이 똑같이 사람이라는 점을 기억해야 돼요. 훌륭한 시력을 가진 사람이요. 그는 앞을 보고 있지만 자신의 목덜미를 보는 셈이죠."

알베르트는 마지막 두 조각의 멜론을 들고서 양손을 흔들었다.

"그러므로 나는 직관에 의해 아무것도 빛보다 더 빠르게 이동할 수 없다는 것을 추론해 낼 수 있어요. 그것은 법칙이에요. 바로 그거예요. 우주의 최고 속도란 말이죠. 빛의 속도는 일정하고 변하지 않고 아무도 그것을 능가할 수 없어요. 나머지는 상대성의 문제예요."

"도무지 알아들을 수가 없네요!"

거트루드를 팔꿈치로 슬쩍 찌르며 앙드레가 말했다.

"당신이 술을 너무 많이 마셔서 이걸 다 믿는 거예요! 아무튼 이 상대성이라는 게 뭔가요?"

"내게 말입니까?"

웃음을 억누르면서 알베르트가 물었다.

"남자가 아름다운 아가씨와 한 시간 동안 나란히 앉아 있을 때면 한 시간이 일 분처럼 느껴지죠. 하지만 뜨거운 철판 위에 일 분 동안 앉아 있으면 한 시간도 더 지난 것 같은 느낌이 드는 겁니다. 그게 바로 상대성이에요."

"그렇고말고요."

파블로는 박수를 쳤다.

"아무것도 페르낭드를 화폭에 담는 것보다 황홀한 일은 없어요. 시간

가는 줄도 모르죠. 하지만 그녀가 화를 낼 때면……."

"관찰자의 정신 상태가 시간을 인식하는 데 결정적인 작용을 하는 거네요."

모리스는 카이우스 옆에 있는 의자를 잡으려고 애쓰는 알베르트를 바라보면서 의견을 말했다.

## $E=mc^2$

"그럼 방법이 없는 거네요."

메리는 당황한 듯한 목소리로 말했다.

"다 끝났어요. 우리는 시간 여행을 할 수 없어요. 수십억 광년이 걸리잖아요?"

"다른 방법으로 생각해 보죠."

"어떤 방법 말씀이세요, 모리스 씨?"

"웰스의 책을 기억해요? 그 책에서 시간 여행자는 타임머신을 타고 움직이지 않고도 빛의 속도로 여행했어요. 그는 시간이 지나가는 것을 보면서 타임머신 안에 정지한 채 가만히 있었죠. 워프 스피드로 이동하고 있다면 실제로 이런 일이 있을 수 있어요."

"워프 스피드요? 워프라는 게 무슨 말이에요?"

메리는 눈을 둥그렇게 뜨며 말했다.

"내가 설명해 줄게."

알베르트가 끼어들었다.

"종이 좀 있니?"

메리는 가방을 뒤져 접혀 있는 종이 한 장을 찾아냈다.

"이렇게 하면 이해가 될 거야."

알베르트는 메리가 건넨 기차 시간표가 들어 있는 지도를 받아 들었다. 그다음 바닥에서 담배꽁초를 주워서 이미 펼쳐 놓은 종이의 한쪽 끝에 놓았다.

"이 담배꽁초 배가 지금 있는 지점을 떠나서 이 지도의 반대편 끝에 도달하는 최단 거리는 어느 것일까?"

"그야 최단 거리는 직선이죠."

계속 팔짱을 낀 채로 뒤르가 말했다.

"틀렸어요."

알베르트는 청년의 얼굴에 떠오른 극적인 표정을 보고 웃음을 터뜨렸다.

"최단 거리는 지도를 구부리는 거예요! 지도를 구부려서 두 지점을 접촉시키는 것이죠. 이렇게 함으로써 내 배가 전혀 움직이지 않았다는 것도 눈치챘나요? 그럼 이 종이는, 구부러진 지도는 뭘까요? 워프는 이런 방법으로 작용하는 거예요. 배 앞에 있는 시공을 '구부리고' 그다음에 공간을 다시 '확장'하는 거죠. 공간이 확장하고 수축하기 때문에 배는 움직이지 않고도 한 지점에서 다른 지점으로 이동할 수 있는 것이죠. 나는 움직이지 않고 가만히 있으면 돼요. 시공 자체가 휘어지니까."

"아주 간단한 것처럼 말하시네요!"

뒤르는 경멸조로 말했다.

"시공을 어떻게 휘어지게 만든다는 거죠? 거대한 수박을 집어던져서요?"

"재밌네요. 그것에 대해 이미 생각해 봤는데 엄청나게 큰 것이어야 한다는 결론을 내렸죠. 이렇게 거대한 수박을 운반하는 것을 상상할 수 있어요? 누구 다른 제안이 있나요?"

"저는 포기할래요."

뒤르는 이마를 긁적이며 말했다.

"안 돼요, 포기하지 말아요!"

알베르트는 말했다.

"무엇보다 중요한 것은 의문을 멈추지 않는 거예요. 호기심은 그 나름의 존재 이유가 있어요. 당신은 내게 무시당할 존재 이유가 분명 있어요."

"좋아요, 괴짜 양반."

뒤르는 알베르트를 사납게 노려보며 흥분하여 말했다.

"당신 제안은 뭐죠? 어떻게 공간을 왜곡할 생각인가요?"

"공간에 영향을 미칠 수 있는 문제라는 것을 알고 있지만……."

그 머뭇거림 때문에 카이우스는 턱을 괴고 있던 손을 치우고 알베르트를 빤히 바라보았다.

"에너지는 공간을 휘게 할 수 있어요."

알베르트는 계속 말했다.

"만약에 빛의 속도보다 더 빠르게 이동한다면, 그러면……."

"그러면 어떻게 되는데요?"

카이우스가 말했다.

"어떤 물체가 빛의 속도에 가까워질수록 속도를 높이는 게 점점 더 어려워지죠. 물체의 가속 저항이 커지기 때문이에요. 그래서 속도가 빨라지면서 생긴 에너지는 실제로 물체의 질량을 증가시키게 되죠."

"에너지를 질량으로 바꿀 수 있다는 말인가요?"

모리스가 깜짝 놀란 표정으로 물었다.

"그 이상이죠. 아주 작은 질량이 막대한 에너지로 변환될 수 있어요. 빛은 질량은 없지만 에너지를 지니고 있어요. 에너지는 자유로운 상태의 물질이고, 질량은 그 물질의 다른 형태에요. 방출되려고 대기하는 것이 에너지죠."

"생각해 봐요!"

모리스는 담배를 바닥에 떨어뜨리며 소리쳤다.

"만약에 이것이 사실이라면, 원자핵을 파괴한다면……."

"그래요. 원자핵을 파괴하면 어마어마한 양의 원자 에너지가 방출되는 연쇄 반응을 일으킬 수 있어요."

"맙소사!"

앙드레는 놀란 나머지 숨을 헐떡였다.

"하지만 걱정하지 말아요."

알베르트는 손을 들어 올려서 그를 안심시켰다.

"이 위력은 자연에서는 발견되지 않고 인간에게도 알려져 있지 않으니까요."

"한 개…… 아니 두 개의 폭탄을 떨어뜨릴 거예요."

카이우스는 혼잣말로 중얼거렸고 메리만이 그것을 알아챘다.

"이런 망상을 어떻게 알게 됐어요?"

걱정스런 표정으로 앙드레가 물었다. 그는 이마를 긁적이며 메모장을 멍하니 바라보았다.

"망상이 아니에요."

거트루드가 끼어들었다.

"창의성이지. 머리를 써요! 당신은 마치 산송장 같아요!"

"정말이요? 그럼 에너지가 질량으로 바뀌고 질량이 에너지로 바뀌는 것을 어떻게 설명해야 하죠?"

"내가 도와줄게요!"

알베르트는 앙드레의 옆에 서서 그의 메모장에 뭔가 휘갈겨 썼다.

"알았어요!"

이해하려고 애쓰면서 뒤르가 소리쳤다.

"그런데 이게 뭐예요?"

모두 그런 기상천외한 토론으로 이미 머리가 어질어질했지만 알베르트가 쓴 것을 보려고 덤벼들었다. 카이우스는 그것을 읽고는 알베르트의 손에서 종이를 빼앗아서 믿을 수 없다는 듯이 입을 딱 벌리고 바라보았다.

$$E = mc^2$$

"이게 대체 뭐죠?"

앙드레가 소리쳤다.

"이건 내 시라고 할 수 있죠."

알베르트는 명료하게 설명했다.

"물질의 질량에 빛의 속도를 제곱해서 곱해 주면 에너지와 같다는 거예요. 당신이 시를 쓰는 것처럼 이것이 어디서 온 건지는 나도 모르겠어요. 그냥 생각이 나는 거예요."

"어떻게…… 어떻게 이런 혁명적인 아이디어를 단 세 개의 문자로 요약할 수 있는 거죠?"

앙드레는 거트루드를 바라보며 말했다.

"모든 이론은 아이들도 이해할 수 있도록 간단하게 설명돼야 하죠."

알베르트가 말했다.

"하지만 그렇게 간단하지 않다고요."

뒤르가 툴툴댔다.

"그렇기도 하고 그렇지 않기도 하죠!"

알베르트는 그의 등을 가볍게 두드렸다.

"모든 것은 가능하면 간단하게 만들어져야 하지만 지나치게 간단해서는 안 되죠."

"빛이 말이에요."

알베르트의 시적인 공식을 응시하면서 모리스는 두서없이 말을 꺼냈다.

"그것이 중력장을 발생시킬 수 있어요. 생각해 봐요. 만약에 빛이 중력장을 발생시키고 중력이 시간에 영향을 미친다면, 그러면 빛이 시간에 영향을 미칠 수 있어요. 점점 겁이 나네요. 그것이 가능하면 어떻게 하죠?"

"나도 그래요."

파이프를 빨면서 알베르트는 싱긋 웃었다.

"때때로 신이 나를 속이고 있는 것 같다는 생각이 들 때도 있어요. 하지만 적어도 한 가지는 알아요."

"뭔데요?"

카이우스가 물었다.

"신은 주사위를 던지지 않는다."

"이건 정말 얼빠진 소리야."

뒤르는 거칠게 끼어들었다.

"다음번에 이렇게 환각을 일으키면 알려 줘요. 정신 나간 과학자 때문에 정말 혼란스럽네."

"광기와 창조성은 종종 연결돼 있어요."

알베르트는 탁자로 걸어가면서 말했다.

"창조성이 우리를 이끄는 곳이 정말 놀랍잖아요. 가장 믿기 어려운 꿈들을 실현되게 할 수 있어요."

"꿈을 꾸는 것은 정말 좋은 일이에요."

카이우스가 말했다. 그는 피곤한 듯 두 손으로 턱을 괴고 있었다.

"그리고 잠을 자는 것도 아주 좋고요."

"꿈을 꾸는 건 좋지."

알베르트는 맞장구치며 카이우스에게 다가가서 별안간 그의 양손을 움켜잡았다.

"하지만 일어나서 네 꿈을 이루는 게 더 좋아."

그는 사람들에게 돌아서서 뒤르를 향해 걸어갔다.

"공상에 잠기는 사람들은 불가능하다고 말하는 것을 성취하게 되죠."

"꿈이라고요? 흥! 꿈이라면 넌더리가 나요."

뒤르는 다시 코를 풀며 중얼거렸다.

"수도관이 열리면 물이 흘러나오고 제자가 준비가 되면 스승이 나타나는 법이에요."

알베르트는 그를 잡아 계속 흔들면서 큰소리로 말했다.

"자신을 억누르지 말아요, 피에르 뒤르."

"난 그러지 않아요."

뒤르는 완강히 말하고는 코를 닦았다.

"아무튼 물리학자들은 절대 할 수 없는 일인데도 휘어진 공간과 시간 여행에 대해 왜 그렇게 고민을 하는 거죠? 다 헛소리일 뿐인데. 완전히 시간 낭비라고요."

"시간 낭비라고요?"

알베르트는 방 한가운데로 성큼성큼 걸어갔다.

"그게 바로 항공기에 대해 들었을 때 많은 사람들이 했던 말이죠. 그런데 산투스두몽이 항공기로 에펠탑을 선회하는 것을 봐요. 나는 다섯 살 때 나침반을 선물로 받았어요. 처음부터 바늘이 내 관심을 끌었어요. 내가 걸어 다닐 때도 그것은 계속 같은 방향을 가리켰으니까요. 그 경험에서 나는 모든 사물 뒤에는 감추어져 있는 무엇인가가 있다는 것을 깨닫게 됐어요. 계속 보아 왔던 것에서 사람들은 이런 인상을 받지 않아요. 사람들은 햇빛이 모든 것을 태운다는 것에는 관심을 갖지 않죠. 어린 시절부터 배워서 알고 있으니까요. 시간 여행이 터무니없는 것처럼 생각되는 건 달리는 기차에서 뛰어내리는 승객들을 보는 것처럼 시간 여행자들을 보는 것이 익숙하지 않아서죠. 시간 여행에 대해 알게 되면 우주의 이면에 감춰진 비밀을 알게 되고 그것이 어떻게 작동하며 어떻게 발생하는지도 알 수 있어요. 탐정과 과학자의 차이가 뭔지 알아요? 탐정에게는 범죄가 주어지고 그는 의문을 갖죠. 누가 살인자일까? 과학자는 연구를 할 뿐만 아니라 어느 정도는 스스로 범죄를 저지르는 거예요. 그 때문에 과학자는 우주의 미스터리를 풀 이론을 만들어 내야 하는 거예요."

"수수께끼를 푸는 건 제 취미예요."

메리가 고백했다.

"여가 시간에 몰두하는 활동이 있다면 너는 이미 바른 길을 가고 있는 거야."

알베르트는 말했다.

"아무튼 시공간은 순수 직관의 산물이에요."

"직관이요?"

메리는 킥킥 웃었다.

"알다시피 물체 없는 시간과 공간을 생각할 수 있지만 물체는 시공 없이는 존재할 수 없어요. 존재하는 모든 것은, 우리가 관찰하는 모든 것은 우리의 지식이 되잖아요? 시간과 공간은 우리가 선천적으로 갖고 있는 개념이에요. 그러므로 존재하는 모든 것은, 우리의 모든 시식은 우주적 직관에 바탕을 두고 있는 거예요."

"제 생각에는 시간과 공간도 관찰에 의해서만 조사할 수 있는 것 같은데요."

메리가 주장했다.

"그렇지 않아, 메리. 관찰은 판단력을 근거로 한 것이고 그것은 우리에게 물체의 외면만을 알려 줄 뿐이야. 착각을 일으키는 판단력에서 자유로워져야 돼. 직관이 우리의 출발점이야. 추론이 뒤따라야 하는 상상력이 우리가 나아갈 길이야. 오로지 이 방법에서 너, 나, 우리들 각자는 운명에, 자유로운 지식에 도달할 수 있는 거야."

"그럼 단서를 못 본 체해야겠네요."

메리는 당황한 것 같았다.

"왜 직관에서 시작하죠?"

"수수께끼를 풀고 싶다면 대담해지는 법을 배워야 돼."

알베르트는 말투를 바꿔서 말했다.

"자, 메리! 즉흥적으로 생각해 내는 법을 배워야 돼. 아무도 네가 하리라고 기대하지 않는 일을 하는 거야. 이렇게 말이야!"

그는 재빨리 메리에게 등을 보이고 돌아섰다가 별안간 그녀를 삼켜 버릴 듯이 커다란 혀를 쑥 내밀고 다시 그녀를 마주보았다.

"내가 말했잖아요!"

뒤르는 날카로운 소리로 말했다.

"저걸 좀 봐요! 미친 사람 같잖아요. 미친 것 같지 않아요?"

방 안이 조용해졌다.

"내가 너무 말을 많이 한 것 같네요."

알베르트는 조용히 말하고는 탁자에 파이프를 똑똑 두드린 다음에 외투 주머니에 넣었다.

"여기서 이야기하는 것만으로는 충분하지 않아요. 이 모든 이론들을 잊어버리기 전에 적어 두지 않으면 안 되죠. 연구자가 되기엔 내 기억력이 그리 좋지 않아서 말이죠."

"자, 내 메모장을 가져가요. 이게 도움이 될지도 몰라요."

앙드레가 메모장을 건네주며 말했다.

"감사합니다. 나중에 돌려드리죠."

알베르트는 뭔가를 찾아서 주위를 두리번거렸다.

"종이 몇 장 없나요?"

"여기요!"

메리는 떨리는 손으로 백지 몇 장을 주었다.

"더 필요하세요?"

그녀는 바나나를 먹다가 끈적끈적해진 손을 문질렀다.

"천만에, 이거면 충분해. 이제 여기다 정리하면 돼요. 이것이 내 취미고, 내 기쁨이고, 미스터리를 해결하는 내 방식이랍니다."

"수학에서 즐거움을 찾다니, 하하하!"

뒤르는 비웃었다.

"정말 끔찍하잖아요. 나는 수학이 아주 싫어요. 어떻게 그렇게 무의미할 수 있죠?"

"무의미하다고요?"

알베르트 놀랍다는 듯한 표정으로 턱을 긁적였다.

"내게 수학은 매우 강력한 도구예요. 남자의 육감이고 여자의 칠감이죠."

알베르트는 떨고 있는 메리의 머리를 쓰다듬으며 말했다.

"이제 그만 가 봐야겠어요. 그런데 오늘 정말 행복했다는 말을 하고 싶네요. 이 토론을 하다 보니 내 다정한 친구들과 나눴던 많은 대화가 생각이 났어요. 마우리케가 정말 그립군요."

"마우리케요?"

모리스가 물었다.

"맞아요, 모리스."

알베르트가 대꾸했다.

"마우리케 솔로비네, 콘라트 하비히트, 그리고 내가 명목상의 회장이었고 미헬레 베소와 마셜 그로스만, 파울 하비히트가 명예 회원이었어요. 우리는 각자의 집에서 교대로 돌아가며 모임을 가졌어요. 소시지와 과일 한 개 외에는 먹을 게 아무것도 없었죠. 하지만 이런 모임에서 우리는 아주 즐거웠어요. 나는 바이올린을 연주하기도 했죠. 올림피아 아카데미가 그립네요."

그는 향수에 젖어 미소를 지었다. 그러다가 별안간 사람들을 돌아보며 얼굴을 찡그렸다.

"내가 전에 이 이야기를 한 적이 있나요?"

모리스는 웃음을 터뜨리면서 고개를 끄덕였다. 알베르트는 한숨을 쉬고 문으로 향했다.

"그럼 모두 좋은 하루 보내요!"

"잘 가요!"

그가 시간의 흐름을 깨닫지 못하고 떠날 때 다른 사람들이 모두 외쳤다.

# 찰리와 조르주 멜리에스

메리는 이미 늦은 데다 엄마에게 외출한다는 말도 하지 않고 나온 상태였다. 파블로와 그의 친구들은 작업실에 남아서 유쾌하지만 평범한 생각을 계속 나눴고, 카이우스와 메리는 노천 카페에 앉아 있는 활기 넘치는 보헤미안들을 지나서 비에 젖은 환한 거리를 걸었다. 광장에 도착했을 때 그들은 어느 건물 앞에서 많은 사람들이 길게 줄을 서서 기다리는 것을 보았다. 그 느긋한 사람들 무리 한가운데서 아는 얼굴이 보였다.

"찰리!"

메리는 유쾌하게 소리쳤다.

"어이!"

머리가 짧은 한 소년과 함께 있던 찰리가 인사를 했다.

"여기서 뭘 하는 거야?"

카이우스가 물었다.

"헨리와 나는 영화를 보러 왔어."

"뭐라고!"

카이우스는 눈이 휘둥그레져 말했다.

"나도 지난번에 한 편 봤어."

메리는 자랑스럽게 말했다.

"작년에 뤼미에르 형제(프랑스의 화학자 형제. 영화 촬영기와 영사기를 발명해 세계 최초의 영화 〈시오타 역에 도착하는 기차〉를 만들었다.—옮긴이)의 시사회를 봤어. 갑자기 기차가 정거장을 떠나는 장면이었어."

그녀는 얘기를 하고는 유쾌하게 웃음을 터뜨렸다.

"관객들 중에는 그게 진짜라고 생각해서 뛰어나간 사람들도 있었어."

"줄거리가 어떻게 돼?"

카이우스가 물었다.

"줄거리라니?"

그녀는 놀란 듯 그를 빤히 바라보며 물었다.

"그냥 그 장면뿐이야."

"그러니까 단지 한 장면밖에 없다는 말이야?"

"카이우스, 뤼미에르 형제가 보여 준 건 그게 다야."

그녀는 눈알을 굴리며 대꾸했다.

"맞아."

헨리가 맞장구쳤다.

"그들은 자신들의 발명품이 계속 발전될 거라고 생각조차 못했어."

"영화의 줄거리를 만들고, 또 영화에 마술적인 트릭을 첨가한다는 생각을 갖기 시작한 사람이 없었다면 거기서 끝나버렸을 테지. 한 장면만 본다면 재미가 없잖아."

"그렇구나!"

카이우스는 즐겁게 말했다.

"재밌겠다. 어떤 영화를 볼 거야?"

"어어, 그건……."

찰리의 친구는 기둥에 걸린 포스터를 힐끗 보고 나서 대답했다.

"조르주 멜리에스(1861~1938, 마술사이자 프랑스 영화 감독. 세계 최초로 종합 촬영소를 만들었다.—옮긴이)."

"아니지, 이 바보야."

찰리는 화를 내며 말했다.

"그건 내가 말하고 있던 사람의 이름이란 말이야."

"내가 어떻게 알아? 그의 이름이 큰 글씨로 쓰여 있잖아. 내가 볼 때는 제목 같단 말이야."

"어떤 점에서는 네 말이 맞아!"

찰리는 놀리듯 말했다.

"그의 이름이 이렇게 크게 쓰여 있으니까. 어쨌든 그는 감독, 시나리오 작가, 제작자, 그리고 환상적인 특수 효과를 모두 작업하는 사람이니까. 주인공 역할도 하고 말이야."

"그걸 전부 혼자 했다고? 와!"

카이우스는 깜짝 놀란 얼굴로 말했다.

"나는 그냥 영화를 보는 줄만 알았어!"

"정말 멋지다!"

포스터를 읽으면서 메리는 흥분한 듯 떨리는 목소리로 말했다.

"뭔데?"

카이우스가 물었다.

"쥘 베른의 책 『지구에서 달까지』와 H. G. 웰스의 책 『달 세계 최초의 인간』을 바탕으로 만든 영화를 상연한대. 그 책 모두 읽었는데. 그의 죽음은 안타까운 일이야."

"누구, 웰스?"

카이우스가 물었다.

"아니. 쥘 베른 말이야. 웰스는 아직 살아서 글을 계속 쓰고 있어."

"그러면 분명 그를 기리기 위해서 영화를 상영하는 걸 거야."

찰리가 말했다.

"음, 아마도."

메리는 슬픈 어조로 말했다.

"죽은 지 한 달밖에 안 됐으니까. 『지구 속 여행』이 영화로 만들어지면 정말 좋겠다. 내가 가장 좋아하는 작품이거든."

“곧 우리 차례야.”

찰리는 줄을 정리하는 남자를 바라보면서 알려 주었다.

“너희 영화 볼 거야?”

“나는 돈이 없는데.”

카이우스가 대꾸하고는 주머니를 뒤졌다.

“돈은 없어도 돼. 도대체 언제부터 영화 구경을 하는 데 돈을 냈지?”

메리는 이상하다는 듯 그를 쳐다보며 말했다.

“이제부터 내야 돼.”

찰리가 말했다.

“돈을 내는 대신 영화 상영 시간이 십삼 분이야.”

“그렇게 길게? 사람들이 그걸 어떻게 견디지?”

메리는 놀란 나머지 숨이 막힌 듯했다.

“글쎄, 견딜 수 있는지 어디 확인해 보자. 볼 거야, 안 볼 거야?

찰리가 물었다.

“쥘 베른의 작품이라면 난 당연히 볼 거야. 카이우스, 우리랑 함께 보자. 내가 돈을 빌려 줄게.”

네 사람은 극장 벽에 죽 달린 전등 불빛이 거의 비치지 않는 네 번째 열에 자리를 잡고서 영사 기사가 틀에 감은 작은 필름을 준비하는 동안 참을성 있게 기다렸다. 준비가 되자 남자 둘이 사람들에게 조용히 해 달라고 요청했고 곧 영화가 시작됐다.

관객들은 경이로운 시선으로 흑백 영화를 바라보았다. 멜리에스가 양복을 입고 정장 모자를 쓴 교수를 연기했다. 곧이어 거대한 대포에서 발사된 우주선이 나타났는데 거기엔 교수와 다섯 명의 과학자들이 탑승했다. 캡슐 모양의 우주선은 공간을 날았다.

카이우스는 최초의 공상 과학 영화의 특수 효과를 보고서 배꼽이 빠질 정도로 웃었다. 판지로 만들어진 우주선이 통통한 얼굴을 한 달의 오른쪽 눈에 꽂혔다. 과학자들이 비우호적인 달 거주자들에게서 달아나 캡슐 모양의 우주선에 몸을 던지는 장면에서는 자지러지게 웃어 댔고, 너무 웃어서 아픈 옆구리를 움켜잡아야 했다. 그들이 함정에 빠졌다는 것을 알아챈 적들 중 한 명은 우주선을 달 가장자리로 밀었다. 우주선은 지구 행성을 향해 우주 공간을 무작정 날아가다가 대서양에 떨어졌다. 결국 탐험가들은 구조되고 위대한 영웅으로 존경받게 됐다.

"영화가 정말 마음에 들어."

영화를 보고 난 후 카이우스가 말했다.

"우산으로 달나라 주민들을 분해시키는 그 장면이 단연 최고였어!"

"내 생각도 그래."

찰리는 텅 빈 스크린을 쓸쓸히 응시하면서 맞장구쳤다.

"정말 놀라워! 이런 건 본 적이 없어."

"야, 과장하지 마."

메리는 자리에서 일어나면서 중얼거렸다.

"책이 훨씬 낫다. 비교도 안 돼. 영화에선 아무것도 진짜 같지 않아!"

"내게 중요한 건 현실성이 아니야. 내게 중요한 건 꿈과 상상을 바로 내 눈앞에 끌어낸다는 거야."

찰리는 황홀경에 빠진 채로 반박했다.

"우리랑 함께 가지 않을 거야?"

카이우스는 멍하니 앉아 있는 친구를 보며 물었다.

"나는 이걸 좀 더 봐야 돼. 이렇게 짧다니 너무해. 나는 이런 영화에 출연하고 싶어. 아냐, 나는 그 이상을 할 거야. 시나리오도 쓰고 감독도 하고 모든 것을 하고 싶어."

"무슨 문제라도 있니?"

대머리 남자가 찰리에게 다가오며 물었다.

"얘야, 괜찮니?"

"네, 괜찮아요."

꼼짝 않고 앉아 있던 찰리가 애처로운 소리로 말했다.

"그런데 왜 일어나지 않는 거니?"

"한 번 더 보고 싶어서요."

"이런, 이런."

그 남자는 긴 콧수염을 쓰다듬으면서 열광적으로 말했다.

"또 한 명의 배우 지망생이로구나. 내 말이 맞지?"

"네, 맞아요."

찰리는 꼼짝도 하지 않은 채 날카롭게 말했다.

"저는 멜리에스 씨와 얘기를 해보고 싶어요. 그분의 영화에 출연하고 싶어요."

"배우들은 참 재미있다니까."

그 남자는 고개를 끄덕이면서 말했다.

"이 영화가 삼 년 전에 만들어질 때 유명한 배우는 단 한 명도 배역을 맡고 싶어 하지 않았지. 사람들은 영화에서 연기를 하는 건 극장 공연보다 한 수 아래라고 말했단다. 그래서 곡예사, 무도장 가수들을 배우로 써야 했어. 그런데 너는 영화에 출연한 사람들이 극장에서 공연하는 배우들보다 더 많은 돈을 번다는 것을 깨달아서 어떻게 해서든 역할을 맡고 싶은 것 아니니?"

"영화에 출연한 사람들의 수입이 얼마나 되는데요?"

메리는 호기심에 눈을 가늘게 뜨고 그를 바라보며 물었다.

"육천 프랑 정도."

그 남자는 미소를 지으며 대꾸했다.

"세상에!"

헨리는 헐떡이며 말하고는 다시 주저앉았다.

"내가 버는 것의 두 배야."

"이제 더더욱 영화를 만들고 싶어졌어!"

찰리가 벌떡 일어서며 말했다.

"멜리에스 씨와 얘기를 해야 돼. 그분이 어디 계신지 아세요?"

"얘야, 그만둬라. 요즘 '지오 멜리에스 스타 필름' 사무실은 일을 하고 싶은 배우들로 발 디딜 틈이 없단다."

“하지만 저는 단순히 배우가 아니에요. 저는 곡예사, 무용수, 가수이기도 하고, 팬터마임 연기를 할 수도 있어요, 그리고 또…….”

“불가능하단다.”

그 남자는 한숨을 쉬고 찰리의 딱딱한 어깨에 손을 얹었다.

“멜리에스 씨는 스타를 발굴하는 일에 관심이 없어. 사실은 상당한 두통거리가 있거든.”

“왜요?”

“왜요라니, 당돌하구나.”

그 남자는 마음껏 웃었다.

“그러니까 미국에서 다른 나라들로 보낸 수많은 복제품을 없애기 위해서 그가 싸우고 있다는 걸 모르는구나? 그놈들은 심지어 포스터 그림도 그대로 베꼈어.”

“설마!”

카이우스는 깜짝 놀라서 소리쳤다.

“이미 저작권 침해가 시작되었다니. 그는 틀림없이 많은 손해를 보고 있을 거예요.”

“이 상태가 계속된다면.”

그 남자는 고민스런 눈빛으로 그들을 바라보고는 반들반들한 머리를 문지르면서 덧붙였다.

“아무래도 그가 곧 파산할 것 같아 걱정이다.”

“야, 찰리.”

헨리는 그의 팔을 끌어당기면서 말했다.

"우리가 할 수 있는 건 아무것도 없어. 자, 가자."

"아냐, 나는 있을 거야."

그는 고집스레 말하고 다시 의자에 털썩 주저앉았다.

"그럼 우리라도 가자. 이렇게 늦게 돌아가면 엄마가 걱정하셔."

카이우스의 팔을 잡고 메리가 말했다.

세 사람은 찰리를 내버려두고 영화관을 떠났다.

그 남자도 찰리 곁을 떠나 다음 상연을 위해 영사기에 필름을 준비하고 있는 젊은이 쪽으로 걸어갔다.

"무슨 일이세요, 문제라도 있나요?"

"아니야, 보리스. 그저 저기 앉아 있는 배우에게 있는 그대로의 현실을 보여 주려고 한 것뿐이야."

"현실이요?"

영사 기사는 웃음을 터뜨렸다.

"잘하셨어요, 멜리에스 씨. 아주 잘하셨어요."

# 논문 도둑

"시간을 좀 봐라!"

카이우스가 현관으로 들어오는 것을 보자마자 뒤팽 부인은 날카로운 목소리로 소리쳤다.

"지금까지 어디 있었니?"

"저어, 무슨 일 있었어요? 뭣 때문에 이 야단이세요?"

그는 천진난만하게 물었다.

"일찍 돌아오겠다고 약속했잖니. 약속은 중요하단다."

"하지만 무슨 일인데요?"

카이우스는 그녀의 반응에 몹시 놀라서 되풀이 물었다.

"카이우스! 네가 문제야."

그녀는 허공에 팔을 휘두르며 소리쳤다.

"어디 갔었니? 뭘 했어?"

"뒤팽 부인."

백발의 우아한 부인이 나타나 엄격하면서도 조용한 어조로 말했다.

"이렇게 지나치게 걱정하실 필요는 없잖아요. 당신도 봐서 알겠지만 아이는 아무 문제없어요."

"상관없어요. 카이우스, 어디 갔었어?"

"저는 아무것도 하지 않았어요!"

카이우스는 겁을 먹고 말했다.

"그저 산책을 가서 친구들과 얘기를 했을 뿐이에요."

"누구랑? 누구와 얘기를 했어?"

그녀는 자제심을 잃고 고함을 쳤다.

"아무도 아니라고요!"

카이우스는 화가 나서 고함을 쳤다.

"무슨 일이세요? 왜 우리 엄마처럼 행동하려고 그러세요?"

"이곳 사람들은 아무도 침묵의 의미를 모르는 건가요?"

계단 꼭대기에서 파란색 긴 옷을 입은 한 남자가 끼어들었다.

"웬 소란이람."

"아무것도 아니에요, 모데카이 교수님."

우아한 부인은 딱 잘라 말했다.

"저희 때문에 깨신 거라면 사과드려요."

"난 침묵이 필요하단 말입니다. 제발, 이 소란 속에서 내가 어떻게 로맨스 소설을 써야 할까요?"

그는 머리를 붙잡고 말했다.

"걱정하지 마세요."

부인은 그를 안심시켰다.

"지금부터 교수님이 원하시는 대로 조용해질 거예요. 제 말이 맞죠, 뒤팽 부인?"

"하지만 카이우스는 잘못을 했어요. 저는 그걸 말했을 뿐이에요."

노부인은 다른 사람들의 표정을 보고서 소리 지르던 것을 멈췄다. 갑자기 자신이 과도하게 반응하고 있다는 것을 깨달은 뒤팽 부인은 심호흡을 하고 가까스로 마음을 가라앉혔다.

"죄송해요, 밀러 부인. 당연히 당신 말이 맞아요. 폐를 끼쳐서 죄송해요."

그러고는 카이우스를 돌아보았다.

"다시는 그러지 말아라, 카이우스."

뒤팽 부인은 그 난리법석 통에 잠에서 깬 손님들과 알베르트의 멍한 시선을 받으며 느릿느릿 홀을 떠났다.

"마침내 조용히 작품을 끝낼 수 있다고 생각해서 파리에 왔는데!"

"이런 우연이 있을 수가!"

알베르트가 모데카이 교수에게 말했다.

"저도 연구를 끝마치려고 파리에 왔답니다."

화가 난 모데카이 교수는 그의 방으로 돌아갔다. 마음이 심란한 알베르트는 뜻하지 않게 그의 뒤에 서 있던 마린느와 부딪쳤다.

"스위스인 행세를 하는 무례한 독일인 같으니라고!"

계단을 내려오면서 마린느는 혀를 찼다.

"저 사람은 자기 자신만 소중하게 생각한다니까요. 정말 끔찍해요! 제 생각엔 그의 행위는 질책 받아 마땅해요!"

"메리야."

밀러 부인은 동의의 뜻으로 마린느에게 고개를 끄덕여 보이고는 메리의 어깨에 손을 얹고 말했다.

"우리도 방으로 돌아갈 시간인 것 같구나."

메리의 엄마는 미소를 지으며 카이우스를 돌아보았다.

"얘야, 뒤팽 부인 때문에 당황하지 마라. 열성이 지나쳐 그런 것뿐이니. 내일이면 이 모든 것은 지나간 일이 될 거야. 잘 자라."

"잘 자, 카이우스."

엄마를 따라 계단을 올라가면서 메리는 작은 소리로 말했다.

카이우스는 금세 잠이 들었다. 꿈이 천천히 시작됐다. 딱딱한 침대와 있으나마나한 담요도 더 이상 그를 괴롭히지 않았고, 이틀 밤 동안 선잠을 잔 뒤라 피로감이 너무 압도적이어서 끔찍한 살인 사건 때문에 계속되는 불안감조차도 그를 현실 세계에 붙들어 두지 못했다. 카이우스는 시간 여행에 관한 상대적 인식과 달 여행과 같은 흑백의 장면들이 결합된 배경 속에서 떠다녔다. 그는 날고 있었다. 눈 깜짝할 사이에 은하계의 한쪽 끝에서 다른 쪽 끝까지 갈 수 있었고, 빛을 포함하여 주위에 모든 것을 삼켜 버리는 거대한 블랙홀을 뛰어넘을 수도 있었다. 드디어 그는 방해받지 않고 조용히 자고 있었다. 참으로 멋진 꿈이었다.

"도둑이야! 도둑!"

"무슨 일이에요?"

메리는 맨발로 복도를 돌아다니고 있는 알베르트에게 물었다.

"이곳이 조용한 날은 대체 언제 오는 거야?"

모데카이 교수가 방에서 성큼성큼 걸어 나와서 고함을 질렀다.

"이번에는 또 무슨 일이요?"

"누군가 내 논문 초고를 다 훔쳐갔어요."

알베르트는 점점 흥분하여 중얼거렸다.

"이제 어떡하지? 이제 뭘 하지? 그것들이 없으면 내 이론을 전부 잃은 건데. 기억이 잘 나지도 않고……. 와인은 어디 있지? 어, 갑자기 머릿속에 전부 뚜렷이 남아 있어. 생각이 술술 이어지는데."

"그런데 그 빌어먹을 이론이 뭐요?"

모데카이가 미친 듯이 노하여 불쑥 물었다.

"그 이론!"

알베르트는 서성거렸다.

"이론의 이름도 결정하지 못했어요. 질량과 에너지의 동등 관계를 나타내니까 등가 이론이라고 불러야 할지 아직 모르겠어요. 아니 빛의 속도가 변함이 없기 때문에 불변 이론이라고 불러야 할 것 같네요. 아니면 그보다는 시간과 공간이 기준계에 따라 상대적이라는 것을 강조하기 위해 상대성 이론이라고 부르는 편이 나을까요?"

"제 말을 믿으세요. 상대성 이론이 인기를 얻을 거예요."

카이우스는 넌지시 말했다.

"이제 이게 무슨 소용이 있을까?"

알베르트는 절망적으로 물었다.

"나는 포기할 수밖에 없어. 그 이론은 학술지에 실린 내 최고의 논문이 됐을 텐데."

"어떤 학술진가요?"

다른 손님들 중에서 한 남자가 안경을 바로잡으면서 물었다.

"독일 과학 학술지인 『물리학 연감』이에요."

"정말이요?"

그 남자는 깊은 감명을 받은 듯했다.

"연구 분야에서 가장 영향력 있는 학술지인데. 내 논문은 한 편도 발표해 주지 않았어요. 당신은 어떻게 논문을 실었죠?"

"정말 지독한 도둑이네! 방이 아주 엉망이 됐어!"

알베르트의 방을 살펴보고서 여주인이 대화에 끼어들었다.

"아닙니다, 부인."

알베르트가 그녀의 팔을 건드리며 말했다.

"방 안은 제가 해 놓은 그대로예요."

"논문이 사라졌다는 것을 언제 아셨어요?"

피부색이 거무스름한 여자 뒤에서 앞으로 나오며 메리가 물었다.

"삼십 분쯤 전에."

"그럼 몇 시에 주무셨어요?"

"글쎄……. 마리!"

알베르트는 부엌 하녀에게 소리쳤다.

"네, 선생님."

그녀는 하얀색 주방용 모자를 매만져서 길게 땋은 머리를 감추며 대답했다.

"부엌에서 내게 차를 준 게 몇 시인지 기억해?"

"자정쯤이었던 것 같아요."

그녀는 진지하게 말했다.

"그럼 내가 삼십 분 전에 일어났다면, 일을 할 때는 보통 잠을 조금 자니까 새벽 네 시경에 잔 것 같은데."

알베르트는 격렬하게 손짓을 섞어 가며 말했다.

"지금 말씀하신 것으로 보면 잠든 때와 연구 논문이 사라진 때 사이에 한 시간 삼십 분이 남네요."

메리는 결론을 내렸다.

"하지만 그 사람이 내 방에 어떻게 들어왔는지 이해가 안 돼. 창문도 잠겨 있고 문도 잠겨 있었는데."

"그럼 그 사람은 어떻게 들어왔을까요?"

카이우스가 물었다.

"몽유병이 아닌 건 확실하세요?"

메리는 넌지시 물었다.

"이제껏 그런 일은 일어난 적이 없었어. 있을 수 없는 일이야."

알베르트는 놀라고 당황한 얼굴로 말했다.

"하지만 그게 유일한 설명이에요."

방 안을 들여다보면서 메리가 딱 잘라 말했다.

"일단 불가능한 것을 제외하면 설사 믿기 어렵더라도 남은 것이 진실이 틀림없어요."

"내가 내 논문을 훔쳤다고?"

쉽사리 믿기지 않는 듯 알베르트는 숨을 헐떡이며 말했다.

"그럼 내 논문을 어떻게 돌려놓는단 말이야?"

그는 절망적으로 주위를 둘러보았다.

"다시 쓸 수는 없으세요?"

카이우스가 물었다.

"기억력이 나빠서 시간이 지날수록 그릇된 기억이 떠오르게 될 거야. 이런 식으로 많은 것을 잊어버리게 되겠지."

그는 슬퍼했다.

"내가 했을 리 없어."

"걱정하지 마세요, 알베르트."

메리는 그를 진정시키려고 했다.

"제가 전부 조사해서 사라진 이유가 무엇이든 원고를 되찾을 수 있도록 뭐든 할게요. 제 말 믿으세요."

"끔찍해, 끔찍한 일이야! 어떻게 나는 이렇게 잘 잊어버릴 수 있지?"

"자, 긍정적으로 생각해요."

호기심을 가지고 그 소동을 지켜보던 손님 중 한 명이 말했다.

"선생님은 똑같은 농담을 듣고서도 항상 웃을 수 있잖아요."

# 파티 초대

새벽에 있었던 소동 때문에 카이우스는 그를 기다리고 있는, 그가 서둘러 끝마쳐야 하는 그 일을 마주할 용기가 좀처럼 나지 않았다. 지난 밤의 과장된 태도에서 냉정을 되찾은 뒤팽 부인은 다른 배달지로 다시 카이우스를 보냈다. 이번에는 카이우스는 가르 뒤 노르 역 주변 건너편에 몽마르트르 공동묘지로 향했다. 지난번과 마찬가지로 그는 노란색 꾸러미를 나르는 임무를 맡았고, 다시 한 번 꾸러미를 받을 수 있는 책임자를 기다려야 했다.

그 일을 완료하자 점심 시간이 되었다. 여유를 부리며 걷다 보니 카이우스는 하숙집으로 돌아가는 데 점심 시간을 다 써 버렸다. 중간쯤 갔을 때 마음을 바꿔 범죄 현장인 가르 뒤 노르 역으로 향했다. 그는 속으로 생각했다.

'어쩌면 운 좋게 뭔가 알아 낼 수 있을지도 모르니 메리와 찰리와 같이 가기로 한 내일까지 기다릴 필요가 없을 거야.'

역에 도착하자 곧장 플랫폼으로 갔다. 그곳에서 놀랍게도 기차들을 응시하고 있는 알베르트를 발견했다.

"어? 아저씨."

카이우스가 소리쳤다. 알베르트는 옷도 갈아입지 않고 면도도 하지 않은 몰골이었다.

"여기서 뭘 하세요?"

"모르겠어."

과학자는 꿈꾸는 듯한 표정으로 대답했다.

"어디서 잘못된 건지 생각해 보려고 시내를 돌아다녔는데 지나치게 생각에 빠져 있었던 모양이야. 돌아가는 길이 기억이 나지 않네. 이 기차들이 판단의 기준이 될 수 있을 줄 알았는데."

"그게 무슨 말이에요?"

카이우스는 알베르트의 마음이 다른 데 가 있다는 것을 알아챘다.

"자! 제가 길을 안내해 드릴게요."

카이우스는 플랫폼을 따라 천천히 그를 이끌면서 말했다

"내 기억 말이야. 지금 내가 정말로 생각해 내고 싶은 건 내 이론이야. 내 추정을 재검토할 수 있도록 말이야."

알베르트는 중얼거렸다

"걱정하지 마세요."

카이우스는 그의 기운을 돋우려고 애쓰며 말했다.

"원하신다면 하숙집으로 돌아가는 동안 어제 대화에서 제가 기억하는 모든 것을 말씀드릴게요. 자, 가요."

그들이 문으로 들어가자 블랑슈 부인은 알베르트에게 식당을 가리키며 식사를 하도록 알려 주었다.

"저는 어쩌고요?"

카이우스는 불평조로 말했다.

"너는 부엌으로 가거라. 거기가 네게 어울리는 곳이니."

"하지만……."

"지금 빨리 가는 게 좋을 거다. 그렇지 않으면 먹을 게 없을 테니."

카이우스는 말다툼을 해 봤자 소용 없을 것 같았다. 배 속은 꼬르륵거리며 즉시 밥을 달라고 아우성치고 있었다. 큰 방을 지나갈 때 누군가 피아노를 치면서 프랑스 노래를 부르는 소리를 들었다. 너무나 매혹적인 소리여서 부엌 대신 그곳으로 갔다. 피아노 앞에는 메리가 앉아 있었다. 메리는 카이우스를 보고 연주를 멈췄다.

"아냐, 아냐. 멈추지 말고 계속해. 정말 훌륭하다."

카이우스는 손을 들어 올리며 그녀를 말렸다.

"친절도 하지."

그녀는 두 손을 무릎 위에 놓고서 미소를 지었다.

"아직 연습을 많이 해야 돼."

"아닌 것 같은데?"

모피 코트를 입은 거트루드가 방에 들어오면서 끼어들었다.

"정말 훌륭한 것 같은데."

"감사합니다, 스타인 부인."

메리는 얼굴이 빨개졌다.

"아니, 거티라고 불러."

그녀는 다정한 미소를 지으면서 말했다.

"메리, 오늘밤 내 파티에 오는 게 어때?"

"파티요?"

메리는 흥분을 감추지 못하고 의자에서 벌떡 일어섰다.

"저는 정말 파티를 좋아해요."

"그럼 결정된 거네. 그리고 파티가 언제 열리는지 외에 공간의 세 좌표도 틀림없이 잊지 않고 알려 줄 테니 걱정 말아."

이렇게 말하고 그녀는 까르르 웃음을 터뜨렸다.

"막스와 함께 와. 우리 집이 어딘지 확실히 알고 있으니까."

"거티, 저……."

메리는 다시 얼굴이 빨개지며 말을 꺼냈다.

"말해 봐. 고민하지 말고."

"저는 엄마하고 함께 가야만 해요."

"아, 그래. 그렇구나. 좋아, 그렇게 해. 나는 영국 여성들이 프랑스 여성들보다 더 자유롭다고 생각했는데. 남자들과 함께 걷고 말을 탈 수는 있지만 파티는 불가능하구나! 아무래도 너는 아주 전통적인 가정 출신인가 보다."

이렇게 말하고 그녀는 카이우스를 바라보다가 그가 좀 슬퍼 보인다는 것을 알아챘다.

"카이우스, 기운을 내라. 너도 초대할 테니."

"좋아요! 드디어 재미있게 놀 수 있겠네요!"

카이우스가 말했다.

"그리고 참고로 말하는데 뒤르는 이미 떠났단다. 하지만 네가 내 사촌동생을 골탕 먹이는 걸 다시 보는 것도 재미있었을 거야. 그리고 네 배우 친구도 데려오렴. 그 소년이 마음에 들어. 확신할 수는 없지만 어쩐지 장래성이 있는 소년 같거든."

그녀는 돌아섰다.

"그럼 난 알베르트를 찾아서 파티에 참석하고 싶은지 알아보러 가야겠다. 그의 이론도 마음에 들거든. 품질이 나쁜 와인 때문에 그 대화의 일부를 놓치긴 했지만."

"그는 방에서 점심 식사를 하고 있어요."

"고맙다."

그녀는 인사를 하고 그곳을 떠났다.

"오, 이런! 파티에 뭘 입지?"

메리는 한숨을 쉬었다.

"진정해. 찰리와 나를 초대했고 뒤르가 없을 거라면, 부인은 분명히 그런 건 상관하지 않을 거야."

"내 기분을 망치지 마, 카이우스."

그녀는 그에게 손가락을 흔들며 경고했다.

"파티에서 내가 가장 좋아하는 부분은 준비 과정이란 말이야."

메리가 방안을 껑충거리며 뛰어다니면서 파티에 입고 갈 옷에 대해 즐겁게 떠드는 동안 카이우스는 유쾌하게 웃었다.

"카이우스, 고맙다."

알베르트가 방에 뛰어 들어오면서 말했다

"역에서 돌아오면서 나눈 대화는 아주 유익했어. 내게 얼마나 큰 도움이 됐는지 아마 너는 상상도 못할 거다. 지금 당장 내 이론을 정리할 거야."

"파티에 가시지 않을 거예요?"

"거티의 파티? 안 갈 거야."

깜짝 놀라며 알베르트가 말했다.

"내 파트너와 함께하는 파티가 훨씬 나을 거야."

"무슨 파트너요?"

카이우스가 물었다.

"내 방에서 나를 기다리는 기품 있고 아름다운 '고요'."

카이우스는 알베르트가 계단을 올라가는 것을 보고 킥킥거리며 유쾌하게 웃다가 메리가 자신을 빤히 쳐다보고 있다는 것을 깨달았다.

"왜?"

카이우스는 물었다.

"역에 갔었단 말이지."

그녀는 두 손을 엉덩이에 올리고 말했다.

"우리 모두 내일 아침에 가기로 결정하긴 했지만 내가 오늘 뭔가 할 수 있을 것 같았어."

메리의 불만스러운 얼굴을 본 카이우스는 애써 변명하려고 했다.

"이 일 때문에 나한테 화를 내는 건 아니겠지?"

"아냐, 카이우스."

그녀는 천천히 대답했고 카이우스는 안도의 한숨을 쉬었다.

"네가 거기 갈 거라고 짐작했었어. 언제나 그렇게 서두르고……. 그래서 그만한 가치가 있었어?"

"아니."

카이우스는 낙심한 얼굴로 중얼거렸다.

"나는 아저씨를 하숙집으로 데려와야 했어. 길을 잃었거든."

"됐어."

그녀는 카이우스의 팔을 잡으며 말했다.

"내일은 하루 종일 범죄에 대해 생각해야 하지만 오늘은 파티에 가는 거야."

# 피카소의 새로운 아이디어

이미 저녁 일곱 시가 지났지만 막스와 찰리 그리고 카이우스는 아직 응접실 피아노 앞에서 메리가 엄마와 내려오기만을 기다리고 있었다.

"아름답다!"

세 사람은 메리가 계단을 내려오는 것을 보고서 거의 동시에 소리쳤다. 메리는 한쪽 어깨에 장미꽃 봉오리 장식이 달린 옅은 색깔의 드레스를 입고 있었다. 머리카락은 꼭대기로 쓸어 올려 뒤에서 틀어 묶고 있었다. 하지만 허리까지 내려오는 긴 붉은 머리를 도저히 지탱하지 못해서 메리의 엄마는 그 문제를 해결하기 위하여 메리의 머리에 인조 머리카락을 단단히 매는 것으로 묵직한 헤어스타일을 정리했다.

"너무 멋지다."

찰리는 힘주어 말했다. 그러고는 메리가 뭔가로 인해 기분이 언짢은 것을 알아채고 표정을 바꿨다.

"무슨 일 있어? 무슨 문제가 있는 거야?"

찰리가 물었다.

"내가 정말로 원한 건 검정 드레스였어. 그 옷을 입으면 더 성숙해 보이거든."

"그렇지만 엄마들이 어린 딸에게 그런 대담한 옷을 허락하지 않는다는 걸 알잖아."

그녀의 엄마는 딸의 드레스 뒤에 달린 단추를 만지작거리며 말했다.

"게다가 왜 이런 코르셋을 입어야 하는 건지도 모르겠어요."

메리는 화난 어조로 엄마에게 소곤거렸다.

"숨도 막히고 먹는 것도 참아가면서 말이에요."

"메리 양."

막스는 그녀를 안내해 현관으로 가면서 공손히 말을 꺼냈고, 나머지 사람들은 뒤따라갔다.

"당신은 정말 아름다워 보여요. 숨이 막히고 먹을 수 없는 사람들은 단지 파티에 있는 신사들일 겁니다."

일행이 불빛이 반짝이는 파리의 거리를 따라 걷는 동안 파블로와 페르낭드까지 합류하자 분위기가 한결 유쾌해졌다. 버스, 전차 그리고 자동차에는 사람들이 많이 있었다. 대다수 사람들은 휘황찬란한 도시의 불빛과 극장, 카페, 카바레 등을 감상하고 싶어 했기 때문에 지하철을 타는 것을 기피했다. 카이우스는 코너를 돌 때마다 전기 불꽃을 일으키는 전차에 탔다. 전차는 철제 커넥터로 공중 케이블과 연결되어 있었다. 카이우스는 전차 안에서 보는 풍경에 반했다. 그들이 미국 부인의 저택이 있는 플뢰뤼스 가 27번지에 도착했을 때 그는 흥분하여 벌떡 일어섰다. 이미 길까지 음악 소리가 들렸다.

거티가 곧 문에 나타나서 손님들을 맞아들이고 함께 살고 있는 남동생 리오에게 그들을 소개했다. 리오는 주로 미술 평론가와 유명 작가, 배우, 조각가, 화가들로 이루어진 다른 손님들에게도 카이우스와 찰리, 메리를 소개했다. 친절한 주인은 그들에게 집을 보여 주고 먹고 싶은 건 무엇이든 마음껏 먹을 수 있게 편안하게 대해 주었다.

보드카와 같은 술과 이국적인 과일 주스뿐만 아니라 손님들에게 골고루 돌아가는 다양한 브랜드의 와인도 있었다. 거실에 놓인 기다란 탁자는 큰 은접시로 가득 차 있었고, 캐비아와 새우 전채요리, 치즈, 연어 카나페, 그리고 갖가지 디저트 등이 쌓여 있는 쟁반들이 춤추듯 이리저리 움직였다. 한 무리의 웨이터들이 모든 것을 준비하고 시중을 들었다. 메리를 포함하여 고통스러운 코르셋 때문에 눈으로 보는 것에 만족하는 여자들을 제외하고 그들은 누구도 빈손이나 빈 잔으로 있게 내버려 두지 않았다.

그런 흥분된 분위기 속에서 누군가는 단골손님들이 애정을 담아 살롱이라고 부르는 그 저택의 가장 아늑한 부분을 주목하고 있었다. 벽면에는 마티스, 브라크와 같은 무명 화가들뿐만 아니라 대단히 유명한 화가들의 유화 작품이 빽빽이 걸려 있었다. 살롱의 구석구석에서 미술품이 살아 숨 쉬고 있었다.

파블로는 거티가 최근에 구입한 자신의 작품과 나란히 걸려 있는 모네의 그림 옆에 서 있었다. 자신도 모르게 그는 그 풍경화에 몰두하고 있었다. 구름 한 점 없는 풍경에서 인물의 색조는 길고 긴 시간의 느낌을 암시했다. 황금빛으로 가득한 나무들은 푸르스름하고 하얀 빛을 띤 넓은 강물 밑으로 시선을 끌었다. 나무들로만 강가의 경계를 정하는 그림 속에서 피카소의 시선은 멀리서 배를 타고 있는 귀부인들에게로 옮겨졌다. 출렁이는 강물이 범람하여 풍경에 녹아들었다. 파블로는 두서없이 이야기를 꺼냈다.

"모네 같은 인상파 화가들은 사실성이란 보이는 것이 아니고 느끼는 거라는 것을 누구보다 잘 알았어. 우리는 사실성에 대한 막연한 인상만을 갖고 있어. 공간은 말이야, 우리가 기하학에서 배운 것과 다르게 경계가 없고 무한하지. 직선은 두 점 사이에 최단 거리가 아니고, 사실상 두 점이 만날 때까지 종이처럼 공간을 구부리는 거야. 다른 각도에서 본 한순간의 얼굴처럼 말이야."

"포개진 얼굴 말인가요?"

카이우스는 당황한 표정으로 말했다.

"단지 공간을 포개는 것으로 그 지점을 떠나지 않고도 여행할 수 있는 것과 같은 방식이네요. 이렇게 해서 돌아다니지 않고도 모든 각도에서 얼굴을 볼 수 있어요. 실제적이죠. 생생하고! 내가 어떻게 이런 미술 이론을 이해할 수 있지! 와우, 과연 마음의 문이 열리네!"

"나는 새로운 시대를 시작하고 있어."

파블로는 힘주어 말했다.

"전통적인 원근법에서 벗어나서 삼차원의 새로운 구도를 찾을 거야. 세상을 한 개의 시점에서 바라보지 않고, 지금부터는 세상의 모든 것을 재창조의 대상으로 삼을 거야. 더 이상 우리가 세상을 어떻게 보는가라는 개념을 따르지 않고, 우리가 이 세상에 대해 알고 있는 것을 작품에서 나타낼 거야."

"먼저 현실을 제대로 본 다음에 왜곡하는 편이 나아요."

거디가 넌지시 말했다.

"마크 트웨인(1835~1910, 『톰 소여의 모험』 등을 쓴 미국의 소설가—옮긴이)의 말을 인용하신 거네요."

메리는 매우 기뻐하며 말했다.

"그 작가의 책을 좋아하세요?"

"오, 그럼!"

거티는 소녀의 말에 동의했다.

"내가 글을 쓸 때 가장 큰 영향을 미친 작가 중 한 사람이야."

두 사람이 『허클베리 핀의 모험』과 같은 마크 트웨인의 책들에 대해 의견을 교환하는 동안 파블로는 여러 가지 생각에 잠겨 다른 각도에서 본 뒤틀린 작은 큐피드 조각상을 모델로 한 세잔의 그림을 응시했다. 공간에서 의도적으로 뒤틀린 모습이 줄곧 그의 관심을 끌었다. 그것은 한 순간 얼어붙은 다양한 자세를 나타낸 참신한 시도였다.

"시간이 없는 공간……."

화가는 그의 작업실에서 알베르트와 나눈 대화를 떠올리며 작은 소리로 말했다.

"순간적으로만 존재하는 입방체를 창작하는 건 불가능해. 길이, 폭, 두께를 가진 삼차원의 작은 조상을 창조할 수는 없어. 완전히 왜곡시킬 수도 없고. 그러나 시간 없이는 존재할 수 없어. 순간적으로만 존재하는 입방체라. 기하학적 도형. 시간……. 우리는 그것을 사차원으로 인식해야 돼! 시간…… 시간을 인식해야 돼. 그것을 표현해야 돼."

"시간을 사차원으로 인식한다는 이상적인 생각이 정말 마음에 들어."

양복을 입은 검은 머리의 남자가 말했다. 그는 지대한 관심을 갖고 그 그림을 보고 있었다.

"앙드레가 시공이라는 물리학의 새로운 관점에 대해 얘기해 줬어. 누가 이 이야기를 시작한 거야? 모리스였나?"

"응."

파블로는 그림의 세부 묘사에 완전히 열중한 채 대꾸했다.

"그럴 거라 생각했지. 그는 항상 고전적인 원근법을 싫어했거든. 나는 세잔 같은 화가들이 이미 이 새로운 개념을 인식했다고 생각해. 이따금 이런 생각이 들어. 화가가 동시에 모두 보는 것처럼 그림을 그린다면 왜 작가라고 똑같이 할 수 없을까?"

"맞아요, 아폴리네르(1880~1918, 프랑스의 시인이자 소설가—옮긴이)."

거트루드는 그의 의견에 찬성했다.

"나도 어제 앙드레와 똑같은 얘기를 나눴어요. 왜 우리는 처음, 중간, 끝을 고민하면서 의견을 쓰고 이야기를 써야 하죠?"

"네, 무슨 말인지 알겠어요, 거티."

그녀의 친구는 그림에 더 가까이 다가서면서 말했다.

"나도 이것이 바뀔 필요가 있다고 생각해요. 시인으로서만이 아니고 새로운 예술 방식을 바탕으로 더 자유롭고 더 생생한 비평을 하기 위해서 말이에요. 화가들과 마찬가지로 우리가 공식화한 대로 생각을 묘사해야 한단 말이죠. 세잔 같은 화가는 얼굴을 정면에서만 인식하지 않잖아요. 옆면도 있고 뒷면도 있다는 것을 안단 말이죠. 이것을 사실적으로 그리기 위해서 그는 본래의 모습을 나타내면서도 얼굴을 왜곡하는 인상을 준 거예요. 화가는 보는 것이 아니고 생각하는 것을 그리죠. 사고는 콜라주(여러 가지 재료를 그림에 붙이는 미술 기법—옮긴이)로 이루어져 있어요. 콜라주는……."

그는 멍하니 적당한 단어를 찾았다.

"무슨 말인지 알겠어요!"

그녀는 단호히 그의 말을 끊었다.

"우리가 대화, 회상, 사고 그리고 묘사의 콜라주를 만들어야 한다는 말이죠. 우리는 갑자기 떠오른 말들을 지나칠 수밖에 없어요. 생각이 어떻게 흘러가는지 보여 줄 수 있는 새로운 문체를 개발해야 돼요. 본래 한 마디 말에도 힘이 있는 법이잖아요. 삼차원 생각을 관통하는 모든 것을 보여 주는 콜라주로 이야기를 만들어야 돼요. 우리는 더 정확해져야 돼요. 우리는 일차원 방식으로 생각하지 않아요. 우리의 사고는 기억력을 이용해서 우리가 아는 것을 우리가 보는 것과 관련시키잖아요. 처음—중간—끝 형식을 깨뜨리기 위해서 새로운 문학 형식을 사용할 필요가 있어요. 어느 때라도 현재 생각하는 것을 나타내야 하지만, 불현듯 과거의 기억에 압도되거나…… 아니면 과거의 기억이 상상 속에서 되풀이되면 현재에 있지만 그때는 과거 어딘가에서 잠시 생각하는 거예요. 생각은 언제라도 순식간에 어디로든 옮겨질 수 있어요."

"우리의 생각이 별안간 시공을 여행한다면, 그 때엔 물론 시공 이야기를 만들어야 하죠."

아폴리네르가 말을 맺었다.

"이 세간의 작품 말이에요."

그림에 매료된 거트루드는 이어 말했다.

"이 그림을 보니 새 책을 쓸 수 있는 훌륭한 아이디어가 생각나네요."

"아이디어가 머리에서 쿵쿵거릴 때면 억누르기 힘들죠."

메리는 한숨을 쉬었다.

"생각나자마자 그것을 붙잡아서 최초의 인상을 기록하지 않으면 영원히 잊어버리게 돼요."

메리는 더 이상 말을 하지 않고 가까이에 있는, 밀가루 반죽으로 사과를 얇게 싸서 구운 과자에 관심을 가졌다. 멋진 접시에 가지런히 놓인 먹음직스런 색깔의 과자를 보니 코르셋도 숙녀가 지녀야 하는 교양도 생각이 나지 않았다. 갑작스런 과자의 유혹에 넘어가 마침 엄마가 잠시 자리를 비운 사이 그녀는 폭식이라는 어리석은 잘못을 저지르고 약간의 과자를 핸드백에 넣을 수 있었다.

"동감이에요."

아폴리네르는 메리가 다른 일에 관심을 갖고 있는 것을 깨닫지 못하고서 말을 이었다.

"깜빡 잊으면 정말 미칠 것 같아서 나는 아이디어를 놓치지 않으려고 하죠."

"이 드가의 그림을 좀 봐, 기욤!"

감탄하여 바라보며 파블로가 말했다.

"정말 강렬한 색채잖나?"

"동감이야, 파블로."

그는 고개를 끄덕였다.

"아무도 드가처럼 윤곽이 뚜렷한 그림을 그리지 못하지. 저기 드넓은 벌판에서 질주하는 흥분한 기수들의 움직임 하나하나를 어떻게 포착했는지 보게나."

메리가 그 그림을 볼 때 그녀의 눈에는 감격의 빛이 어렸다.

"예술 작품을 감상하기 위해선 타고난 재능이 있어야 한다고 항상 생각했지만 이 그림은…… 지금까지 보아 온 그림들은 모두 흐릿한 노르스름한 색조 같은 것을 띠었는데, 이 그림에서는 말로 설명할 수 없는,

그냥 느껴지는 뭔가가 있어요."

"즉석 사진처럼 보이는데요."

카이우스는 실눈을 뜨고 다른 각도에서 그림을 바라보며 말했다.

"그 이상이지."

아폴리네르가 말했다.

"드가는 그 순간에 그의 상상력, 그의 생각을 보여 주고 있어. 그는 자신의 생각을 지배했지."

"그는 어떻게 그런 경지에 도달했을까?"

몇 번의 붓놀림만으로 그 동물의 움직임을 차례차례 나타낸 이미지를 보고 놀란 나머지 파블로는 숨을 헐떡이며 말했다.

"아무도 그처럼 동작이 정지된 듯 그릴 수 없어. 아무도 그처럼 느낌을 고정시킬 수 없어."

갑자기 파블로는 벽난로 위에 걸린 방 안에서 가장 특별한 세잔의 작품에 집중했다. 그는 안락의자에 앉아 있는 여인의 모습을 감탄 어린 시선으로 응시하다가 미국인 친구에게 시선을 돌렸다.

"거티, 난 뭔가 새로운 것을 창조하고 싶어요. 이 세잔의 작품은…… 거티, 당신 초상화를 그려야겠어요. 내일 시작하겠어요. 아니, 아니에요. 오늘부터 해야겠어요."

"아, 파블로, 당신은 예측할 수 없는 사람이에요."

그녀가 애정 어린 웃음을 웃으며 바라볼 때 파블로는 일그러진 얼굴을 가진 작은 탈 조각을 응시하고 있었다.

"이 가면을 어디에서 샀어요?"

그는 얼빠진 얼굴로 물었다.

"아, 이건 마티스가 선물로 준 아프리카 원시 가면이에요."

"이걸 어디에서 샀대요?"

그는 계속 말했다. 그의 눈은 의혹과 호기심이 담긴 채 가늘어졌다.

"이국적인 골동품 가게에서 샀다고 했어요."

파블로는 두툼한 입술과 일그러진 얼굴에서 툭 튀어나온 멍한 눈을 가진 가면을 자세히 보았다.

"그는 흑인 미술에 관한 논문을 쓰고 있어요."

거트루드가 말을 이었다.

"그가 이런 걸 더 가지고 있나요?"

"모르겠어요."

그녀는 대답하고서 살롱에 막 들어온 손님에게 손짓을 했다.

"그가 더 가지고 있지 않을까요?"

"음, 마티스 부인이 이번 주 점심 식사 때 와서 그 유명한 페르피냥식 산토끼 요리를 먹어 보라고 초대했거든요. 그때 마티스에게 이런 가면을 더 가지고 있는지 물어보도록 하죠."

"좋아요! 우선 이 가면의 스케치를 몇 점 그려야겠어요. 그래도 괜찮겠어요? 가면을 이층으로 가져가도 될까요?"

"지금 말이에요?"

파블로는 눈알을 굴리고 조바심치며 한숨을 쉬었다.

"지금 필요해요. 나는 남들한테서 내가 원하는 것을 받아들이는 걸 주저하지 않아요. 하지만 모사하고 싶지는 않아요."

그는 그 작은 조상이 몹시 탐이 난다는 듯한 얼굴로 설명했다.

"그리고 잊지 말아요. 오늘 당신의 초상화를 시작할 거라는 걸."

파블로는 재빨리 가면을 끌어안고서 계단을 뛰어올라갔다.

아폴리네르는 헛기침을 하고 말했다.

"어허, 그림을 그리는 것은 범죄를 저지르는 것과 마찬가지로 속임수와 악의와 부도덕을 필요로 한다고 한 드가의 말대로군요."

# 찰리의 쇼

모두가 즐겁게 시간을 보내고 있는 사이에 거트루드는 큰 방 한가운데 있는 피아노 옆에 서서 음악을 멈춰 달라고 부탁하고는 모든 사람에게 주목해 줄 것을 요청했다.

"여러분."

그녀는 큰 소리로 말했다.

"알다시피 저희 집에서 여러분을 만나는 건 언제나 멋진 일이에요. 저는 이 자리를 빌어서 정성스럽게 준비한 만찬을 대접하는 것뿐만 아니라 이런 기회를 이용해 예술가들이 재능을 펼칠 수 있게 격려하고 있어요. 아직 자신의 재능을 알릴 기회를 갖지 못한 예술가들에게 말이죠. 오늘 놀라운 감수성을 지닌 무명의 예술가 한 사람이 우리 앞에서 연주할 수 있도록 여러분이 응원해 주실 것을 기대합니다. 그녀는 젊은 피아니스트이고, 장래성 있는 성악가이기도 하죠. 영국인이고 파리에 온 지 얼마 되지 않은 아가씨예요. 부끄럼을 좀 타지만 뜨거운 박수로 맞아 주시면 우리에게 작은 연주를 들려줄 수 있을 만큼 마음이 편안해질 겁니다. 밀러 양. 진심으로 부탁해요."

그녀가 큰소리로 불렀고, 활기에 넘친 관객은 박수갈채를 보냈다.

메리는 완전히 충격을 받은 상태에서 그런 우레와 같은 박수를 받자 어떻게 해야 할지 몰랐다. 얼굴이 홍당무가 됐고 이가 딱딱 부딪쳐 감당하기 어려울 정도였다. 그녀의 온몸은 방에서 도망치고 싶었지만 어머니와 두 친구는 그 도전에 응하도록 격려해 주었다.

그녀가 작은 임시 무대로 걸어가자 청중들은 예의바르게 박수갈채를 멈췄다. 방 안에는 갑작스런 정적이 흘렀고 메리는 주위를 짓누르는 공허감에 당황했다. 가능한 자연스럽게 행동하려고 했지만 덜덜 떨리는 손은 그녀를 배반했다. 피아노 앞에 앉자마자 마치 사형대 앞에 있는 것처럼 강렬한 마비 상태가 온몸을 휩쓸었다. 마지막 시도로 그녀는 땀에 젖은 차가운 손을 건반 위에 올려놓고, 숨을 한 번 쉰 뒤에 연주를 시작했다. 그녀는 다시 숨을 쉬고 노래를 불렀다. 음정은 맞았지만 힘이 없었다. 설상가상으로 긴장한 탓에 피아노를 치다 실수를 했고 웩웩대는 소리로 노래를 했다.

완전히 엉망으로 치닫기 전에 거트루드는 그녀에게 다가가서 이마에 살짝 입을 맞췄다. 그리고 그녀의 귀에 대고 무엇인가 속삭이자 메리는 미친 듯이 고개를 끄덕였다. 거트루드는 천천히 뒤로 물러서서 다시 한 번 청중들의 주의를 환기시켰다.

"여러분, 주목을 받게 되면 아무래도 훌륭한 재능을 모두 드러낼 수 없는 법이죠. 이번이 그런 경우인데 틀림없이 귀중한 경험이 됐을 그녀의 첫 무대에 우리가 감사한다는 것을 그녀가 느낄 수 있도록 우리의 사랑스런 예술가에게 환호를 보내 주시기 바랍니다."

메리는 청중의 애정 어린 박수갈채에 힘을 얻어 자리에서 일어났고 엄마가 서 있는 곳으로 걸어갔다.

"어머나! 많이 아픈 것 같구나. 얘야, 어디가 아픈 거니?"

밀러 부인은 그녀의 연약하고 가냘픈 손으로 메리의 뺨과 이마를 어루만지면서 안절부절못했다.

"몸이 펄펄 끓네."

"아무것도 아니에요, 엄마. 조금 긴장해서요. 시간이 지나면 괜찮을 거예요."

메리는 얼굴을 살짝 돌리며 중얼거렸다.

"메리를 하숙집으로 데려가는 게 좋지 않겠어요?"

카이우스는 땀에 젖은 메리의 손을 잡고 말을 꺼냈다.

"내가 함께 가죠."

막스가 끼어들어 말하고는 하인 중 한 명에게 그들의 코트를 가져오라고 신호했다.

"막스."

페르낭드와 함께 그들 쪽으로 걸어오면서 파블로가 소리쳤다.

"벌써 가려고?"

"응, 메리 양에게 응급 치료가 필요해서."

"내가 자주 말했잖아! 연습도 좀 더 해야 할 거야."

파블로는 냉소적으로 말했다.

"그만해요, 파블로."

페르낭드가 날카롭게 말했다.

"그렇게 무자비하게 굴지 말아요."

"그녀는 좋아질 거야. 그녀는 강인해. 내가 아니라 예술계가 잔인하다는 것을 그녀는 받아들이지 않으면 안 돼."

파블로는 엄마와 카이우스의 부축을 받고 있는 소녀에게 다가갔다.

"그래요, 아가씨. 대담함만이 두려움을 억누를 수 있다는 것을 스스로 깨달아야 해요. 그런 일이 일어나면 실력이 꽃을 피우게 되죠."

"조용히 하고 그녀를 가만 내버려둬요."

메리에게서 그를 떼어놓으며 페르낭드가 말했다.

"어떻게 도와야 할지 모르겠으면 여기 있어요."

페르낭드는 메리에게 가까이 다가가서 그녀의 팔을 잡았다.

"메리와 함께 갈 거야?"

파블로는 씩씩거리며 말했다.

"그럼 왜 안 돼요?"

페르낭드는 한쪽 눈썹을 추켜세우며 물었다.

"좋아, 그럼."

그는 커다란 종이 몇 장을 그녀에게 건네면서 말했다.

"집에 가면 안전한 곳에 두도록 해."

"이게 뭐예요?"

"삼차원과 시간 차원을 그린 내 첫 번째 습작이야. 입방체 몇 개를 스케치했어. 그리고……."

"당신의 귀중한 스케치는 당신이 보관해요. 당신은 자신 외에는 아무도 걱정하지 않잖아요?"

페르낭드가 말했다. 파블로는 페르낭드가 코트를 입는 것을 도와주려고 했지만 페르낭드는 그의 팔을 밀어냈다.

"날 내버려둬요. 날 좀 혼자 내버려둬요. 그리고 집에서 날 기다리지 말고 자요. 하숙집에 간 김에 두아르테를 위해 포즈를 취할 거예요."

"그럼 그곳에 있어. 곧 굽실거리며 돌아오게 될 거야."

파블로가 빈정거렸다.

"그럴게요! 당신이 나와 가엾은 소녀에게 사과할 때까지 말이에요."

막스는 화가 난 연인들이 갈기갈기 찢기 전에 스케치를 잡아채고는 자신의 방에 보관하겠다고 파블로에게 약속했다. 카이우스가 메리를 도와서 소지품을 모두 들고 갈 때 얼굴에 하얀 화장품과 눈 주위에 그을음 같은 것을 두껍게 바르고서 찰리가 다가왔다.

"메리, 기분이 어때?"

그녀의 뜨거운 뺨을 만지며 찰리가 물었다.

"얼굴에 그게 뭐야?"

그녀는 막 재채기를 하려는 것 같았다.

"화장한 거야."

찰리는 씩 웃으며 말했다.

"스타인 부인이 내게 공연을 요청했지만, 만약 내가 필요하면 다 그만두고 지금 당장 너와 함께 갈게."

"아니, 됐어. 괜찮아."

메리는 살짝 미소 지으며 작은 소리로 말하고 나서 물러섰다

"그럴 필요 없어. 엄마가 돌봐주실 거야."

코를 찡긋하고 꽉 잡자 메리의 엄마와 페르낭드는 그 모습을 보고 걱정스런 얼굴이 됐다.

"나는 너와 함께 가는 게 좋을 것 같아."

카이우스는 얼굴을 찌푸리고 말했다.

"그럼 나도 갈래."

찰리는 질투 어린 시선으로 메리를 보며 주장했다.

"너희 둘 다 걱정하지 마라."

막스는 조용히 말했다.

"나도 함께 갈 테니. 페르낭드와 메리 어머님이 그녀를 돌봐줄 거야."

그는 찰리의 어깨를 가볍게 두드리고 덧붙였다.

"여기 있어라. 네 기회를 잃지 마. 여기 있는 많은 사람들은 네가 그렇게 필요로 하는 후원을 해 줄 수 있는 아주 영향력이 큰 사람들이야."

막스는 메리의 친구들에게 작별 인사를 하고 나서 세 여자와 함께 자동차로 걸어갔다. 거트루드는 운전석에서 기다리고 있었다.

"카이우스, 네 도움이 필요해."

그들이 떠나는 것을 바라보면서 찰리가 말했다.

"뭘 도와달라는 거야?"

"공연을 함께 할 파트너가 필요해."

"뭐라고?"

카이우스가 소리치고는 신경질적으로 머리를 헝클어뜨렸다.

"나는 내용이 뭔지도 모르는데."

"알 필요 없어, 카이우스. 넌 자연스럽게 행동하는 게 오히려 더 나아. 자, 무대로 가자."

그는 카이우스의 팔을 확 잡아당기고는 사람들 쪽으로 잡아끌었다.

"야아, 잠깐만 기다려 봐."

반대 방향으로 끌어당기면서 카이우스가 말했다.

"나도 분장을 해야 하는 거야?"

"그게 어때서?"

"아무것도 아냐, 아무것도. 그저 이상한 냄새가 나서."

찰리는 코를 찡그리고 킁킁거렸다.

"음, 다시 생각해 보니……."

찰리는 뺨을 만지고 손에 묻은 얼룩을 바라보며 중얼거렸다.

"언젠가는 고약한 냄새가 나지 않는 보다 나은 분장법을 알게 될 거야. 이건 지우는 편이 낫겠다. 내게 더 좋은 생각이 있어."

커다란 방에서 손님들은 밴드 연주와 춤을 즐기고 있었다. 그들은 삼삼오오 모여서 활기찬 대화에 빠져 있었다.

두 소년이 입구에 서자 집사가 다가와서 재빨리 그들의 코트를 벗기기 시작했다. 취한 듯 보이는 작은 검정 콧수염을 단 소년은 꼭 강도에게 대응하는 것처럼 집사에게서 코트를 되찾으려고 실랑이를 벌였다. 한쪽 구석에 모여 있던 숙녀들은 그 장면에 끌려서 서로 소곤거리기 시작했다.

아직 대부분의 사람들의 주목을 받지는 못했지만 두 소년은 활기찬 밴드 가까이에 있는 탁자 하나에 자리를 잡고 앉았다. 술에 취한 것 같은 소년은 하인 한 명에게 시중을 들어 달라고 신호를 보냈고 다른 소년은 냅킨을 목에 둘렀다.

이윽고 웨이터가 두 사람에게 줄 파스타를 가지고 탁자로 왔다. 콧수염을 단 소년은 자리에서 일어나서 옆 탁자의 손님들과 대화를 시작했다.

냅킨을 두른 소년은 스푼에 포크 끝을 대고 면을 돌돌 말아서 혼자 먹기 시작했다. 다른 소년이 서 있는 동안 그는 맛을 음미하면서 한 입 한 입 아주 천천히 먹었다.

갑자기 어떤 아가씨가 나타나서 혼자 앉아 있는 소년에게 그의 옆에 빈 의자를 가져가도 되는지 물었다. 몹시 예의 바른 소년은 고개를 끄덕이고 나서 그녀의 탁자까지 의자를 가져다주었다. 인사를 한 뒤에 그는 식사를 계속하기 위해서 자신의 탁자로 향했다. 아가씨의 미모에 매료된 나머지 소년은 탁자까지 뒷걸음쳐 돌아갔다. 그의 술에 취한 친구가 이미 탁자에 하나뿐인 의자를 차지하고 앉아 있는 것을 알지 못한 채. 그 소년은 탁자로 다가가서 그곳에 더 이상 없는 의자에 앉았다. 소년이 바닥에 엉덩방아를 찧는 것을 보고서 방에 있던 모든 사람들이 큰 소리로 웃었다.

당황한 소년은 마음을 진정시켰다. 그러고는 다른 의자를 가져왔고 천진난만하게 계속 파스타를 먹고 있는 술 취한 친구를 노려보았다. 그는 파스타를 계속 먹다가 눈을 감고 만족한 듯한 표정으로 싱글거렸다. 갑자기 그는 파스타가 아니라 샹들리에에 매달려 있는 꼬불꼬불한 장식을 먹고 있었다. 이 침입자들이 실수하는 모습을 더 잘 보려고 탁자 둘레에 모여 있던 사람들만이 음식이 뒤섞여 있다는 것을 알아챘다. 종이 식사가 끝날 때쯤 술 취한 소년은 큰 소리로 트림을 해서 관객들을 더 요란하게 웃게 만들었다.

포크로 이를 쑤신 뒤에 술 취한 소년은 일어나서 비틀거리는 걸음으로 앙드레 살몽에게 다가갔다. 그는 라이터가 필요하다는 시늉을 했다. 앙드레는 소년의 얼굴에 대고 웃음을 터뜨리지 않으려고 애쓰면서 주머니에서 라이터를 꺼내 불을 켰다. 술 취한 소년은 몸을 심하게 흔들고 있으면서도 자신의 비틀어진 입에서 쑥 비어져 나와 있는 담배가 왜 불꽃 근처에도 가지 못하는지 이해하지 못했다. 초조한 나머지 그는 시인의 손을 움켜잡고 담배 쪽으로 끌어와서 마침내 불을 붙이고 극적으로 담배 연기를 깊이 들이마셨다.

탁자로 돌아가다가 콧수염을 단 소년은 한 아가씨를 보았고, 그의 뒤에 있는 질투심 많은 남자 친구를 미처 보지 못하고서 고개를 돌린 채 걸어갔다. 그는 자세히 보려고 멈춰 섰고, 그때 크고 건장한 남자와 부딪치면서 거의 균형을 잃을 만큼 몸이 흔들렸다. 그는 겁이 나서 등 뒤로 손을 짚었는데, 그때 담뱃불이 그의 친구가 조용히 스파게티를 먹고 있는 식탁보에 닿은 것을 알지 못했다. 정말 최악이었다! 필사적으로 먹고 있던 소년은 불을 끄려고 빈 접시로 공연히 부채질을 해댔고, 술 취한 소년은 왔다갔다 하다가 마침내 꽃병을 보았다. 그는 꽃들을 홱 뽑더니 불길을 향해 그 물을 부었다. 명중! 친구의 얼굴에 정면으로 맞았다. 그는 역겨운 듯 미끈거리는 물을 내뱉었다.

모두 폭소를 터뜨렸고 더 보고 싶은 마음에 열심히 박수를 쳤다. 술주정뱅이는 파트너에게 돌아서서 친구가 노발대발하는 것을 보았다. 술주정뱅이는 우물쭈물하지 않았다. 완전히 죄책감에 빠진 표정으로 싹 바뀐 채 탁자에 앉더니 커다랗고 부드러운 롤빵 두 개를 선택해서 빵에 포크를 찍었다. 놀랍게도 그 롤빵들은 음악의 리듬을 따라 춤추는 두 개의 작은 발이 됐다. 배우는 그의 귀여운 얼굴을 포크 다리에 기대 우스꽝스런 모습을 만드는 한편 능숙한 손놀림으로 즉흥적으로 스텝을 밟고 발끝으로 돌다가 점프를 했다. 청중들은 이 색다른 쇼를 깜짝 놀란 눈으로 바라보았다. 그 묘기를 직접 볼 기회를 갖게 된 카이우스 역시 입을 딱 벌리고 멍하니 바라보았다.

"찰리 채플린과 카이우스를 소개합니다."

거트루드는 두 코미디언 사이에 서서 말했다.

몰려든 사람들은 그날 밤의 새로운 명배우를 둘러싸고서 열렬한 환호와 박수갈채를 보냈다. 카이우스는 비범한 친구에게 축하의 말을 할 기회도 갖지 못했다.

# 스케치 도둑

자정이 꽤 지난 시간이어서 술집이나 카페에는 몇몇 사람만이 머무르고 있었다. 자신들의 성공에 미칠 듯이 기뻐하면서 카이우스와 찰리는 청소부, 시장 상인, 우유 장수, 신문팔이 소년과 뒤섞여 비틀거리며 걸었다. 그들은 어수선한 파리의 거리는 안중에도 없었다. 그 순간 카이우스는 따뜻한 침대에 몸을 던지고 하루 종일 잠이나 실컷 잤으면 하는 생각이 간절했다. 하지만 찰리는 하숙집으로 돌아가서 불청객에게 화를 내는 노부인의 잔소리를 듣지 않고 아침 식사를 하고 싶었다. 그들이 비틀거리며 안내실에 들어서자마자 그들의 꿈은 물거품이 되었다. 카이우스가 먼저 그 소동을 알아챘다.

"대체 무슨 일이 생긴 거예요?"

카이우스는 마린느에게 물었다.

"끔찍한 일이 일어났어!"

그녀는 손으로 입을 가린 채 말했다.

"세상에! 하숙집에서 한 번도 이런 일이 일어난 적이 없었는데."

"무슨 일인데요?"

찰리는 거의 비명에 가까운 소리로 말했다.

"도둑이 들었어! 하숙집에 도둑이 있어."

그녀는 눈을 크게 뜨고 대꾸했다.

"도대체 무슨 말이에요?"

카이우스는 믿기 어렵다는 듯 물었다.

"아아, 하느님!"

그녀는 가슴에 십자를 그었다.

"누군가 간밤에 자코브 씨의 물건을 훔쳐갔어."

"정말이에요?"

카이우스는 그녀를 뚫어져라 보면서 반문했다.

"그렇다니까, 카이우스. 누군가 그의 방에 들어가서 그 가엾은 사람의 물건을 훔쳐갔어. 그런데 있잖아."

그녀는 잠시 말을 멈췄다가 계속했다.

"그 방의 문과 창문은 닫혀 있었고, 설상가상으로 자코브 씨는 모든 일이 벌어지는 동안 자고 있었다는 거야."

"그럼 평범한 도둑이 아니야."

찰리는 팔짱을 낀 채 잘라 말했다.

"우리는 유령 도둑을 상대하고 있는 거야."

"우리를 도와주소서!"

그녀는 겁에 질린 표정으로 소리쳤다.

"그럴 리 없어."

카이우스가 천천히 고개를 가로저으면서 말했다.

"아무도 잠겨 있는 방엔 들어갈 수 없어. 마법사나 가능하지. 아니면 알베르트의 논문이 사라졌을 때랑 같은 수법일지도 모르잖아?"

"그게 무슨 말이니?"

마린느가 물었다.

"음, 메리는 알베르트가 몽유병자이고 스스로 논문 초고를 훔쳤을 거라고 생각해요."

"막스도 몽유병자라고 생각하는 거야? 그거 재미있네! 이 하숙집에서는 몽유병자들이 사건을 일으키고 있는 거네."

웃음을 억누르며 찰리가 말했다.

"나는 몽유병자가 아니야."

우연히 대화를 들은 자코브가 분명히 말했다.

"틀림없이 나는 도둑을 맞았고 그건 내가 한 게 아니야."

"그러면 그 도둑은 어떻게 방에 들어갔을까요?"

메리가 물었다.

"아무튼 누군가 로프를 통과시켜서 문의 걸쇠 따위를 잡아당길 수 있는 틈새가 있나요?"

"그렇지 않아요."

자코브는 우울한 얼굴로 대꾸했다.

"그게 가능한지 조사해 봤지만 통로가 없다는 것을 확인했어요. 예컨대 내 방 환기통도 꽉 닫혀 있어요."

"그럼 어떻게 그런 일이 일어난 거죠?"

마린느가 물었다.

"누군가 그 방에 어떻게 들어갔는지 짐작도 못하겠어요."

"이 하숙집에서 일어날 수 없는 일이예요."

블랑슈 부인은 수심에 잠긴 얼굴로 툴툴대며 마린느 부인의 어깨를 꽉 잡았다.

"이건 있을 수 없는 일이에요. 이 집의 명성이 걸린 문제에요. 자코브 씨!"

블랑슈 부인은 비난하는 듯 막스에게 손가락질을 하며 소리쳤다.

"그래요! 스케치를 어디 다른 곳에 두고 잊은 게 틀림없어요. 그게 유일한 가능성이에요. 내 집에서는 아무도 도둑질을 하지 않아요. 이곳은 훌륭한 곳이에요."

"파블로의 스케치가 도난당했다고요?"

카이우스가 물었다.

막스는 난처한 얼굴로 그를 바라보는 것으로 답했다.

"바로 여기에서 스케치를 서류철에 넣어서 탁자 위에 놓고, 그 위에 속에 든 내용물을 적어 놓은 종이 한 장을 놓아두었어. 꾸벅꾸벅 졸다가 몸이 오싹해서 눈을 떠 보니 그 종이랑 서류철이 바닥에 있는 게 눈에 띄었어. 내 형사 친구를 불러야 할 것 같아. 도움을 받을 수 있을 거야."

"종이 몇 장 때문에 경찰을 부를 작정이에요?"

여주인이 물었다.

"안 돼요, 안 돼. 과민 반응하는 거 아니에요?"

"부인."

자코브는 신경질적으로 말했다.

"파블로가 알게 되기 전에 무슨 일이든 시도해 보겠어요. 그에게 얘기하면 내 목을 조르려고 할 테니까요. 결정했어요. 경찰서에 있는 토리오프를 부르겠어요."

"이곳에 경찰을 부른단 말이에요? 내 하숙집에?"

그녀는 망연자실하여 비명을 질렀다.

"경찰을 부른다고요!"

뒤팽 부인은 얼굴에 크림을 바르고 머리에서 허리까지 숄로 감싼 채 현관으로 성큼성큼 들어오며 소리쳤다.

"도대체 왜요? 이건 어리석은…… 어떻게 그걸 확신할 수 있죠? 잠든 사이에 그 종잇장들을 가져다가 어딘가 다른 곳에 둔 게 당신이 아니라는 것을 어떻게 알 수 있죠?"

그녀는 계속 질문을 퍼부었다.

"그 이유는 간단합니다, 부인. 만약에 제가 일어났다면 잠들 때 침대 옆에 있던 와인잔을 떨어뜨렸어야 하는데, 그 일은 제가 방금 일어날 때 일어났단 말이죠. 보세요!"

막스는 모두가 그의 주름진 셔츠에서 와인 자국을 볼 수 있도록 한 발 물러났다. 사람들은 그 수수께끼를 풀려고 애쓰면서 잠시 그렇게 있었다. 눈을 내리깔고 고개를 끄덕이던 카이우스는 그곳에서 벗어나는 게 좋을 것 같다고 생각했다. 그는 작은 휴게실로 가서 소파에 누웠고 금세 잠에 빠졌다.

"카이우스."

메리가 세차게 흔드는 통에 그는 눈을 뜨지 않을 수 없었다.

"네 방에 가서 자는 게 좋을 거야. 네가 여기서 자는 것을 보면 블랑슈 부인이 잔소리를 할 테니까."

"쳇! 이 사건이 끝날 때까지는 밤에 잠도 충분히 못 자겠군!"

카이우스는 손등으로 눈을 문지르면서 짜증을 냈다.

"뭐라고 했어?"

"아무것도 아냐. 별말 안 했어. 너무 피곤해서 내가 무슨 말을 하고 있는지도 모르겠다."

카이우스는 재빨리 일어나서 진지한 표정으로 그녀를 바라보았다.

"절도 사건은 결국 어떻게 됐어? 막스가 경찰을 부른 거야?"

"안 불렀어."

메리는 킥킥 웃었다.

"경찰이 진지하게 생각하지 않을 거라고 내가 말했거든. 그 종이들은 그다지 가치가 있는 게 아니잖아."

"그렇겠지."

카이우스는 말했다. 메리가 나란히 앉자 카이우스가 계속 말했다.

"그런데 적어도 누군가는 그것이 가치가 있다고 생각했어. 내 생각에는 그 도둑이 누구든 알베르트의 논문도 훔쳤을 거야."

"왜 그렇게 생각하니? 어떤 단서들이 있는데?"

"단서?"

카이우스는 소파에서 일어났다.

"오늘 일어난 일을 보고 나서도 여전히 알베르트가 몽유병자라는 이야기를 하려는 건 아니겠지?"

"글쎄, 난 모르겠다."

메리는 바닥을 응시하며 중얼거렸다.

"알베르트에게 약속한 것처럼 조사할 시간이 없었어."

"이봐, 메리. 알베르트가 우리의 판단력과 관찰력에 의지해서는 안 된다고 말했잖아, 그것들이 진실에 대한 그릇된 생각으로 이끌 수 있다면서. 우리가 해야 할 일은 상상력에 의해 좌우되는 직관을 따르는 것이라고 말이야, 기억 안 나? 그래서 나는 내 직관을 따를 거야."

카이우스는 도전적으로 말했다.

"그래?"

메리는 약 올리듯 말했다.

"그럼 네 상상력이 이 사건에 대해 뭐라고 말하고 있니?"

"있잖아. 이 도둑질은 누군가…… 미래에 대해서 알고 있는 누군가에 의해서 일어난 것 같아. 시간 여행자 같은 사람 말이야."

"시간 여행자라고? 정말 터무니없다, 카이우스! 네가 너무 이상하게 생각하고 있어."

카이우스가 빤히 바라보자 메리는 깜짝 놀라서 그를 보았다.

"이 도둑이 그 원고가 가치가 있다는 것을 알고 있다면 어떻게 될까? 알베르트의 이론이 수 년 후에 중요해진다는 걸 알고 있다면? 그 이론의 초고를 팔면 많은 돈을 벌 수 있다는 것을 생각해 봐! 그리고 파블로도 유명해진다면 어떨까? 그 스케치 역시 상당한 가치가 있을 거야!"

"이상한 생각을 하는구나! 카이우스, 뭔가 잊은 것 같지 않니?"

메리는 화가 나서 일어섰다.

"뭘?"

"말도 안 되는 네 상상력이 맞는지 잠시 생각해 보자. 미래의 사람들이 화가의 사인도 없는 최근에 그린 스케치 몇 점을 살 정도로 멍청할 거라고 생각하니? 예를 들어 다빈치의 작품을 위조하는 사람들은 반드시 그림이 오래된 것처럼 보이게 해야 한다는 것을 알고 있어. 그런데 어떻게 오래되지 않은 원본을 팔 수 있겠니?"

"맞아, 하지만 사람들이 타임머신이 있다는 것을 안다면 실제로 그것들이 왜 새것인지 이해할 수 있을 거야."

카이우스는 단언했다.

"카이우스, 만약에 미래의 사람들이 타임머신을 이용할 수 있다면 시간은 항상 변하게 될 거야!"

"무슨 말이야?"

"예를 들면 말이야."

그녀는 거칠게 숨을 내쉬면서 흥분을 가라앉히려고 했다.

"누군가 갈릴레오나 뉴턴의 첫 번째 성과물을 훔친다면 시간이 바뀔 테고 그것들은 전혀 알려지지 않을지도 모른단 말이야. 시간 여행이 가능하면 무슨 일이 일어날지 누가 알겠어?"

짧은 정적이 내려앉자 둘 다 피로를 느꼈다.

"좋아, 됐어."

카이우스는 한숨을 쉬고 소파에 풀썩 주저앉아서 두 손으로 얼굴을 가렸다. 그러고는 다시 한숨을 쉬고 나서 양팔을 허리에 올렸다.

"네가 이겼어. 더 이상 이것에 대해 얘기하고 싶지 않아. 잊어버려, 됐지? 잠도 자지 않고 여기서 시간을 보내다 보니…… 행동도 이상해지고 생각도 이상하게 되는 것 같다."

친구와의 말다툼으로 마음이 심란하긴 했지만 그는 천천히 일어나서 문으로 향했다.

"어디로 가는 거야?"

그녀는 초조하게 물었다.

"나는 이 시끄러운 하숙집을 떠날 거야. 다른 곳을 찾아볼래."

"그러지 마, 카이우스."

카이우스가 복도를 따라 걸어갈 때 메리는 더 큰 소리로 말했다.

"가지 마! 기다려!"

# 집시의 예언

새벽녘에 한바탕 소동이 벌어진 뒤에 하숙집의 모든 사람들은 흥분을 가라앉히고 오전 일과를 시작하기 전에 조금 더 눈을 붙이려고 느릿느릿 자신들의 방으로 돌아갔다.

찰리와 메리는 부엌에서 아침을 먹고 나서 하숙집을 떠난 친구를 찾기 위해 도시를 돌아보기로 했다. 유능한 탐정들처럼 메리는 카이우스가 갔을 만한 장소를 모두 생각해 냈다. 그들은 맨 먼저 쉼터로 갔다가 카페를 찾아보고 마지막으로 파블로의 작업실로 향했다.

"안녕, 메리!"

파블로가 작업실 문을 열고서 손을 수건으로 닦으며 인사를 했다.

"기분이 어때? 어제 멋진 데뷔를 했어!"

그는 찰리를 얼싸안으며 말했다.

"보셨어요?"

"아니, 하지만 거티가 모두 말해 줬어. 자, 조각상처럼 그렇게 서 있지 말고 들어와."

"귀찮게 하고 싶지는 않아요. 우리는 그저 카이우스를 찾고 있는 거예요."

파블로가 그들을 방으로 안내하는 동안 메리는 주뼛거리며 말했다.

"들어와, 어서. 편안하게 있어."

파블로는 그들을 원탁으로 밀면서 말했다.

"먹을 것 좀 줄까? 오늘 아침 식사로 치즈 오믈렛을 좀 만들었는데. 원하면 콩 요리를 먹어도 돼. 감자는 어제 만든 거지만 아직 맛이 있어."

"카이우스!"

의자에 앉아서 고개를 벽에 기대고 졸고 있는 카이우스를 보고 메리가 소리쳤다.

"메리? 찰리?"

카이우스는 어리벙벙해서 의자에서 벌떡 일어섰다.

"여긴 어쩐 일이야?"

카이우스는 아직도 잠이 완전히 깨지 않은 상태에서 고양이처럼 얼굴과 머리를 문지르고 기지개를 켜며 툴툴거렸다.

"너를 찾고 있었어. 오늘이 일요일이니 기차역에 가야지. 그런데……"

그녀는 잠깐 말을 멈췄다.

"네가 입고 있는 게 뭐야?"

카이우스는 온몸을 감싸는 체크무늬 옷을 입고 있었다.

"나? 아, 이거? 아무것도 아니야. 정말 바보 같지?"

그는 당황해하면서 어릿광대들이 입는 겉옷과 비슷한 옷을 벗었다.

"파블로 아저씨의 부탁을 들어준 거야, 그뿐이야."

"맞아."

파블로는 기분 좋게 인정했다.

"내 모델인 루이가 오늘 오지 않아서 카이우스에게 날 위해 어릿광대처럼 옷을 입고 포즈를 취해 달라고 부탁했어."

"나는 잠잘 곳이 필요했거든."

카이우스는 작은 방울이 달린 알록달록한 모자를 벗으면서 말했다.

"아저씨가 너무 고집을 부려서 결국 받아들였어. 그런데 움직이지 않고 포즈를 취하는 게 이렇게 힘든 일인지 꿈에도 생각하지 못했어."

화가는 아직 초기 작업 단계 중인 머리 조각의 덮개를 열었다.

"마음에 드니?"

그가 물었다.

"조각도 하시는 줄은 몰랐어요."

메리는 감탄하여 바라보았다.

"나도 몰랐어. 그냥 초보자 수준이야."

파블로는 미소를 지었다.

"카이우스처럼 멋져 보이네요."

그녀는 의자에 다시 앉아서 꾸벅꾸벅 졸고 있는 카이우스를 힐끗 보며 말했다.

"오늘 나는 아주 영감이 넘치고 기분도 정말 좋아."

파블로는 캐스터네츠를 딱딱거리면서 금방이라도 춤을 출 것처럼 양팔을 흔들며 말했다.

"전례 없이 창작력이 왕성해. 이미 가면의 스케치를 했고 사람과 꽃병의 형태를 변형해서 기하학적 형태를 강조하는 다른 습작도 했어."

메리와 찰리는 들떠 있는 화가에게 누가 도둑맞은 일을 알릴 건지 서로 쳐다보았다.

"거티의 초상화도 시작했어. 유감스럽게도 그녀는 파티가 끝난 후에 포즈를 취하는 게 싫증이 나서 내게 돌아가 달라고 부탁했지만."

"아쉽네요!"

카이우스는 아침 햇살에 얼굴을 가리며 중얼거렸다.

"그것은 조금도 중요하지 않아. 거티를 설득해서 몇 번 더 포즈를 취하게 할 시간이 아직 충분하니까. 지금은 이 새로운 도전에 집중하고 싶어."

파블로는 잠자코 있지를 못했다.

"살아 있다는 느낌이 좋아. 정말 열심히 일하고 싶어. 특히 간밤의 외출 뒤에는."

"이 어릿광대들 좀 봐!"

찰리는 벽에 기대 늘어서 있는 그림들에 다가가면서 말했다.

"왜 이렇게 많아요?"

"나는 서커스 사람들을 그리는 것을 좋아해. 내 가장 친한 친구가 메드라노 서커스단을 운영하거든."

"한 번 본 적이 있어요. 클리쉬 거리에 있는 건물에서요."

찰리가 말했다.

"서커스에서 정말 공연을 하고 싶은데. 그곳 사람들에게 저를 좀 소개시켜 주실 수 있어요?"

"그럴게."

파블로는 흔쾌히 대답했다.

"헤로니모 메드라노는 나와 같은 나라 출신이야. 실제로 그들 대부분은 스페인 사람들이고, 대다수가 나와 같은 말라가 출신이지. 오늘 공연이 있을 텐데. 같이 갈래?"

"서커스를 보러요?"

메리가 어색하게 물었다.

"어, 나는 서커스 구경하는 걸 좋아해. 적어도 일주일에 세 번은 메드라노에 가."

"그거 좋죠."

찰리가 말했다.

"너도 갈래? 서커스를 본 뒤에 물랭루즈나 라팽 아질 카페에 갈 수도 있어. 어때?"

"물랭과 라팽이요?"

찰리는 그 지역에서 가장 유명한 장소의 이름을 되풀이 말하면서 눈알을 굴렸다.

"당연히 가야죠."

"하지만 찰리, 역에 가는 건 어떡하고?"

메리는 두 사람에게 외면당하고 있다는 것을 깨닫고서 입을 다물었다. 파블로와 찰리가 이야기하는 동안 그녀는 구석에서 아침 햇빛을 듬뿍 받고 있는 그림들을 찬찬히 보기로 했다. 우울한 청색에 싸여 있는 고독한 어릿광대들의 그림들이 있었다. 또 몹시 마른 남자들, 검정 실크 스타킹만을 신은 벌거벗은 여자들, 그리고 오랜 고통과 게슴츠레한 검은 눈이 뚜렷하게 나타난 얼굴들의 그림도 있었다. 그저 푸른빛의 슬픔과 고통으로 흐릿해진 이 비현실적인 인물들은 현실에서 무시당하는 사람들의 아픔을 그대로 드러내고 있었다. 그 그림들 속에 사람들은 그들을 무시하는 그릇된 사회를 비난하고 이의를 제기할 만한 절망의 구렁텅이에 빠져 있었다. 마침내 그들은 관심의 중심이 될 기회를 갖게 된 것이다.

"카사헤마스를 생각하면서 나는 청색으로 그리기로 결정했지."

파블로가 작은 소리로 속삭이는 바람에 메리는 놀라서 움찔했다.

"뭐라고 하셨어요?"

메리는 놀란 마음을 진정시키고 물었다.

"카사헤마스요?"

"나와 모험을 함께한 친구였어."

그가 설명했다.

"그 친구가 자살했을 때 나는 몹시 충격을 받았어. 어떻게 짝사랑 때문에 자기 머리에 총을 쏠 수 있을까? 나는 우울증에 빠졌고 슬픔밖에는 볼 수 없었어. 그래서 눅눅하고 처량한 심연처럼 배경을 파란색으로 물들인 거야. 그것들을 그릴 때 내 마음이 그랬지만 지금은 슬픔에서 벗어났어. 내 최근 그림을 봐."

파블로는 그녀를 데리고 서커스를 주제로 한 그림 쪽으로 갔다.

"요즘에는 열렬한 사랑에 빠져서 아주 행복하신 것 같네요."

메리는 탁자 위에 놓인 에로틱하고 관능적인 스케치들을 본 뒤 단정적으로 말했다.

"페르낭드에게서 많은 영감을 받은 게 틀림없네요."

"페르낭드만 내게 영감을 주는 건 아니야. 다른 사람들도 있어."

그는 다른 그림 몇 점을 가리켰다.

"마들렌, 마고 그리고……."

"그렇군요."

메리는 파블로의 그림에서 영원성을 부여받은, 모리스와 동행했던 인상적인 눈매에 천사 같은 얼굴을 한 알리크를 알아보았다. 그녀의 벌거벗은 호리호리한 몸은 낭만적이었고 백조처럼 기다란 목은 진짜 애인이 그린 것처럼 관능적인 터치를 나타냈다. 슬픈 듯한 차분한 색조가 그녀를 둘러싸고 있지만 한가운데부터는 완전히 즐거운 분위기가 퍼졌다.

“화가의 작품은 일기장과 같지. 내가 느끼는 것을 그리는 것이니까.”

“일기장을 다른 사람들에게 보여 줘서는 안 될 것 같네요.”

“이런 메리, 그림은 봐 주는 사람이 있어야 살아남을 수 있는 거야.”

“글쎄요.”

그녀는 스케치를 집어 들었다.

“저는 이런 것들을 드러내고 전시할 용기를 내진 못할 것 같아요.”

“네가 말한 이런 것들이 내가 본질적으로 사랑을 이해하는 방식이야. 우주에서 하나가 되는 두 영혼이랄까. 누군가 내게 삶의 원천을 그릴 것을 요구하면 나는 내 열정적인 순간이 담긴 여기 있는 이 그림들을 보여 줄 거야. 이 이상의 것은 없으니까.”

“그만하면 된 것 같네요.”

그녀는 스케치를 내려놓고 얼굴을 붉혔다.

“메리, 그 수줍음을 버려야 한다고 벌써 말한 것 같은데. 예술가가 되고 싶다면 더 많은 위험을 무릅써야 하고 배짱도 더 있어야 돼.”

“저도 알아요. 노력하는 중이에요.”

메리는 미소를 지었다.

“좋았어. 정말로 그럴 의지가 있다면, 내가 새로운 메리를 관찰하는 첫 번째 사람이 되고 싶어.”

파블로는 열렬한 시선으로 그녀를 응시했다.

“날 위해 포즈를 취해 줘.”

“서커스 사람들을 그릴 때는 꼭 애들 같으시네요.”

파블로의 유혹적인 행동을 가로막으면서 찰리가 의견을 말했다.

"저도 무대에 서면 그런 느낌이 들어요."

"아이들은 모두 예술가지."

파블로는 곡예사들을 그린 그림을 집어 들며 그의 말에 동의했다.

"문제는 어른이 된 뒤에 어떻게 계속 예술가가 될 수 있느냐지."

메리가 카이우스와 이야기를 나누고 찰리가 그림을 보고 있을 때 누군가 문을 두드렸다. 파블로는 문을 열고 깊은 주름으로 덮인 얼굴에 알록달록한 옷을 입은 부인을 보고서 몹시 기뻐했다. 그녀는 백발 머리에 선명한 붉은색 스카프를 쓰고 있었고, 귀에는 큼지막한 금귀고리를 했다. 뼈만 앙상한 팔에 갖가지 종류의 팔찌를 잔뜩 차고 있어서 기운차고 유쾌해 보였다.

"모르가나, 내 친구들을 소개할게요."

파블로가 말했다.

"그럴 필요 없어요. 오 프랑이면 그들이 누구고 앞으로 어떻게 될지 말해 줄 수 있어요."

그녀는 대꾸했다.

"모르가나 부인은 내 모델이야. 부인은 백 살도 더 됐고 너희들이 한 번도 보지 못한 미래를 내다볼 수 있어."

파블로가 설명했다.

"점쟁이세요? 재미있겠는데요."

메리가 말했다.

"어떤 사람에게는 재미있고, 또 어떤 사람에게는 끔찍하지."

집시 노파가 고쳐 말했다. 목소리는 가냘펐지만 최면을 거는 듯했다.

"오늘이 바로 미래를 살펴보기 위한 용기를 내야 하는 날이에요."

그녀는 파블로에게 말했다.

"나는 미신을 믿는 사람이에요, 부인."

파블로가 고백했다.

"당신 점 값으로는 스케치 한 점을 받도록 하죠. 당신 친구들까지 점을 봐 줄게요."

"후회할 거라는 건 알지만 해 봐요! 운명이 뭘 원하는지 말해 봐요! 당신의 마술을 써 봐요."

그녀는 손가락으로 파블로의 손금을 읽으면서 먼 산을 응시했다. 그녀는 동굴에서 나오는 듯한 말투로 예언을 하기 시작했다.

"당신은 부자가 되고 유명해져요. 여자들이 많네요. 연애 사건이 많겠어요. 가족, 기쁨. 당신은 끊임없이 발전할 거예요. 새로운 시각을 제시할 거예요. 하지만 당신은 많은 슬픔도, 많은 죽음도 겪을 거예요. 전쟁! 또 다른 전쟁! 고통스러워요. 저항이 많네요. 십자가예요!"

그녀는 소리쳤다.

"붉은색과 하얀색 위에 검은 십자가가 보여요! 갈고리 십자가가. 그것이 세상을 가로질러요. 악마의 십자가. 야만인! 그들은 모두 야만인들이에요. 독수리! 독수리가 그 십자가에 앉아 있어요. 십자가에서 압

제의 씨앗을 뿌려요. 고통스러워, 아, 고통스러워! 불이야! 화염에 휩싸인 도시가 보여요. 불에 탄 시체들. 황소 머리. 괴로워하는 말. 여인이 있어요! 그녀는 무릎 위에 고통의 씨앗을 갖고 있어요. 자비! 자비! 무색의 피로 덮인 광경이 보여요."

"맙소사!"

파블로는 소리쳤다.

"그런 악몽 같은 일이 전부 내게 책임이 있다는 건가요?"

"아니에요."

집시 노파는 최면 상태에서 의식을 회복하고 있었다.

"그건 그들이 저지르는 일이에요."

"그들이 누군데요?"

"더 이상은 보이지 않네요, 파블로."

찰리와 메리는 그 신비로운 인물한테서 시선을 떼지 못했지만 카이우스는 멍한 얼굴로 오로지 단편적인 이야기에 귀를 기울였다.

"이제 제가 해 봐도 될까요?"

손을 옷자락에 닦으면서 메리가 물었다.

집시 노파는 메리의 안절부절못하는 손을 잡고는 즉시 이야기하기 시작했다.

"너는 부자가 되고 유명해져. 결혼을 하고. 음, 딸이 있군. 나이 어린 사람과 재혼을 하네. 많은 사람을 도울 거야. 불행, 사막, 미라……. 네 손에서 시간이 흘러가게 돼. 거짓말. 네 손에서 많은 죽음이 나와. 하지만 피는 한 방울도 흘리지 않아."

집시 노파는 이제 벌벌 떨고 있는 메리를 뚫어지게 보았다.

"너는 평생 크리스티라는 이름을 지니게 될 거야."

메리는 손을 잡아 뺐다.

"더 이상은 보이지 않아."

집시 노파가 중얼거렸다.

"내 환영이 하루하루 약해지고 있어."

"이제 누구 차례지? 카이우스, 넌 어때?"

메리가 말했다.

"그렇게 해."

찰리가 맞장구쳤다.

"네 차례야, 그다음이 내 차례고."

"좋아. 그러지 뭐."

카이우스는 눈을 뜨지 않은 채 말했다.

집시 노파는 두 손을 힘차게 비볐다. 그러고 나서 카이우스의 손을 잡고는 손바닥이 보이게 뒤집고 두 눈을 감았다.

"너는 부자가 되고 유명해져."

"정말 멋지네!"

찰리가 말을 끊었다.

"이 방에 있는 사람은 누구나 부자가 되고 유명해지는 것 같네."

"쉿! 조용히."

메리가 조용히 시켰다. 집시 노파는 말을 이었다.

"부자가 되고, 그리고……."

그녀는 눈을 가늘게 뜨고 피곤에 지친 카이우스의 얼굴을 보았다.

"미래? 과거? 현재? 넌 존재하는 거니? 존재했던 거야? 앞으로 존재하게 되는 거니? 그럼 귀신?"

그녀는 다시 소리치기 시작했다.

"위대한 인물들이 네가 가는 길을 걷고 있어. 인간들의 전쟁, 논쟁, 신들의 전쟁! 흐릿한 시간. 네 손에서 운명이 흘러가고 있어. 그럼 넌!"

노파는 그의 손을 놓고서 성호를 그었다.

"저주를 받은 거니? 길을 잃었어? 내 말 들리니?"

"네, 엄마."

카이우스는 예언자를 전혀 의식하지 못한 채 꿈을 꾸는 듯 작은 소리로 말했다.

"갈게요. 몇 분만 있으면 돼요."

"좋아! 다음 희생자!"

파블로는 손뼉을 치면서 농담조로 말하고는 찰리를 힐끗 보았다.

"오늘은 부인이 좀 과장해서 말하는 것 같네요. 이런 식으로 계속하면 아무도 돈을 내지 않을 거예요."

"저는 안 해도 될 것 같은데요. 맨 마지막이라 부인이 나에 대해선 꾸며 댈지도 모르잖아요."

찰리가 말했다.

"야, 한번 해 봐, 찰리. 그렇게 심각하게 생각하지 말고."

메리가 말했다.

메리가 손을 움켜잡고 집시 노파에게 데리고 가는 바람에 찰리는 따라갈 수밖에 없었다. 노파는 미묘한 미소를 던지고 말을 계속했다.

"너는 부자가 되고 유명해져."

찰리는 웃음을 참았다.

"웃음이 보여. 아주 많이 보여. 슬픔, 새로운 사랑……. 많은 사랑이 있지만 오직 한 사람만 가질 수 있어. 단조롭고 말이 없는 수백만 명의 눈에 비친 무색의 세상. 모두 환상이야. 너는 위대한 독재자가 돼. 하지만 추방당할 거야. 큰 힘을 가진 사람이 돼. 아냐, 그 이상이야. 너는……."

찰리는 똑바로 앉아서 황제가 입는 커다란 외투를 입는 시늉을 했다.

집시 노파는 한손을 찰리의 가슴에 얹고 엄숙하고 위협적으로 말했다.

"너는 위대한 거지가 될 거야."

"미치광이 집시 할멈 같으니라고!"

찰리는 화난 얼굴로 노파에게서 물러서다가 하마터면 탁자에 걸려 넘어질 뻔했다. 고함 소리를 들었을 때 카이우스는 어안이 벙벙한 채 의자에서 굴러 떨어졌다.

"이런 바보 같은 말로 나를 겁먹게 할 수 있을 것 같아요? 난 당신도, 운명도 두렵지 않아요. 알았어요? 여기서 저주를 받은 사람은 당신뿐이에요!"

찰리는 침을 뱉고는 황급히 작업실을 떠났다. 메리와 카이우스는 재빨리 작별 인사를 하고 괴로워하는 친구를 따라 음침한 복도를 달렸다. 건물 밖으로 나오자마자 그들은 지평선을 뚫어지게 쳐다보고 서 있는 친구를 발견했다.

"나는 가난이 매력적이라고도 교훈적이라고도 생각해 본 적이 없어."

찰리는 시선을 돌리지 않고 말했다.

"가난이 내게 가르쳐 준 건 왜곡된 가치관뿐이야. 평생 내일의 끼니를 걱정해 왔어. 아무리 부자가 돼도 나는 그 두려움에서 자유롭지 못할 거야."

그는 한숨을 쉬었다.

"어쩐지 난 가난이라는 유령에 시달리게 될 것 같아."

찰리는 친구들에게 돌아섰다.

"이제 알겠니? 내가 가장 두려운 것은 앞으로 평생 구운 구두를 먹어야 하는 거야."

"야!"

찰리가 껄껄 웃자 메리는 그의 어깨를 주먹으로 치면서 소리쳤다.

# 기차역
# 조사 작전

플랫폼은 한쪽 끝에서 다른 쪽 끝으로 여행 가방을 끌고 가는 수많은 승객들, 산더미 같은 짐을 싣고 승객들을 따라가는 짐꾼들로 가득차 있었다. 세 사람은 그들 사이로 지나가려고 애를 썼다. 하지만 그들이 아무리 세게 밀쳐 내도 쏟아져 들어오는 사람들의 물결을 피할 수 없었다. 기묘하게도 다른 사람들은 서로 부딪치지 않고 거침없이 나아갔다. 하지만 카이우스와 친구들은 기차를 타야 하는 플랫폼과 정반대 방향으로 향하는 어떤 여자의 짐 더미에 끌려가고 있었다. 마침내 그들은 막 떠나려는 기차에 올라탔다.

검표원이 객차를 통과하는 세 명을 세우고 차표를 요구했다.

“아가씨. 원하시면 객실을 사용하셔도 됩니다. 하녀에게 수하물을 그곳으로 가져가라고 알려 드리죠."

그는 메리의 차표에 구멍을 뚫으며 말했다.

"하녀요?"

메리는 우쭐했고 자신이 기품이 있어서 그런 대우를 받는 거라고 생각했다.

"이번에는 하녀와 함께 오지 않아서요."

"알겠습니다."

검표원은 말하고 나서 얕보는 듯한 표정으로 두 소년이 입고 있는 의복을 곁눈질했다.

"아가씨, 마지막 객차의 하인용 좌석을 쓰시겠어요?"

두 소년은 그 상황을 즐기고 있는 메리를 노려보았다.

"아, 그럴 필요 없어요."

그녀가 말했다.

"비서들은 절 수행하는 중이에요."

"편하신 대로 하세요. 필요한 게 있으시면 말씀만 해 주세요."

그는 고개를 살짝 숙여 인사하고 떠났다.

찰리와 카이우스는 팔짱을 끼고 서서 해명을 기다렸다. 메리는 코웃음을 치고 연극을 하는 것처럼 허공으로 코를 치켜들었다.

"뭘 기다리는 거야?"

그리고 장난스럽게 말했다.

"차를 가져와."

카이우스는 크게 한숨을 쉬며 좌석에 기대앉았다. 오 분 뒤에 기적이 울리고 기차가 출발했다. 소년들이 객차 양쪽에 앉아서 기차 밖 경치에 열중해 있는 동안 메리는 지도를 자세히 보았다. 지루하고 따분한 여행이었다. 그들이 본 거라고는 여기저기 오두막집 몇 채가 있는 텅 빈 농지와 선로를 따라 늘어선 황폐한 건물들뿐이었다.

"살인자가 이 부근에 시체를 던졌을지 의심스럽다. 너무 먼 데다가 시체를 감출 곳이 없어."

찰리가 말을 꺼냈다.

"내 생각도 그래."

나무가 없는 들판에서 시선을 옮기지 않고 카이우스가 말했다.

"그랬다면 누군가 발견했을 거야. 그 쓰레기 같은 인간은 시체를 어떻게 치웠을까?"

"흥분을 좀 가라앉힐래?"

손가락으로 지도 위에 선로를 따라가며 메리가 말했다.

"우리는 아직 갈 길이 멀어. 다음 역에 도착하기 전에 그가 어떻게 했을지 생각이 날지도 모르잖아."

"전혀 생각나는 게 없어."

카이우스는 정말로 걱정스런 얼굴이었다.

"아무것도 찾지 못하면 어떻게 하지? 그럼 완전히 포기해야겠지."

"말도 안 돼!"

메리가 소리쳤다.

"만약에 사건을 해결할 만한 단서를 찾지 못한다면, 그때는 상상력을 활용해 봐야지."

"그렇지만 이 미스터리를 끝내는 데 도움이 될 것 같지는 않아."

"진정해, 카이우스. 포기하지 마. 뭔가 찾아낼 수 있을 거야. 난 느낄 수 있어."

여행이 끝나갈 무렵에 급커브가 나타나자 기차는 서행을 해야 했다.

"여기가 어디지?"

카이우스는 창밖을 좀 더 잘 보기 위해 목을 길게 빼어 앞으로 내밀며 물었다.

"샤펠 역 근처야."

찰리가 대꾸했다.

"샤펠이라고?"

메리는 지도를 접고 창문으로 다가갔다.

"저쪽에 성당이 있어?"

"응, 이 지역 전체가 생트헬렌느 성당의 소유야."

"성당에 사람들이 많이 가?"

"글쎄. 내 생각에는 지역 사람들만……. 모르겠다."

"왜 그렇게 성당에 관심을 갖는 거야?"

카이우스는 메리의 눈빛에 떠오른 흥분을 알아채고서 의심쩍은 얼굴로 물었다.

"성당이란 말이지."

메리는 알 수 없는 표정을 지으며 작은 소리로 말했다.

"마침내 내 상상력이 길을 인도하는 것 같아."

"무슨 생각을 하는 건지 좀 말해 봐."

"아냐. 아직은 아냐, 카이우스. 자, 가자. 기차에서 내려서 역 주변을 좀 돌아다녀 보자."

그녀는 기차 문으로 갔다.

세 사람은 기차에서 내려서 샤펠 역을 돌아다녔다. 메리는 사과가 가득 든 바구니를 들고 있는 여인을 보고서 뛰어갔다. 잠시 뒤 그녀는 향기로운 과일 향이 가득한 종이 봉지를 들고 경쾌하게 달려왔다. 친구들은 봉지 안에 든 것을 보고는 탐욕스럽게 몇 개씩 움켜쥐었다.

그들은 기차역에서 잠시 기다렸다. 파리로 돌아가는 기차가 플랫폼에 도착하자 세 사람은 다른 승객들과 함께 기차에 올랐다. 돌아가는 길에 메리는 생각에 잠긴 채 차창 밖을 뚫어지게 쳐다보았다.

"우리에게 말해 줄 거야, 말거야?"

카이우스는 그녀와 나란히 앉아서 사과를 베어 먹으며 물었다.

"뭘 말해 달라는 거야?"

그녀는 낮게 중얼거렸다.

"너는 뭔가 그 성당에 대해서 감추고 있는 게 분명해."

"카이우스, 좀 자는 게 어떠니?"

"지금은 잘 수 없어. 너무 궁금해서 말이야."

카이우스는 의자에 깊숙이 앉아서 팔짱을 끼며 말했다.

"게임을 하는 건 어때?"

그녀는 넌지시 말하고 사과를 하나 더 주었다.

"네가 잘하면 내 생각을 말해 줄게."

"어떤 게임?"

"언니와 나는 손에 땀을 쥐게 하는 무서운 이야기를 창작하는 것을 좋아했지만 수수께끼를 내서 서로를 테스트하는 것도 좋아했어."

"누가 수수께끼 같은 말을 한 사람 있어?"

찰리는 바싹 다가앉았다.

"나도 수수께끼 좋아해."

카이우스는 사과를 베어 물고 말했다

"나한테 내 봐."

"좋아. 우리한테 물어봐."

찰리는 미소를 짓고 편안하게 말했다.

"좋아, 잘 들어."

메리는 친구들에게 문제를 내기 시작했다.

"교도소장은 사형 선고를 받은 죄수들의 파일을 보고 있었어. 그는 세 개의 파일이 착오로 인해 섞여 있는 것을 발견했지. 그 파일들은 형기를 마치면 석방되는 세 명의 죄수의 것이었어. 소장은 비서를 불러서 그 파일들을 올바른 캐비닛에 넣으라고 말했어. 그런데 비서는 파일들을 모두 가져가서 다시 뒤섞어 버리고 만 거야. 그녀는 소장에게 말하고 싶지 않았기 때문에 그 문제를 스스로 풀어 보려고 했어. 그녀가 따로 분류해야 할 그 파일에서 기억하고 있는 건 세 사람의 형을 곱한 값이 36이고 그것을 합하면 정확히……."

메리는 잠시 말을 멈췄다. 그리고 갑자기 일어나서 창문을 가리켰다.

"저기 저 자동차의 번호판에 있는 번호야."

카이우스는 벌떡 일어서서 번호판의 번호를 보려고 했지만 너무 늦었다. 자동차는 이미 지나간 후였다.

메리는 자리에 앉고서 이어 말했다.

"그럼 세 죄수들은 각자 몇 년씩 징역을 살아야 할까?"

"야, 잠깐만! 우리는 자동차 번호판을 못 봤어."

찰리는 불평조로 말했다.

"알았어. 아직 끝나지 않았단 말이야."

그녀가 말했다.

"비서는 형량의 합계를 알았지만 그 문제를 풀지 못했어. 그때 그녀는 다른 중요한 것이 생각났어. 형량이 제일 긴 죄수는 기타를 연주한다는 걸 말이야."

그녀는 문제를 낸 후 잠시 동안 그들을 바라보았다.

"벌써 포기한 거야?"

카이우스는 종이를 가져와서 문제를 풀었다. 먼저 곱이 36이 되는 세 개의 수를 체크하고 나서 세 수를 더했더니 다음과 같았다.

$36 \times 1 \times 1 = 36$, 세 수의 합은 38

6 × 6 × 1 = 36, 세 수의 합은 13

18 × 2 × 1 =36, 세 수의 합은 21

1 × 12 × 3 = 36, 세 수의 합은 16

4 × 1 × 9 = 36, 세 수의 합은 14

2 × 2 × 9 = 36, 세 수의 합은 13

2 × 3 × 6 = 36, 세 수의 합은 11

"이건 불공평해."

찰리는 불평을 했다.

"나는 번호판에 어떤 번호가 있었는지 모르잖아."

"우리가 시체 없이 사건을 풀고 있는 것과 마찬가지로 번호판을 보지 않고도 문제를 풀 수 있어. 네가 문제를 풀 수 있다는 것을 믿기만 하면 돼."

메리는 찰리에게 사과를 하나 더 주면서 격려했다.

"카이우스는 노력하고 있잖아."

찰리는 카이우스의 등에 기대서 곱한 값과 더한 값이 적혀 있는 종이를 슬쩍 보았다.

"마지막 힌트는 별로 도움이 안 돼."

결과를 분석하면서 카이우스가 말했다.

"도대체 누군가 기타를 친다는 것을 아는 게 문제를 해결하는 데 무슨 도움이 된다는 거야? 아무튼 그 값 중에서 한 죄수의 형량이 제일 길다는 조건을 만족시키는 경우는 여섯 개가 있어."

"그러면 한 개만 뺀 거네. 이것만."

찰리는 '6 × 6 × 1 = 36'을 가리키며 말했다.

"그런 흐리멍덩한 비서가 세 사람의 형량을 어떻게 알아냈을까?"

"그 여자한테는 쉬운 일이지. 그 여자는 합계 값을 알았잖아. 번호판을 봤다면 우리도 알 텐데."

찰리가 말했다.

"뭔가 이상해."

카이우스는 진지하게 중얼거리고는 그 숫자들을 다시 살폈다. 뭔가 그를 괴롭혔다. 그의 피곤에 지친 눈이 알아채지 못한, 그 목록에서 그가 보지 못한 게 있었다.

"그 비서가 합계를 알았다면 왜 그 문제를 해결하지 못했을까? 그녀는 왜 그 쓸모없는 마지막 힌트가 필요했을까?"

카이우스는 골머리를 앓고 있는 자신을 지켜보는 게 대단히 즐거운 듯한 메리를 보았다. 수수께끼를 푸는 데 많은 시간이 걸리는 것에 몹시 화가 났지만 주위의 모든 것에서 초연해지기로 했다. 그는 눈을 감고 생각이 떠돌도록 내버려뒀다.

"에에에오오오!"

찰리는 다른 승객들의 좌석 위로 뛰어올라가서 즉흥적으로 발레를 추며 고함을 쳤다.

"무슨 일이야? 너 왜 그래?"

메리는 날카롭게 소리쳤다.

"문제가 있을 때 내가 하는 행동이야."

"완전히 돈 거야?"

카이우스는 놀리듯 말했다.

"왜 어때서?"

찰리는 어리벙벙한 표정의 승객들 사이에서 계속 빙빙 돌았다.

"문제에 집중을 하면 짜증이 나서 도무지 문제를 풀지 못하겠어."

그는 허리에 손을 얹고 탭 댄스를 추다가 검표원과 부딪치는 바람에 갑자기 멈춰 서야 했다. 찰리는 재빨리 무릎 위에 손가락을 맞물리고 앉아서 그 남자를 보고 계속 눈을 깜빡였다. 기분이 좋지 않은 검표원은 찰리를 노려보았다. 찰리는 자신의 연기가 도움이 되지 않는 것을 깨닫자 그 남자의 손을 꽉 잡고 두 사람의 팔이 격렬하게 떨릴 정도로 세게 흔들어서 승객들을 웃게 만들었다.

찰리는 미소를 지은 채 다시 앉았다. 검표원은 흡족해하며 객차를 떠났다. 찰리는 그가 정말로 갔는지 확인하고 나서 한 남자아이한테 빼앗은 커다란 공을 이용하여 계속 춤을 추었다. 공을 공중에 던져 올리면서 가상의 음악이 이끄는 대로 공 춤을 췄다. 찰리는 양팔, 머리, 가슴, 무릎, 정강이로 그것을 받았다. 모두 유심히 지켜보는 동안 그는 빙빙 돌고 뛰어오르고 다시 빙빙 돌았다.

마지막으로 공이 높이 튀어 오른 동안 다재다능한 배우는 여자의 모자에 장식된 꽃 한 송이를 가져와서 친구 앞에 다정하게 무릎을 꿇었다. 배우가 메리에게 강렬한 시선을 보내면서 한손에 그 꽃을 들고 다른 손으로 떨어지는 공을 등 뒤에서 잡는 것을 볼 때 관객들은 눈도 깜빡거리지 않았다. 승객들이 열광적으로 갈채를 보내는 동안 그는 공을 떨어뜨리고 친구의 손에 입을 맞췄다.

"사랑하는 메리. 네 상상력이 너를 어디로 이끄는지 말해 줘."

그는 소곤소곤 이야기했다.

"네 대답을 무대에 올리지 그래."

메리는 콧방귀를 뀌었다

"내가 정말 그렇게 쉽게 말해 줄 거라고 생각하는 거야?"

기차에서는 시간이 아주 천천히 흐르는 것 같았다. 카이우스와 찰리는 창 밖을 내다보고 있었는데, 마치 기차가 가로지르고 있는 드넓은 들판의 상공을 날고 있는 것처럼 꿈꾸는 듯한 표정이었다.

"그 수수께끼를 푼 종이 좀 보여 줄래?"

갑자기 찰리가 카이우스에게 말했다.

두 사람은 각자  한동안 그 문제에 온 정신을 쏟았다.

"카이우스."

찰리는 막 폭발하려는 것처럼 보였다. 그의 얼굴 표정이 뚜렷이 변했다. 예기치 않은 기묘한 승리감이 그 작은 종이 앞에서 고조되는 것 같았다.

"우리가 쓴 걸 봐!"

"뭘?"

“이것 좀 봐.”

그는 밑줄 친 부분을 나머지와 다시 합했다.

“자. 합한 답이 우리가 뺀 것의 합이잖아.”

“그래. 더하면 13이 되고, 그리고…….”

카이우스는 계산을 전부 되풀이했다.

“믿을 수 없어.”

그들은 서로를 바라보며 웃고 나서 메리에게 코웃음을 쳤다.

“그래서 그 비서가 합계를 알고도 문제를 풀 수 없었던 거야. 아주 똑똑한데, 메리.”

“카이우스, 네가 문제를 풀었다고 믿으라는 거야? 허세를 부리는 게 아니고?”

“허세를 부린다고?”

찰리는 충격과 상처를 받은 것 같았다.

“좋아. 네 수수께끼의 답은 두 수감자는 2년 후에 나가고…….”

“세 번째 수감자는 9년간 형을 살고 나가게 돼.”

찰리의 손을 찰싹 때리면서 카이우스가 덧붙였다.

“확인해 보자. 어떻게 그렇게 되지?”

메리가 말했다.

“마지막 힌트 때문이지. ‘6 + 6 + 1’과 ‘2 + 2 + 9’이 같은 결과였기 때문에 비서는 문제를 해결하지 못했던 거야.”

카이우스가 대꾸했다.

"둘 다 합이 13이니까. 그리고 네가 준 단서에 따르면 '형량이 제일 긴' 수감자가 기타를 연주하지. 이 말은 다른 죄수들보다 긴 형량을 가진 죄수가 있다는 뜻이야. 기타를 친다는 건 가짜 단서일 뿐이고. 따라서 두 결과 중에 '2 + 2 + 9'가 정답이지."

찰리가 설명했다.

"우리는 정말 어리석었어. 고민할 이유가 없었는데 말이야."

"그러게 말이야. 미묘한 세부 사항을 깨닫지 못했기 때문에 수수께끼를 푸는 게 어려웠던 거야."

찰리는 신이 나서 맞장구쳤다.

메리는 마지막 사과를 두 손에 올려놓고 그들 앞에서 뱅뱅 돌렸다.

"자, 이제야 탐정처럼 생각하는구나. 용의자가 살인자가 아니라고 사건에서 그를 빼낼 이유는 없지. 어떤 사람이라도 사건 해결의 열쇠가 될 수 있어."

"알았어. 알았다니까, 메리."

카이우스는 조바심치며 말했다.

"이제 에둘러 말하는 건 그만두고 네가 알아낸 것을 말해 줘."

그녀는 종이를 쓰레기통에 던지고 나서 안절부절못하는 두 소년을 보고 웃음을 지었다. 그녀가 일어나서 기차 문으로 향하자 그들은 곧 뒤따라갔다.

"성당 말이지."

그녀는 거의 혼잣말을 하듯 말했다.

"그래, 그거. 그게 어떻다는 거야?"

찰리가 말했다.

"성당에는 묘지가 있어."

어리둥절한 상태에서 카이우스와 찰리는 앞장서 가는 메리를 따라 걸음을 재촉했다.

# 뒤팽 부인의 동전

“안녕!”

다음 날 아침 메리는 카이우스에게 인사를 하고 코코아차 한 잔을 준비해서 조리대에 나란히 앉았다.

“안녕, 메리!”

카이우스는 그녀를 보고 환히 웃으며 일어났다.

“잘 잤어?”

그녀는 코코아차를 조금씩 마셨다.

“믿을 수가 없다니까. 드디어 밤새 잠을 자게 됐어.”

카이우스는 코트를 벗으면서 작은 소리로 말했다.

“정말 잘됐다.”

메리는 토스트에 버터를 발랐다.

"나는 몽유병 환자와 얘기하는데 질렸어. 내가 아침 식사를 마칠 때까지 기다려 줄래? 오래 걸리지 않을 거야."

"기다리라고? 왜?"

"너랑 같이 가려고."

메리는 크림이 두껍게 덮인 거품이 많은 음료를 다시 한 모금 마셨다.

"일이 끝난 뒤에 생트헬렌느 성당에 가자. 어때?"

"왜?"

"이런, 카이우스! 난 네가 이해력이 있다고 생각했는데."

"이해했어. 네 생각은 그 살인자가 기차를 타고 그곳을 지나갔으니 묘지가 있는 그 성당을 이용했을 거라는 거잖아. 그가 시체를 가지고 기차에서 뛰어내려 그곳에 묻었을 거 같다는 거지. 그래서 묘지에 가서 시체를 파낼 생각이라도 하는 거야?"

"그런 게 아냐. 그냥 한번 둘러보고 싶어서 그래. 어쩌면 누군가 뭔가를 봤을지도 모르고. 어떤 이유로."

메리는 생각에 잠긴 채 토스트를 조금씩 뜯어먹었다.

"무슨 이유?"

"그 시체는 거지처럼 옷을 입고 있었어. 그러니 살인자는 무덤 파는 사람에게 극빈자 무덤에 그 가엾은 남자를 매장해 달라고 부탁했을 수도 있어. 아무도 그가 어떻게 죽었는지 그의 죽음에 대해서 묻지 않았을 거야."

"메리, 생각해 봤는데 말이야. 기차가 서행하는 바로 그곳에 묘지가 있다는 게 왠지 좀 우연의 일치 같지 않니? 그리고 그 남자가 거지 같은 차림새였다는 사실도 그렇고."

"그래, 아마 네 말이 맞을 거야. 나도 그 범죄가 미리 계획된 것이라는 결론을 내린 참이야. 암만해도 살인자가 희생자를 그 객차로 데리고 가서 그를 설득하여 그런 옷을 입게 한 것 같거든."

"아, 그럴 수도 있겠다."

카이우스는 얼굴을 찡그리고 맞장구쳤다.

"그놈은 틀림없이 희생자와 아는 사이일 거야. 친구였을지도 몰라. 어처구니가 없다. 그 가엾은 남자의 얼굴을 생각해 보면, 그는 도움을 청하고 있는 것 같았어. 그들이 친구 사이였을까? 그럼 지독한 배신자잖아."

"그렇지."

메리는 어두운 표정으로 고개를 끄덕였다.

"필시 검은 양복을 입은 남자는 친구가 거지 같은 복장을 하고 도시를 떠날 수 있도록 돕는 척했을 거야."

"무슨 일 때문에 달아나려고 했을까?"

"아직 무슨 일이 있었는지 알아낼 기회가 있어. 사건의 전말은 아니더라도. 아마 대부분은 말이야."

"이거 하나는 꼭 알고 싶어. 지독한 살인범은 누구일까? 그 질문이 계속 내 머릿속을 맴돌고 있어."

접수대를 지나가다가 그들은 휴게실 문 가까이에 있는 자코브와 파블로를 보고 멈춰 섰다. 성난 파블로가 오로지 방어만 하고 있는 자코브를 격렬하게 공격하는 모습에 지나가던 모든 사람이 놀랐다.

"이런!"

카이우스가 말했다.

"파블로가 도둑맞은 일을 알게 됐나 보네. 오랜 우정도 끝이야. 하찮은 스케치 몇 장 때문에. 가자."

카이우스는 한숨을 쉬었다.

메리는 싸움에서 억지로 눈을 돌리고 미안한 표정으로 자코브를 바라보았다. 그녀는 이내 평정을 되찾고 친구와 자리를 떴다.

쉼터에 도착하자마자 그들은 곧장 사무실로 갔다. 뒤팽 부인은 편지를 분류하고 그것들을 접어서 봉투에 넣고 있었다. 그들이 들어가자 그녀가 쳐다보았다.

"메리, 여기서 만나니 정말 반갑네."

"안녕하세요, 뒤팽 부인? 카이우스가 심부름 가는 데 따라가려고요."

"아, 그래, 두 사람이 친구가 됐다는 얘긴 들었어."

그녀의 미소에는 메리가 얼굴을 붉히게 만드는 암시가 담겨 있었다.

그들 뒤에서 사무엘 목사가 나타났다. 그는 발작적인 기침으로 곧 숨이 넘어갈 것처럼 헐떡이며 숨을 쉬었다.

"목사님은 그 성가신 기침을 신경 쓰셔야 돼요. 보이르 선생님과 이야기해 보지 않으셨어요?"

카이우스가 말했다.

“저는 괜찮습니다.”

그는 딱 잘라 말하고는 큼지막한 손수건으로 코를 닦았다.

“수 년간 이렇게 기침을 하고 있는걸요, 뭐.”

“어떻든 간에요. 점점 나빠지고 있으신 것 같단 말이에요. 보이르 선생님과 얘기한다고 나쁠 건 없잖아요.”

“걱정하지 마세요.”

그는 대꾸하고 컵에 차를 따르다가 바닥에 조금 흘렸다.

“저는 괜찮을 겁니다, 하나님께서 허락하시면.”

사무엘 목사가 떠나자마자 그녀는 급히 작은 수건을 가져와서는 놀라운 민첩성으로 몸을 구부려 바닥에 흘린 것을 닦았다.

“오늘은 제가 뭘 배달해야 돼요?”

그녀가 그들에게 다시 다가오자 카이우스가 물었다.

“음, 어디 보자.”

메리가 수조 속의 물고기를 보고 감탄하고 있을 때 그녀는 두꺼운 검정색 표지의 메모장을 들춰보았다.

“목사님이 너보고 생트 잔 다르크 성당에 다녀오라고 하셨어.”

그녀는 캐비닛으로 걸어가서 노란색 꾸러미를 꺼내 카이우스에게 건넸다.

“주소는 샤펠 가 18번지다.”

인사를 한 뒤에 그들은 사무실을 떠나려고 돌아섰다.

"잠깐 기다려라."

부인이 소리쳤다.

"카이우스, 잔돈을 가져가야지."

부인은 그들이 서 있는 데로 걸어와서 카이우스의 코트 주머니에 동전 몇 개를 떨어뜨리고는 다정하게 꼭 껴안은 뒤에 다시 자리로 돌아가서 아까처럼 편지를 봉투에 넣고 가장자리를 핥아서 봉했다.

"매일 똑같은 시간이야."

그들이 현관으로 걸어갈 때 카이우스는 중얼거렸다.

"여기 오면 뒤팽 부인은 항상 편지를 봉하고 있어. 꾸러미를 배달하라고 한 뒤에 내가 어린애인 것처럼 꼭 동전을 준다니까. 그게 좀 마음에 들지 않지만 뒤팽 부인 앞에서는 어쩔 수 없어."

"맞아, 부인은 정말 체계적인 사람이야. 모든 것이 완벽한 것을 좋아해. 부인이 가까이 다가오면 오싹하기까지 하다니까."

메리는 그 말을 털어놓으면서 카이우스의 것과 비슷하지만 색깔이 다른 꾸러미를 들고 있는 거지 떼를 힐끗거렸다.

"하지만 카이우스, 너는 운이 좋은 줄 알아야 돼. 아직 네가 블랑슈 부인을 위해서 일하고 있다면 더 나쁠 수도 있잖아."

"기억나게 하지 마. 그 부인은 잠시도 불만을 멈출 수 없는 사람이야."

둘은 문을 닫고 떠났다.

"안녕. 뭘 도와줄까?"

교회 안내인이 말했다.

"이 꾸러미를 전하러 왔는데요."

카이우스가 대꾸했다.

"아. 네 코트를……."

그 여자는 잠시 메리를 응시하고 미소를 지었다.

"너희 코트를 여기 두고 저 대기실로 들어가라. 주앙 수도사님을 불러 줄게."

그들은 시키는 대로 하고서 대기실에 앉아 수도사를 기다렸다.

"빨리 끝날 줄 알았는데."

메리는 벽시계를 보았다.

"성당에 너무 늦게 도착하겠는걸."

"늘 그래. 꾸러미를 전하러 올 때마다 나를 기다리게 해. 맥 빠지게 말이야. 그냥 문에 던져놓고 가면 좋겠는데."

카이우스는 투덜댔다.

"항상 이렇다고?"

키가 작고 여윈 남자가 문을 열었다. 그들은 예의 바르게 자리에서 일어섰다.

"얘들아, 그래 내게 할 말이 있다면서?"

"좀 더 정확히 말하자면 사무엘 목사님이 보내신 이 꾸러미를 전하러 온 것뿐이에요."

꾸러미를 내밀며 카이우스가 말했다.

"알겠다."

그는 꾸러미를 받아들었다.

"또 다른 건 없니?"

"이것뿐이에요, 그럼 안녕히 계세요."

카이우스는 떠날 준비를 했다.

"하느님이 함께하시길."

"서두르면 삼십 분 안에 갈 수 있어."

코트를 움켜잡으며 메리가 말했다.

# 공동묘지 조사 작전

그들은 서둘러 기차역을 나왔다. 카이우스가 우뚝 멈춰 섰을 때 벽돌로 지은 집들이 늘어선 길을 급히 지나가던 중이었다. 카이우스는 건너편 비포장 길에서 맨발의 아이들이 팽이 주위에 모여서 꽥꽥 소리를 지르는 한편에서 뒤뚱거리고 있는 수탉 한 마리를 보고 깜짝 놀랐다. 마치 딴 세상을 보는 것 같았다. 메리는 주민들에게 길을 물어 가며 그를 떼밀었다. 사람들은 길 끝을 가리키며 그 길이 뾰족 탑이 있는 작은 노란색 예배당으로 이어진다고 알려 주었다.

"뭘 하는 거야, 메리?"

카이우스는 그녀가 꽃 장수한테서 꽃을 고르는 것을 보고 물었다.

"아무것도 아냐, 카이우스. 그저 셜록의 조사 방법 중 하나를 따르는 것뿐이야."

"무슨 말이야?"

"말로 설명하는 것보다 가서 보여 주는 게 훨씬 나을 거야. 자, 가자."

그들은 성당 뒤편에 작은 묘지로 곧장 걸어갔다. 그러고는 무덤을 표시하는 소박한 나무 십자가만이 세워진 채 흙으로 덮여 있는 자그마한 무덤들을 조사했다. 그들이 좁은 통로를 따라 어슬렁거리고 있을 때 삽을 든 한 남자가 다가왔다.

"안녕하세요!"

작은 꽃다발을 꽉 움켜쥐고 메리가 인사했다.

"저희 좀 도와주실래요?"

"그럼. 무슨 문제가 있니?"

"제 이웃이 최근에 조카를 잃었는데, 그녀가 몹시 아파서 제게 대신 이 꽃을 꼬마 프레드에게 가져다 달라고 부탁했어요. 그런데 그 아이가 어디 묻혀 있는지 모르겠지 뭐예요."

"이름이 뭐였지?"

"프레더릭 밀러예요."

"흠, 나는 잘 모르겠네. 그런 이름은 들어본 적이 없어."

"사망자 명부를 볼 수 있을까요?"

메리는 우는 시늉을 했다.

"그럼 아퐁신 신부님께 여쭤 봐야 할 거야. 신부님이 그 일을 담당하시거든."

"감사합니다."

메리는 카이우스와 묘지를 떠나려고 돌아섰다가 갑자기 생각을 바꾸고 무덤 파는 일꾼에게 다시 다가갔다.

"여기 있는 무덤들을 전부 돌보시나요?"

"그렇지."

"이 불쌍한 영혼들이 모두 가난한 이들인가요?"

"그래."

"이렇게 세심한 분이 무덤을 지켜 주시니 이 사람들은 정말 좋겠어요."

"고맙구나."

그 초라한 무덤 파는 일꾼은 우쭐해했다.

"무덤이 많이 있는데……. 요사이에 매장을 많이 하셨나요?"

"아니. 이번 주에는 노부인 한 명과 남자 다섯 명밖에 없었지."

"혼자서 무덤들을 다 돌보시나요, 아니면 도와주는 사람이 있나요?"

"나 혼자 한단다."

그는 삽에 기대서서 으스대며 말했다.

"모든 일을 혼자 하지. 관을 만들고 무덤을 파서 매장하는 것까지."

"정말 중요한 일을 하시는 거예요. 아무도 죽은 사람을 돌보고 싶어하지 않잖아요."

무덤 파는 일꾼은 썩은 이를 드러내며 수줍게 씩 웃었다.

"틀림없이 품삯을 많이 받으시겠지요?"

"그렇지 않아."

그는 흥분하여 말했다.

"내가 매장한 모든 사람들한테서 뭔가 받았다면 부자가 됐겠지."

"하지만 적어도 저 불쌍한 영혼들보다는 형편이 좋으시잖아요. 아저씨께서 매장한 다섯 남자보다는요. 그들은 모두 극빈자 신세겠지요?"

"그들 중 두 명만."

"가엾어라!"

그녀는 손수건으로 얼굴을 가리며 소리쳤다.

"빈민굴에서 오로지 술 한 병을 벗 삼아 추위에 떨며 병든 채 혼자 죽는 건 정말 슬픈 일일 거예요."

"아, 그중 한 명은 살해됐어."

"그 가난한 사람이 살해됐다고요? 어떻게요?"

"목이 졸려 죽었어."

"목이 졸려서요?"

카이우스가 가까이 다가서며 말했다.

"그런데 경찰이 무슨 일이 있었는지 조사도 하지 않고서 그 사람을 매장했단 말이에요?"

"에, 난 그것에 대해서는 모르는데……"

그는 이렇게 대꾸하고는 삽을 들어 어깨에 걸쳤다.

"경찰이 이리로 시체를 가져올 때엔 이미 시내 시체 공시소에서 분류가 끝난 거야. 내 일은 관을 만들어서 시체를 매장하는 것이지."

"믿을 수가 없어!"

카이우스가 소리쳤다. 메리는 그를 막으려고 했지만 그는 화가 나 펄펄 뛰었다.

"목이 졸려 죽었는데 아무도 신경을 쓰지 않는단 말이에요?"

"난 그런 것까지 신경 쓰지 않아."

무덤 파는 일꾼이 맞받아 소리쳤다.

"죽은 사람들을 매일 보는 건 정말 참기 어려운 일이니까. 내가 왜 거지 때문에 걱정을 해야 하지?"

"아저씨의 말이 맞아요."

대화를 진정시키려고 애쓰며 메리가 말했다.

"누구도 천진난만한 어린애들이나 이런 학대받는 늙은 거지들의 죽음에 대해 아무것도 할 수 없다는 건 정말 슬픈 일이에요."

"이 사람은 나이가 많지 않았어. 틀림없이 서른 살 정도 됐을 거야. 내 기억으로 그는 딱 비렁뱅이였어. 그런데 금이빨도 하나 있더군. 금니를 본 건 처음이었지!"

"상상이 가네요!"

메리는 눈알을 굴리며 말했다. 그녀는 대화가 진행되는 방식에 아주 만족하고 있었다.

"아무도 신경 쓰지 않았다니."

카이우스는 투덜거렸다.

"그런데 한 가지 말할 게 있어."

무덤 파는 일꾼이 말했다.

“만약에 경찰이 목이 졸려 죽은 사람을 수사해야 한다면 그 부인의 문제를 풀기 위해 더 애써야 할 거야.”

“어떤 부인이요?”

자신과 마찬가지로 깜짝 놀란 표정을 짓고 있는 카이우스를 힐끗 보고 나서 메리는 헐떡이며 물었다.

“내가 이 주 전에 매장한 부인 말이야. 경찰이 그 부인 사건을 조사했어야 한다고. 정말 아름다운 그 부인을 보니 마누라 생각이 났지. 딱하기도 하지. 악마 같으니라고. 정말로 나쁜 놈들이 한 짓일 거야.”

“걱정하지 마세요, 아저씨. 경찰이 언젠가 그 짐승을 꼭 붙잡을 거예요.”

괴로워하는 남자를 위로하려고 메리가 말했다.

“하느님께서 허락하신다면.”

그는 한숨을 쉬고 성호를 그었다.

“하느님은 틀림없이 허락하실 거예요.”

# 시체의 얼굴

카이우스와 메리는 하숙집 계단을 올라가서 방문 앞에 멈췄다. 문을 열기 전에 메리는 문틀에 머리를 바싹 대고 자세히 보았다. 그녀는 가느다란 곧은 머리카락 한 가닥을 찾을 때까지 문틈을 따라 손가락을 움직였다.

"왜 그렇게 하는 거야?"

카이우스가 물었다.

"누군가 네 방에서 뭔가 훔쳐갈까 걱정돼서 그래?"

"난 항상 이렇게 해."

그녀는 문을 열며 말했다.

"이건 집에서 우리 오빠가 내 방에 들어왔는지 내 물건에 손을 댔는지 알 수 있는 유일한 방법이었어. 난 어디나 머리카락을 놓아두곤 했어."

메리는 모자를 벗어서 거의 방 전체를 차지하는 커다란 트렁크 위에 던져 놓았다. 모든 것이 어수선하게 흩어져 있었는데 여행 가방, 의복 그리고 무엇보다도 산더미 같이 쌓아 놓은 책들로 방 안이 꽉 차 있었다. 카이우스는 책 몇 권을 집어서 제목을 보았다. 빈번히 등장하는 작가들 중에는 코넌 도일, 에드거 앨런 포, 월터 스캇이 있었다. 『삼총사』는 『파우스트』와 『드라큘라』 사이에 있었고, 『모비 딕』은 『보물섬』과 『몬테크리스토 백작』 위에 놓여 있었다.

"좋은 책들을 갖고 있네."

"엄마는 그렇게 생각지 않으셔."

"왜?"

"엄마는 이런 종류의 문학 작품은 숙녀가 읽기에는 적당하지 않다고 생각하시거든. 내가 로맨스 소설을 읽으면 더 좋아하실 거야. 하지만 그건 정말 지루해! 엄마는 나를 이해하지도 못해. 내가 액션 소설이나 결말에 반전이 있는 소설을 얼마나 좋아하는지도 모르셔."

메리는 앉아서 신문철을 침대에서 집어 들었다.

"이걸 여기에 붙일 거야. 엄마가 그것들을 보면 아마 안절부절못하실걸. 엄마를 당황스럽게 하고 싶지는 않아."

"그게 뭐야?"

"가스통 르루가 쓴 『새벽의 여신 보물찾기』야. 그 이야기를 정말 좋아하거든. 그 작가에 대해 들어 본 적 있니?"

“『오페라의 유령』을 쓴 사람 아니야?”

“『오페라의 유령』이라고? 정말 좋은 제목이네. 어떤 내용이야?”

“이런, 미안해. 신경 쓰지 마. 『새벽의 여신 보물찾기』는 어떤 내용이야?”

“18세기에 살았던 유명한 도적 루이 카르투슈에 대한 이야기야. 아마 그가 파리에 분산된 은닉처에 재산을 숨겨 놓았을 거라는 거야. 당시에 그 책이 출판되자 신문사 소유주들은 사람들이 좋아하는 그 사실을 이용해서 일곱 개의 돈가방을 감춰 놓았어. 독자들은 르루가 이 책에 남겨 놓은 단서들을 쫓아서 그것들을 찾아야 했지.”

그녀는 신문철에 그 책장들을 정성들여 붙였다.

“이 책이 출간됐을 당시에 살지 못했던 게 유감이야. 나라면 적어도 가방 두 개는 찾아냈을 텐데.”

메리는 탁자 위에 공책들을 정리했다. 그동안 카이우스는 책 몇 권을 대충 훑어 보며 넘겼다.

“이 책들이 다 네 것이니?”

“응, 왜?”

“책들에 왜 ‘A. M. C. M.’이라는 머리글자가 적혀 있어?”

“그건 내 세례명이야, 애거사 메리 클라리사 밀러.”

“애거사라고?”

“어, 그래, 그게 내 이름이지만 마음에 안 들어. 특히 애칭이 말이야. 사람들이 나를 애기라고 부르지만, 그렇게 부르는 건 참을 수 없어. 애기는 이상하게 들리잖아. 끔찍해! 난 항상 메리가 좋아. 적어도 여기 파리에서는 모두가 나를 그렇게 불러. 그게 훨씬 나아. 하지만 지금 당장은 그것에 대해선 잊자. 오늘은 더할 수 없이 멋진 날이잖니. 우리는 시체를 찾았어. 찰리한테 빨리 말하고 싶어 죽겠어. 얘기 들으면 소스라치게 놀라겠지?"

"시체가 두 구 있다는 걸 알면 그럴 거야!"

카이우스는 킥킥 웃었다.

"그건 아직 모르잖아."

"정말로 무덤 파는 사람이 말해 준 그 여자가 그 범죄와 전혀 관계가 없다고 생각하는 거야?"

"모르겠어. 하지만 만약에 그 여자가 관계가 있다면 아주 위험한 사람이 바깥에서 자유롭게 돌아다니고 있다는 얘기야."

"그래, 그리고 우리는 그가 누구인지 전혀 모르고."

카이우스는 그녀의 말에 동의하고 침대에 비어 있는 한 귀퉁이에 걸터앉았다.

"우리는 그곳에 묻힌 게 누구인지도 모르잖아. 이제 어쩌면 좋지?"

"선택의 여지가 없어. 경찰한테 가서 그 시체에 대해 말해야 돼."

"그렇게 경찰한테 가야 하겠어? 상상이 간다. 우리가 경찰서에 가서 '경관님, 우리가 목이 졸려 죽은 남자를 발견했어요.'라고 말한다고 치자. 그러면 경찰이 '어디서?'라고 묻겠지. 그럼 내가 '공동묘지에서요.'라고 말하지. 경찰이 포복절도하지 않는다면 우리를 거리로 내던져 버릴걸."

“반드시 뭔가 있을 거야. 우리가 목적지에 도달했다니 믿을 수 없어. 그 남자는 사람들을 그냥 그렇게 죽였을 리 없어.”

“나도 생각해 보았어. 몽타주를 만들어 보면 어떻게 될까?”

“몽타주?”

그녀는 생각에 잠겨 되풀이 말했다.

“그래. 파블로에게 희생자의 얼굴을 그려 달라고 부탁하면 될 거야.”

“그에게 부탁하는 건 좋은 생각 같지 않은데.”

“어째서?”

“생각해 봐. 지금 사차원에 묻혀 살고 있는 걸로 봐선 그는 아마 정면, 측면, 후면에서 본 얼굴 모습을 스케치할 거야. 너무나 일그러진 모습이라서 피해자 엄마조차도 자기 자식을 알아보지 못할걸.”

“네 말이 맞아.”

카이우스는 그녀의 말에 동감했다.

“그럼 다른 사람에게 부탁하자. 몽마르트르에 화가들이 부족하지는 않으니까.”

“하지만 스케치한 것을 누구에게 보여 주지?”

메리는 절망적으로 그를 바라보았다.

“위험할 수도 있어. 몽타주를 보여 주고 다닐 때 우리에게 어떤 일이 일어날지 생각해 봤어?”

“하지만 포기할 수는 없어.”

카이우스는 침대에 벌렁 드러누웠다.

"범죄를 목격하고도 아무것도 할 수 없는 게 날 정말로 화나게 해."
그는 낙담하여 눈을 감으며 덧붙였다.

시간이 흘러갔고 카이우스는 깊은 잠에 빠졌다.

메리는 달리 어떻게 해야 친구의 기운을 북돋워 줄 수 있을지 몰라서 사건의 모든 단서를 적어 놓은 일기를 차근차근 검토해 보기로 했다. 그녀는 간단히 적어놓은 자신의 생각들을 하나씩 들여다보았다. 그녀의 직관은 자신이 뭔가 중요한 것을 놓치고 있다고 말하지만 아무리 여러 번 읽고 또 읽어도 휘갈겨 써 놓은 글자들은 그녀에게 아무것도 알려 주지 않았다.

"어!"

가슴에 뭔가 느껴졌을 때 카이우스는 눈을 번쩍 뜨고 소리쳤다.

"앗, 이런!"

메리가 소리치고는 재빨리 카이우스를 덮친 작은 동물을 집어 올렸다.

"얘를 잊고 있었어."

"그 원숭이는 어디에서 온 거야?"

"얘는 내 꼬마 친구야."

"그 녀석 때문에 정말 심장마비를 일으킬 뻔했어!"

"미안해. 얘한테 숨었다가 밤에만 나오라고 가르쳤는데 네가 잠을 자는 것을 보고 좀 헷갈렸나 봐."

"왜 숨기는데?"

"엄마 때문이지. 엄마는 받아들이지 않으실 테니까."

"설마! 그런데 도대체 어디서 났니?"

카이우스는 쾌활한 동물과 장난을 쳤다.

"축제장이 열릴 때마다 오빠와 나는 거기에 갔어. 회전목마를 좋아하긴 했지만 내가 열중한 건 진짜처럼 보이는 원숭이 인형이었어. 겨우 일 페니밖에 하지 않았거든! 매년 나는 수집품에 추가할 원숭이 인형을 여덟 개씩 샀어. 어느 날 나는 손풍금을 연주하는 사람을 봤어. 그는 이미 어린 원숭이를 한 마리 갖고 있었기 때문에 병에 걸린 원숭이를 남에게 주려고 했어. 나는 그 유혹을 참을 수 없었어."

메리는 책 뒤로 가서 바나나 한 개를 가져와 원숭이에게 주었다.

"그 조그만 얼굴이 간청하는 것 같았어. 이 녀석을 그곳에 그냥 두고 올 수 없어서 주인한테 내게 달라고 청해서 집으로 데려왔어. 내가 얻은 최고의 것이었지. 엄마는 많은 원숭이 인형들 한가운데 진짜 원숭이가 있다는 것을 알아채지 못하셨어. 엄마가 허락하지 않을 거라는 건 알았지만 그 가엾은 것을 비참한 상태로 내버려 둘 수는 없었어. 그 남자는 원숭이를 버리고 떠나려고 했어!"

그녀는 『로빈슨 크루소』라는 책의 가짜 표지 밑에 감춰 둔 초콜릿을 카이우스에게 권했다.

"지금까지 엄마는 얘를 내가 항상 과일을 가져다주는 나의 보이지 않는 친구라고 생각하셔. 그래서 나는 이 녀석을 돌볼 수 있게 됐고. 수의사의 도움으로 몬티는 살아남을 수 있었어."

"몬티라고!"

카이우스는 초콜릿을 우적우적 먹다가 놀라서 눈썹을 치켜 올렸다.

"네 오빠 이름 아니야?"

"이름은 아니야, 애칭이지. 오빠 이름은 루이스 몬탠트 밀러야."

메리는 고쳐 말하고 초콜릿과 책을 치웠다.

"눈에 보이지 않는 내 친구를 부를 더 나은 방법이 있을까? 그렇게 부르면 엄마는 내가 인도에 주둔한 연대에서 복무하고 있는 오빠가 그리워서 친구를 만들어 낸 거라고 생각하시고 내 공상에 간섭하지 않으신단 말이지."

메리는 깔깔 웃다가 마침내 카이우스에게 뭔가 이상이 있다는 것을 깨달았다.

"카이우스!"

메리가 다급하게 소리쳤다. 카이우스는 얼굴이 어두워진 채 목을 움켜잡고 있었다.

"뱉어!"

그녀는 말하고 그의 등을 때렸다.

"빨리 뱉어!"

카이우스의 상태가 나아지지 않는 것을 보고서 메리는 몹시 흥분했다.

"물."

카이우스는 간신히 쉰 목소리로 말했다.

"뱉는 게 낫다니까!"

메리는 카이우스의 눈에 어린 분노를 보고서 그렇게 말한 것을 후회했다. 그녀는 부리나케 화장대에 놓인 물주전자로 달려가서 손을 덜덜 떨며 물을 따랐다. 카이우스는 목구멍에서 뭔가 미끄러져 내려갈 때까지 가까스로 물을 마셨다.

"그 안에 뭐가 들어 있었어?"

"호두가 든 초콜릿이었어. 지금은 좀 괜찮니?"

"음, 거의 죽을 뻔했어."

"너는 역에 있던 그 남자처럼 죽으려던 참이었어. 앗! 카이우스. 그래, 자줏빛이야!"

메리는 그의 얼굴을 움켜잡았다.

"뭘 기대한 거야? 파래지길 기대한 거야? 난 아픈 게 아니라 숨이 막힌 거라고."

"카이우스, 이해 못하겠어? 네 얼굴이 하얗지 않고 자줏빛이 됐단 말이야."

"그게 어쨌다는 거야?"

"네가 본 목이 졸린 남자의 얼굴에 대해 내게 했던 말 기억 안 나?"

"기억나. 나는 그의 부릅뜬 눈 주위에 다크서클이 있고 그의 얼굴은……. 아, 그래. 이제 알겠어."

"바로 그거야. 목이 졸리고 있었다면 어떻게 얼굴이 창백해 보일 수 있었지?"

"하지만 나는 전부 봤어! 틀림없이 그는 백지장 같았어!"

"그만, 진정해!"

메리는 그의 손을 잡고 화장대 거울 쪽으로 데려갔다. 그녀는 서랍을 열고 크림을 꺼내서 카이우스의 얼굴에 발랐다.

"이제 알겠니?"

그녀는 씩 웃었다.

"어떻게 이걸 몰랐을 수 있지? 사소한 것들도 자세히 살피면 수사에 결정적인 것이 될 수 있다는 점을 배워야 할 때야. 내가 얼마나 바보였는지. 이게 우리가 필요한 단서야."

"크림이 왜 그렇게 중요한 거야?"

"카이우스, 누가 크림을 얼굴에 사용할까? 더 중요한 건 누가 눈을 검게 칠할까?"

"배우?"

"그렇지. 공동묘지에 매장된 사람은 배우였어. 그는 부랑자처럼 차려입고 얼굴에 화장을 한 거야. 배우들은 흔히 무대에 나갈 때 얼굴 표정을 두드러지게 하기 위해서 얼굴에 화장을 해. 특히 눈 화장을. 하지만 그들은 손톱, 머리, 목 같은 세세한 부분엔 신경 쓰지 않고 충전물을 넣어서 몸의 윤곽을 만들지도 않아. 토키에서 팬터마임을 볼 때 나는 항상 그것을 이상하게 생각했어. 사람들은 그것을 알아채지 못할까? 그들이 화장을 하고, 머리부터 발끝까지 세세한 부분에 집중한다면 완벽한 분장이 될 텐데!"

"배우란 말이지."

카이우스는 거울에 비친 자신을 응시하는 동안 그녀의 이야기가 서서히 이해됐다.

"그가 배우였다면 분명히 극단에서 일했을 거야. 누군가 행방불명된 사람이 있는지 찰리에게 물어보자. 지금 당장 스케치를 해서 극단을 돌며 보여 주자."

"아냐."

손가락 한 개를 입에 문 채 메리가 말했다.

"더 좋은 생각이 있어."

그녀는 원숭이를 침대 위 선반에 앉아 있는 다른 원숭이 인형들 뒤에 숨겼다.

"자, 가자!"

두 사람은 방을 뛰쳐나가서 안내실로 향했다.

"마린느 아줌마, 두아르테 씨는 어디 계세요?"

메리가 물었다.

"스튜디오에."

그들은 단 한 개의 방만 있는 꼭대기 층까지 급히 달려 올라갔다. 문은 조금 열려 있었다.

"실례합니다."

메리는 문을 살짝 두드리고 말했다.

사진사는 삼각대 위에 놓인 카메라 앞에 서 있었다.

"메리!"

그는 그들을 향해 곧장 걸어왔다.

"정말 반갑네. 막 네 생각을 하고 있던 중인데."

"저를요?"

"그래 맞아. 너는 이곳에서 내가 사진을 찍지 못한 유일한 예술가거든."

"하지만 저는 예술가가 아닌걸요."

"어째서? 나는 항상 네가 피아노를 치고 노래 부르는 소리를 듣는데."

"예술가들의 사진만 찍으세요?"

카이우스가 끼어들었다.

"그렇진 않아. 거리에서 일상의 일로 동분서주하는 사람들을 찍는 것도 좋아하지만 내 생업은 상류 사회 사람들의 사진을 찍는 거야."

"두아르테 씨."

"장이라고 불러."

그는 살짝 머리를 숙이며 말했다.

"알겠어요, 장. 전에 마린느 아줌마에게 들었는데 파리의 예술가들 모두의 사진이 있는 앨범을 갖고 계시다면서요. 사실이에요?"

"내 취미야."

그는 자랑스럽게 말하고 카메라 쪽으로 걸어갔다.

"내 능력이 미치는 범위에서 계속 사진을 추가하고 있지."

"저희가 좀 볼 수 있을까요?"

"그야 물론이지. 하지만 한 가지 조건이 있어."

"네?"

"먼저 네 사진을 찍어야 돼."

"지금이요?"

메리는 손을 비비며 소심하게 말했다.

"하지만 옷도 적당하지 않고, 또 그 앨범을 정말 보고 싶어요."

"좋아, 알았어. 이렇게 매력적인 아가씨의 부탁을 거부할 수는 없지."

그는 상자 쪽으로 가서 앨범을 가져왔다.

"이렇게 하는 거다. 내가 사진을 보여 줄 테니 내일 아침 일찍 스튜디오에 오는 거다. 자연광으로 사진을 찍고 싶거든."

메리는 공손한 미소를 짓고 나서 카이우스와 함께 앉아 사진들을 보았다. 화가, 조각가, 배우들의 인상적인 사진들이 상자에서 나왔다. 카이우스는 그 사진들 중에서 막스 자코브와 다른 남자를 팔로 감싸 안고 거리에 서 있는 파블로를 알아보았다. 사진을 돌려서 보니 화가 모딜리아니라고 쓰여 있었다. 페르낭드, 알리크 그리고 다른 여자들은 역시 정지된 사진 속에서도 부드러운 몸짓으로 춤을 추고 있었다. 한 장씩 사진을 꺼내서 보고 한구석에 차곡차곡 산더미같이 쌓아 놓았는데도 사진은 끝이 없었다.

카이우스의 심장박동을 빠르게 만든 한 장의 사진을 봤을 때는 이미 두 사람 다 지친 상태였다.

"그 사람이야!"

그는 행복감에 젖어 소리치고 나서 다른 남자들과 갈색 머리의 남자가 함께 서서 웃고 있는 사진을 메리에게 보여 주었다.

"정말이야?"

"틀림없어. 바로 그 사람이야!"

"카이우스. 그와 함께 있는 이 두 남자들은 쉼터의 목사님과 여기 하숙집에 사는 의사 선생님이야."

"어, 그럼 그들이 그 사람을 안다는 거네."

그는 사진 뒷면에 이름을 보고 말했다.

"그의 이름은 구스타프 혼이야."

"장!"

메리가 소리쳤다.

사진사는 그의 안경을 닦고 있었다.

"왜 그러니."

"가운데 있는 이 남자를 아세요?"

"에, 그래. 그는 쉼터의 자선 공연에 출연한 배우야. 이름이 구스타프 혼이었던 것 같은데."

"그는 어디서 일해요?"

"모르겠는데. 기억이 잘 안 나네. 틀림없이 파일에 적어 놓았을 거야."

그는 캐비닛으로 가서 상당히 많은 파일이 들어 있는 서랍을 열었다.

"한스, 할리……. 여기 있다. 혼. 알렉산더 르그랑 극단에서 일하네."

"파일에 다른 것은 뭐 없어요?"

“내가 사진을 찍은 날짜만 있어. 이 주 전이었어.”

“장.”

그녀는 간청하는 눈빛으로 말했다.

“제게 이 사진을 며칠만 빌려 주시겠어요? 꼭 돌려드릴게요.”

“아, 예쁜 얼굴을 찍으려면 그렇게 해야지. 좋아. 하지만 내일 아침에 여기 오는 거 잊지 마라.”

“그럴게요.”

그들은 사진사에게 작별인사를 하고 스튜디오를 떠났다.

“이제 어딜 가는 건데?”

문을 닫으면서 카이우스가 물었다.

“C. I. A.에.”

“C. I. A.에?”

카이우스는 헐떡이며 말했다.

“그건 내가 중앙 정보 소식통이라고 부르는 거야. 마린느 아줌마와 얘기를 해 보자.”

“그럼 물론 그를 알지.”

사진을 보고 고개를 끄덕이면서 마린느가 말했다.

“혼 씨야. 그는 시내에 있을 때면 항상 여기에 있는 그의 부인 방에서 머물러.”

“부인이라고요?”

놀란 나머지 입을 딱 벌리고 메리가 물었다.

"그 사람 부인이 여기 머물렀어요? 그녀에게 무슨 일이 일어났어요?"

"이 주 전에 떠난 뒤로 에스테에게서 소식을 듣지 못했어."

"그 부인이 왜 떠났는지 아세요?"

카이우스가 물었다.

"그녀는 전화를 받은 뒤에 한밤중에 떠났어. 그다음 날 일찍 한 남자가 마차를 타고 왔어. 그는 내게 그녀의 소지품과 옷가지를 꾸려 달라고 부탁했고 그녀의 방 값을 지불하고 돌아갔어. 내 생각에 그녀는 상당히 부유한 애인과 사랑의 도피를 한 거야. 그녀는 꽤……."

"마차를 타고 온 남자는 어떻게 생겼어요?"

카이우스는 재빨리 물었다.

"별로 잘 생기진 않았어. 금발이었고 콧수염이 가늘었고. 내 생각에는 한쪽 눈이 먼 것 같았어. 그리고 입 옆에 지독한 흉터가 있었어."

"혼 씨를 마지막으로 본 게 언제였어요, 마린느 아줌마?"

"블랑슈 부인의 생일날인 수요일에 여기 있었어. 내가 만든 초콜릿 케이크를 먹어 봤니?"

"아, 네. 아주 맛있었어요."

메리는 케이크에 대해 칭찬했다.

"그가 아내의 실종에 대해 말했나요?"

"좀 초조해 보였지만 누구한테도 아무 말도 하지 않았어. 그리고 파티 초반에 떠났어. 정말 안됐어! 정말 멋진 파티였는데. 나는 케이크 만드는 걸 좋아해. 일전에 빵집에 가서 부인을 만났는데……."

"마린느 아줌마. 그가 어디 갔는지 아세요?"

메리가 퉁명스럽게 말을 잘랐다.

"누구?"

"물론 혼 씨죠."

"여행 갔어. 케이크를 내오다가 그가 여행 가방을 가지고 내려오는 걸 봤거든."

"어디로 갔는지 아세요?"

그녀는 마음을 졸이며 물었다.

"내가 어떻게 알아? 맙소사! 내가 손님들의 생활에 대해 모든 것을 알 수는 없어. 내가 아는 것은 그는 어디에도 오랫동안 머물지 않는다는 것뿐이야. 알다시피 항상 순회공연 중이거든. 그의 부인만 여기 살았고. 그런데 그녀는 소지품을 사방에 흩어 놓았어. 어느 날 블랑슈 부인은 더 이상 참지 못하고 모든 것을 말끔히 치우든지 아니면 그녀가 돌보는 거지들에게 그것을 모두 나눠 주라고 말했어."

"무슨 거지들이요?"

"어머, 몰랐니? 그녀는 쉼터에서 사무엘 목사님과 함께 일했어. 너희 둘, 잠깐만 있어 봐!"

그녀는 허리에 손을 올리고 눈을 가늘게 뜨고 보았다.

"그 부부한테 왜 그토록 관심이 있는 거지?"

"음, 왜냐하면……."

그녀는 친구의 팔을 꼭 잡고서 더듬거리며 말했다.

"혼 씨가 카이우스의 아버지와 아는 사이였다는 얘기를 들었어요. 우리는 어쩌면 그가 카이우스의 가족을 알지도 모른다고 생각했어요."

"정말이야?"

마린느는 의심 어린 눈으로 그들을 보며 물었다.

"예, 그래요."

카이우스는 분명히 말하고 거칠게 숨을 쉬었다.

"저희 부모님은 이 세상에 안 계세요. 저는 아무도 모르기 때문에 어쩌면 혼 아저씨가 도움을 줄 수 있을지도 몰라요."

"마린느!"

아래층에서 어떤 목소리가 들렸다.

"네, 블랑슈 부인."

"어서 내려와요. 저녁 식사를 차릴 시간이에요."

차가운 바람이 세 사람이 서 있는 복도를 가로질러 획 몰아쳤다. 그 바람에 자물쇠를 잠그지 않은 문이 천천히 열리면서 침대 가장자리에 앉아 있는 한 남자의 모습이 드러났다.

"스위스인 행세를 하는 저 독일인은 방에 틀어박혀 있네. 저것 봐."

그녀는 샌드위치와 우유 한 잔이 담겨 있는 쟁반을 가리켰다.

"어떻게 사람이 아무것도 먹지 않고서 저렇게 오랫동안 견딜 수 있지? 내가 일하는 중에 저 사람이 하숙집에서 굶어 죽지 않으면 좋겠어."

카이우스는 열린 문틈으로 안을 들여다보았다. 그는 자신이 만난 쾌

활한 과학자와는 전혀 다른 사람이었다. 마음속으로 생각하는 상대성 이론이 얼굴빛에 드러난 채 미지의 장소를 떠돌지만 몸은 움직이지 않고 있는 존재가 있었다. 그는 며칠간 수염도 깎지 않았고 그의 맨발은 완전한 자유 속에서 흔들렸다. 낡은 셔츠의 커프스도 떨어졌고 바지도 주름이 쭈글쭈글했다. 바람이 문을 열어 준 덕분에 자유 낙하하는 육체, 빛의 속도로 헤매는 그의 모습을 볼 수 있었다. 하지만 바람은 또 다시 문을 닫고 어수선하고 부산한 하숙집으로부터 순수한 지식 탐구의 요체인 그 적막한 방을 차단했다. 완벽한 몰입의 상태로.

# 사진 모델이 된 메리

카이우스와 메리는 다가올 일에 대한 불안감 때문에 잠을 설쳤다. 다음 날 아침 카이우스와 메리는 부엌에서 찰리를 만났다.

"정말 놀랍다!"

찰리는 휘둥그레진 눈으로 탁자에 앉아서 소리쳤다.

"시체 외에 살인자 배우도 있다는 말이야?"

"살인자 배우라니 그게 무슨 말이야?"

카이우스는 툴툴댔다.

"죽은 사람이 배우라니까."

"그럼 너는 그 부인의 소지품을 가져가고 방세를 치른 그 흉터가 있는 애꾸눈 남자가 누구였다고 생각해?"

"있잖아, 찰리 말이 맞아."

메리가 말을 꺼냈다.

"살인자는 아주 그럴듯한 변장을 하고는 여기 와서 누군가 그 부부가 살해된 것을 밝혀낼 수 있는 위협 요인을 제거한 거야."

"알았어. 그럼 왜 그는 결국 그들을 죽였을까?"

카이우스가 물었다.

"질투 때문이었을지도 몰라."

커피를 홀짝이면서 찰리가 말했다.

"아마 그들 두 사람은 한 여자를 사랑했을 거야."

카이우스는 이렇게 추정하고 나서 냄비에 있는 우유를 따라 마셨다.

"아주 미치광이네. 남편을 죽이고 애인도 죽인거야?"

"사실은 나는 다른 종류의 질투를 생각하고 있는데."

찰리가 말했다.

"그들이 배우 아니었어? 그래서 어쩌면 그 살인자는 그들이 방해가 되지 않기를 원했을지도 몰라. 이 직업에서는 그런 일이 일어나거든."

"그렇다면 여자는 왜 죽인거야?"

찰리와 나란히 앉아으며 메리가 물었다.

"모르겠어. 여자의 입을 막기 위해서 일지도 모르지."

"난 그렇게 생각지 않아. 다른 이유가 있을 거야."

카이우스는 단호한 표정으로 그들을 바라보았다.

"이해가 안 가는 게 하나 있어. 왜 극단에서 아무도 배우의 실종을 경찰에 신고하지 않았을까?"

"글쎄, 이 남자가 여자의 실종을 은폐한 것과 마찬가지로 그 배우에게도 똑같이 했을 거야."

메리는 설명했다.

"빌어먹을! 이 지독한 놈은 누굴까?"

카이우스가 말했다.

"만약에 그가 배우라면 분명 극단에서 일할 거야."

메리는 차를 마시며 추측했다.

"그런데 그게 사실이라면 그는 지금쯤 이미 멀리 떠났을 거야."

찰리는 한숨을 쉬고 이어 말했다.

"르그랑 극단이 로마에 있다는 기사를 신문에서 읽었어. 아, 내가 얼마나 그곳에서 일하고 싶어 하는데. 르그랑은 부유층을 위한 고상한 연극을 공연하는 극단이야. 하지만 이 살인자는 내 꿈을 산산조각 냈어."

"그러면 우리는 어떻게 하지?"

카이우스는 바싹 다가섰다.

"우리가 알고 있는 걸 가지고 궁리해 봐야 할 것 같은데."

"그럼 우리가 알고 있는 게 뭐야, 메리?"

"사진에서 구스타프는 의사 선생님과 목사님과 함께 있잖아. 그들을 조사해 본다고 해서 손해 볼 건 없어."

그녀는 조금 열린 문 뒤에 서 있는 실루엣을 보자 이야기를 멈췄다.

"안녕하세요, 마린느 아줌마!"

"그, 그래."

마린느는 가볍게 헛기침을 하고 인사를 했다.

"오늘은 덥지 않니?"

"네, 꽤 덥네요."

메리는 찡그린 얼굴로 그녀의 말에 동의했다.

"특히 서 있으면요."

"무슨 뜻이니?"

"마린느 아줌마, 거기 서서 뭘 하시는 거예요?"

"액자를 청소하고 있었어. 왜?"

그녀는 시치미를 떼고 말했다.

"먼지떨이 없이 하기에는 좀 곤란할 것 같지 않으세요?"

메리가 비아냥거리듯 말할 때 마린느는 도망갈 채비를 갖추고 문 쪽으로 천천히 걸어갔다.

"잠깐만요, 마린느 아줌마. 기다려요. 아줌마 도움이 필요해요."

"뭣 때문에?"

"우리 엄마는 심장병을 앓고 계신데 가족 주치의가 엄마를 돌봐 주실 수 없어서 걱정이에요. 보이르 선생님이 아직 진료를 하시나요?"

"어. 보이르 선생님은 쉼터에서 일하셔. 부랑자들을 돌보시지."

"가엾은 사람들. 그가 없는 게 더 나을 텐데."

찰리가 중얼거렸다.

"얘야, 그 노숙자들은 파리에서 가장 유명한 의사 선생님 중 한 분에게 치료를 받고 있는 거란다."

"그 주정뱅이가요?"

"참 가여운 분이지!"

마린느는 헐떡이며 말하고는 메리 옆에 털썩 주저앉았다.

"그분을 불쌍히 여기소서. 사실 전에는 친절한 의사셨는데 행운의 여신은 그분의 편이 아니었어."

"무슨 일이 있었는데요?"

카이우스가 물었다.

"불쌍한 분이야! 아들이 죽은 후에 그런 상태가 되셨어. 아들을 구하기 위해서 할 수 있는 건 다 했지만 소용이 없었어. 아이가 피를 토하다 죽은 지 이제 일 년이 됐네."

"의사 선생님 아들이 결핵으로 죽은 거예요?"

메리가 물었다. 마린느는 그들이 그 무서운 말을 되풀이하지 못하도록 미친 듯이 손짓을 했다.

"그래. 아들이 죽은 뒤에 의사 선생님은 술을 마시기 시작했어. 그분을 살아 있게 하는 것은 죄의식인 것 같아."

그녀가 말했다.

"죄의식이요?"

카이우스는 극적으로 얼굴을 찡그렸다.

"무엇 때문에요?"

"그래, 죄의식. 하느님이 자신에게 사람들을 구할 수 있는 재능을 주셨지만 자신의 아들을 구하지 못했으니까. 그런 일은 팔자소관으로 돌리라고 말씀드렸지만 선생님은 누구의 말도 들으려고 하지 않으셔."

"참 불쌍한 분이네."

카이우스가 말했다.

"나는 그분이 나쁜 사람이라고 생각했어요. 그 아이는 몇 살이었어요?"

"열세 살이었어. 지금까지 보이르 선생님은 아들 사진을 간직하고 방에 촛불을 밝혀 놓으셔……."

그녀는 잠시 말을 멈추고 카이우스를 찬찬히 보았다.

"맙소사! 네 얼굴이 그 아이와 닮았다는 걸 알고 있었니?"

"아아, 그래서 선생님이 날 그렇게 뚫어지게 봤구나. 이런!"

"내 생각에는 유령을 본 것 같은 얼굴이었어."

찰리가 말했다.

"훌륭한 분이셔."

마린느는 계속 말했다.

"선생님은 바쁘지 않으실 때면 내 병을 치료할 수 있게 비소를 지어 주셔."

"비소라고요?"

카이우스는 우유를 마시다가 목이 막혔다.

"그거 독약 아니에요?"

"맞아, 카이우스."

메리는 웃음을 터뜨렸다.

"비소는 독약이지만 소량씩 복용하면 치료제로 사용될 수 있어. 전에 오빠가 인도에서 보낸 편지에 친구가 말라리아에 걸렸는데 인도 사람이 비소로 친구를 치료하고 있다는 얘길 적어 보냈어."

"아아, 메리."

두아르테가 성큼성큼 부엌으로 걸어 들어오면서 끼어들었다.

"널 찾아서 정말 다행이다. 설마 내게 말도 하지 않고 그만두려고 한 건 아니겠지? 나는 네 사진을 찍고 싶어. 빛도 완벽하고. 자, 가자!"

"지금이요? 하지만……."

"안 돼, 하겠다고 했잖아. 너는 충분히 시간을 끌었어."

"그럼 어쩔 수 없죠. 먼저 모자를 가져와야 돼요."

"스튜디오에서 기다릴게."

그는 춤추는 듯한 걸음으로 나갔다.

"조심해라, 얘야."

메리가 일어나기 전에 마린느가 말했다.

"저 남자는 에스테와 이야기하는 걸 아주 좋아했어."

그녀는 눈을 찡긋하고 부엌을 떠났다.

"그녀가 무슨 말을 들었을까?"

카이우스는 중얼거리며 찰리를 보았다.

"지금 그건 중요하지 않아."

메리는 손을 흔들어 그 문제를 간단히 처리하고는 회색 스커트와 재킷을 바로잡았다.

"이제 어떻게 하지?

"계속하는 거야, 카이우스."

그녀는 머리를 매만지면서 덧붙였다.

"너는 쉼터에 가서 알아보고 찰리는 극단에 가서 구스타프와 함께 일한 배우들을 조사하면 돼."

"그럼 너는? 하루 종일 그 사진사랑 보낼 거야?"

카이우스는 팔짱을 끼고 물었다.

"아냐, 카이우스. 잠깐만 있을 거야. 그다음에 그 부부가 두고 간 게 있는지 찾아볼 거야. 또 의사 선생님 방도 살펴보고 싶고."

"뭣 때문에? 그 불쌍한 꼬마를 가만 놓아둬!"

찰리가 말했다.

"우리는 모든 수단을 다 써야 돼, 찰리. 어쩌면 운이 좋아서 살인자에게 이르는 뭔가를 찾아낼 수 있을지도 몰라. 누가 알겠어?"

그녀는 은색 쟁반에 비친 제 모습을 힐끗 본 뒤에 한숨을 쉬었다.

"이렇게 한 뒤에 우리가 답을 얻을 수 있으면 좋겠어."

메리는 두 사람을 보고 씩 웃고 나서 계단으로 향했다.

"잠깐만 기다려."

카이우스는 유리잔을 탁자에 내려놓으며 소리쳤다.

"나도 갈 거야."

"나는 사진을 찍으러 가는 것뿐이야, 너는 쉼터에 가야 해."

"마린느 아줌마 말을 들으니 너를 혼자 보내는 게 꺼려져서 그래. 그 남자는 신뢰할 수 없어. 스튜디오에서 태도가 의심스럽지 않았어?"

"그러니까 네 말은 그가 에스테를 알고 있다고 마린느 아줌마가 말한 것으로 봐서 그가 구스타프를 모르는 척했다는 거지?"

카이우스는 메리의 설명에 놀라면서 고개를 끄덕였다.

"그 말은 아무런 증거가 되지 않아."

메리는 단정적으로 말했다.

"아무런 증거가 되지 않는다는 게 무슨 뜻이야?"

"마린느 아줌마는 그 배우가 오래 머문 적이 없다고 말했어. 따라서 장은 구스타프를 이곳에서 보지 못했고 에스테와 결혼한 것도 몰랐을 가능성이 있어."

"정말 이상한 생각이야, 메리! 그렇게 믿으면 안 돼. 그곳에 그와 단둘이 있다가 위험에 빠질지도 몰라."

"환한 대낮에 손님들로 붐비는 하숙집에서 그가 무슨 짓을 할 거라고 생각하는 거야?"

"나도 카이우스랑 같은 생각이야. 그 남자와 단둘이 있는 건 맘에 들지 않아."

찰리가 끼어들었다.

"너희 둘 다 왜 그래?"

"그럼 결정됐네."

카이우스는 그녀의 팔을 잡아끌며 말했다.

"우리 셋이 함께 가는 거야."

"좋아, 그 자세로 가만히 있어."

발코니 난간 위에 메리의 손을 바로 잡고 꽃무늬가 있는 하얀색 모자를 매만진 뒤에 사진사는 요구했다.

"오래 걸려요?"

장이 메리의 얼굴을 오른쪽으로 돌릴 때 카이우스가 물었다.

"필요한 경우엔."

사진사는 딱딱하게 말했다.

"카이우스, 정말 여기 있지 않아도 괜찮아."

사진사가 날카로운 눈초리로 지시하는 동안 메리는 입술을 움직이지 않으려고 애쓰며 웅얼거렸다.

"너희 둘 다 일해야 하잖아?"

"아니."

찰리가 말했다.

"우리는 너랑 함께 있을 거야."

"네게 두 명의 숭배자들이 있는 것 같은데."

장은 메리의 귀에 대고 소곤댔다.

"말도 안 돼요."

메리는 얼굴을 붉히며 말했다.

"쟤들은 걱정이 많은 친한 친구들이에요. 그뿐이에요."

"날카로운 눈으로만 볼 수 있는 것들이 있지."

메리가 반박하기 전에 장은 그녀에게 다시 가까이 가서 쉿 하고 그녀의 입술에 손을 댔다.

"진실을 알고 싶으면 그것에 부딪쳐야 돼."

그는 삼각대 위에 카메라를 고정해 놓은 바로 옆 발코니로 갔다.

"이제 나를 봐!"

카메라 뒤에서 그는 각도를 맞추어 나무가 늘어선 거리가 있는 배경 오른쪽에 메리를 넣었다. 예술가 뒤에 서 있는 사랑의 포로가 된 두 소년의 감정을 알아내려는 그녀의 눈빛은 번쩍이는 플래시 불빛과 함께 한 장의 사진 속에 영원히 남게 됐다.

# 사건의 동기

카이우스는 일상적인 배달 심부름을 하느라 거리를 더 돌아다닌 뒤에 하숙집으로 돌아왔다. 그는 곧장 거실로 가서 소파에 벌렁 누웠다. 파리에 있는 동안 일어난 모든 사건들을 정리하느라 머리가 복잡했지만 향수병과 여행 전에 두고 온 삶에 대한 기억들도 스멀스멀 밀려왔다.

"카이우스."

메리가 부르는 소리에 그는 억지로 일어났다.

"오늘 어땠어? 쉼터에서 다른 거 뭐 알아낸 것 없어?"

"별로."

그는 끙끙거리며 말했다.

"에스테가 매우 부지런했고 말이 많지 않았고 늦게까지 일했다는 것만 알았을 뿐이야. 그녀의 남편이 이따금 나타나서 목사님과 잡담을 나누는 것을 좋아했대."

"쉼터에 그녀의 물건이 있었어?"

"찾아볼 기회가 없었어, 메리. 뒤팽 부인이 내 바로 앞에서 봉투를 핥아서 부치고 있는데 뒤지고 다닐 수는 없잖아?"

"무슨 일이야? 괜찮아?"

"좀 우울해서 그래. 정말 별 일 아니야. 범죄를 조사하는 게 이렇게 일이 많고 오랜 시간이 걸릴 줄은 몰랐어."

"무슨 말인지 알겠다. 책에서는 아주 빠르지. 심지어 마지막 페이지로 건너뛸 수도 있고. 하지만 그러면 미스터리를 잃게 되고 별로 재미도 없지 않을까?"

카이우스는 기분이 좀 나아졌다. 특히 찰리가 거실로 들어오는 것을 보자 한결 더 기분이 좋아졌다.

"새로운 소식이라도 있어?"

카이우스는 찰리에게 물었다.

"별로. 메리 넌?"

"벌써 이 근처를 전부 찾았지만 내가 알아낸 거라고는 의사 선생님 방이 돼지에게 알맞은 장소라는 것뿐이야."

그녀가 말했다.

"그럼 카이우스 넌?"

"별거 없어. 그 부인이 부지런하고 조용했고, 그리고 그 배우가……."

"말해 봐, 찰리."

메리는 초조한 듯 말했다.

"몇몇 친구들과 얘기를 해 봤어. 이 구스타프라는 사람은 눈에 띄지 않는 역할을 완벽하게 했더라. 그의 사진을 보여 줬더니 내 친구들 대부분은 그가 배우인지도 몰랐어. 몇 사람만이 그가 엑스트라로 연기한 것을 봤고, 항상 시간에 늦었다는 것을 기억해 냈어. 그렇게 눈에 띄고 싶어 하지 않는 배우는 지금껏 본 적이 없어."

"그 사람이 그런 식으로 행동했다면 눈에 띄지 않고 가능한 자유롭게 행동하고 싶어 했다는 느낌이 드는데."

그녀는 추측했다.

"왜 그렇게 행동하는데?"

찰리가 물었다.

"네가 말한 것이 하루 종일 나를 괴롭혔어. 생각을 좀 해 보자. 사람을 살인으로 이끄는 동기가 뭘까?"

"질투, 이해관계."

카이우스가 말했다.

"광기, 복수심."

찰리가 덧붙였다.

"탐욕."

메리가 말을 맺었다.

"범죄에 관한 글을 읽을 때 내가 항상 주목한 패턴은 우선 사람들이 살인을 저지를 의향이 전혀 없다는 거야. 그들은 그와 같은 일을 상상조차 하지 않지만 탐욕이…….”

“하지만 살인자가 부랑자 차림을 한 가난한 배우한테 뭘 원했을까?”

찰리가 말했다.

“아주 신중한 가난한 배우는 마침 부자들을 위한 연극을 공연하는 극단에서 일했어. 도둑 역할에 잘 맞는 것 같지 않아?”

“그럼 그 부인은 어떻게 되는 거야?”

찰리는 그들이 간과하고 있는 점을 말했다.

“그녀는 왜 살해됐을까? 나는 살인 동기가 질투심 때문은 아닌 것 같아. 그 가정을 버리고 진지하게 생각 중이야. 살인자가 아주 사소한 것까지 생각하는 것처럼. 그는 사전에 자신의 행동을 계획한 거야. 아주 냉정하게 폭력 없이 피 한방울 흘리지 않고 해치웠잖아. 감정 때문에 일어난 범죄가 아니야.”

그녀는 방 안을 걸어 다니면서 혼잣말을 했고, 두 소년은 그녀가 그만둘 때까지 참을성 있게 기다렸다.

“자, 쉼터에 가자.”

“뭐?”

두 사람 다 그녀의 결정에 깜짝 놀라서 소리쳤다.

“에스테가 일한 곳을 한번 봐야겠어. 그리고 꼭 오늘 밤이어야 돼.”

소년들이 멍하니 서로 바라보고 있는 동안 메리는 계단을 올라갔다. 그녀는 곧 돌아와서 모자를 쓰고 핀으로 고정했다.

"지금 어디 가는 거야?"

찰리는 몹시 궁금한 얼굴로 물었다.

"내가 준비를 맡을게."

그녀는 그렇게 말하고는 거실에서 나가 복도로 달려갔다.

"걱정하지 마, 금방 갔다 올 거야!"

# 쉼터 조사 작전

밤거리의 술집과 카바레는 사람들을 유혹했다. 술집에 관심이 없는 몇몇 사람들은 극장이나 조용한 곳들을 찾아서 파리 중심지로 가고 있었다. 몽마르트르 거리는 환희에 취해 있었는데 그 근처에서 평소와 다른 점은 보이지 않았다. 쉼터 주변에는 경찰 몇 명이 어슬렁거리면서 그 지역을 감시하고 있었다.

"우리가 쉼터에 어떻게 들어갈 수 있지?"

친구들과 어두운 구석에 숨어 있을 때 카이우스가 물었다.

"걱정하지 말라고 내가 말했잖아."

메리는 그를 안정시키려고 애쓰며 작은 소리로 말했다.

"내가 이미 들어갈 길을 준비해 놨어."

"어떻게? 모두 잠겨 있는데!"

찰리는 빈정거렸다.

"날 그냥 좀 믿어 줄래?"

경찰이 다가오는 것을 보자 메리는 몸을 확 굽히면서 친구들을 끌어내렸다. 경찰은 전혀 의심하지 않고 호각을 들고 곤봉을 흔들면서 어슬렁거리며 지나갔다.

"우리의 유일한 문제는 저 경찰이야."

메리는 그를 엿보며 중얼거렸다.

"그게 유일한 문제라면 내게 맡겨."

찰리는 손바닥에 침을 뱉고 나서 힘차게 문질렀다. 그러고는 벌떡 일어나서 경찰 쪽으로 어슬렁어슬렁 걸어가서는 코트를 올려 얼굴을 가린 채 몸을 흔들기 시작했다. 경찰은 그런 괴상한 행동을 의심스러운 눈길로 바라보며 머리를 긁적이다가 그쪽으로 한발 다가갔다. 코트로 자신을 감춘 찰리는 뒤로 물러섰고, 다시 좀 더 멀리 물러섰다가 마침내 경찰의 맹렬한 추격을 받으면서 어두운 거리로 도망쳤다.

"찰리에게는 도저히 당해낼 수 없어."

카이우스는 한숨을 쉬고 코트 주머니에 손을 찔러 넣었다.

"저 경찰은 곤욕을 치르게 될 거야."

"자, 가자! 서둘러야 돼."

메리는 걱정스런 시선을 던지며 말했다.

"모두 잠겨 있어!"

카이우스는 필사적으로 건물의 옆 창문을 열려고 했다.

"설마 부수고 들어가는 건 아니겠지!"

"카이우스!"

메리는 화가 나서 그를 노려보았다.

"나는 평생 어떤 것도 부숴본 적이 없어. 한 번도 그런 적이 없었어. 그리고 지금도 그러지 않을 거고."

그녀는 천천히 그를 옆으로 밀고 창문 앞에 서서 손가락을 부딪쳐 딱 소리를 냈다. 마술처럼 창문이 소리 없이 열렸다.

"어떻게 한 거야?"

그 대답은 주인의 어깨 위로 올라온 작은 원숭이가 대신했다.

"그런 식으로 볼 필요는 없잖아."

그녀는 원숭이를 꼭 껴안으면서 말했다.

"오늘 오후에 쉼터에 작은 기부를 한 것뿐이야."

아무 말도 탄식도 필요하지 않았다. 그들은 서로의 눈을 바라보며 공범 의식을 느꼈다. 카이우스의 따뜻한 손이면 메리에게는 그녀의 비밀이 안전하다는 것을 알아차리기에 충분했다.

텅 빈 사무실 책상 램프에서 나오는 불빛이 침입자들의 긴장된 얼굴을 비췄다. 한 팀처럼 그들은 각자 자기 할 일을 했다. 창문을 닫은 뒤에 카이우스는 단서와 살해된 사람의 소지품을 찾아서 책상 위에 물건들을 손으로 더듬었다. 메리는 가능한 많이 몸을 굽히고서 벽에 갈라진 틈이나 책상 서랍을 뒤졌다.

"여기는 아무것도 없어."

메리는 책상 모서리를 따라 살금살금 움직이면서 말했다.

"여기도 없어."

"벽장을 들여다보자."

"조심해!"

그녀가 벽장으로 가다가 유리 수조를 거의 넘어뜨릴 뻔했을 때 카이우스가 소리쳤다.

"닫혔네."

"벽장은 잠겨 있어."

"그건 문제도 아니지."

그녀는 모자에서 핀을 잡아 빼서 능숙하게 자물쇠를 열었다.

"자물쇠를 여는 건 어떻게 배웠어?"

"집에서 우리 오빠가 물건을, 특히 초콜릿을 벽장에 감추거든."

메리는 놀란 얼굴로 자신을 바라보는 카이우스를 보고 웃었다.

"정말로 정당한 이유를 위해서 이렇게 하는 거야."

"언제 벽장에 침입하지 않을 수 없는 정당한 이유를 설명해 주겠어?"

"약속할게."

그녀는 돌아서서 벽장 안을 보았다. 앞쪽에 쌓여 있는 각양각색의 낡은 코트들과 여러 가지 색상의 종이로 포장된 꾸러미들이 몇 개 있었다.

"이번에는 운이 나빠. 우리는 아직 아무것도 찾지 못했어."

카이우스는 바닥에 앉아서 말했다.

“벌써 포기하는 거야?”

꾸러미 하나를 움켜쥐고서 메리가 물었다.

“메리, 그거 열면 안 돼!”

“진정해. 열어 본 것을 아무도 눈치채지 못하게 꾸러미를 쌀 수 있으니까. 난 도저히 무슨 선물을 받을지 크리스마스 때까지 기다렸다가 확인할 수 없었거든.”

“왜 하나도 놀랍지 않을까?”

메리는 꾸러미를 아주 조심스레 끌러서 손가락 끝으로 내용물을 꺼냈다.

“종이네! 내가 그동안 내내 종이를 배달하고 있었던 거야?”

“성경 구절이 인쇄돼 있어.”

“정말 운도 없지. 제자리에 되돌려 놓는 게 낫겠다.”

“아니야, 먼저 확인하고 싶은 게 있어.”

그녀는 종이들을 책상으로 가져갔고, 가방에서 양초를 꺼내서 불을 붙였다. 그러고는 종이 한 장을 집어 올리고 종이 뒤로 양초를 들어올렸다.

“정말 스파이 학교에 다니지 않았어?”

“네가 남자 형제들이 없어서 그래. 레몬 주스로 눈에 보이지 않는 메시지 같은 것을 쓰지 않았는지 확인하고 싶은 것뿐이야.”

“메리.”

그녀가 양초를 이리저리 움직이고 있을 때 카이우스는 팔꿈치로 그녀를 쿡 찔렀다.

"메리! 메리!"

"지금은 안 돼."

"하지만 메리."

그는 거의 숨도 쉬지 못하고 쉰 목소리로 말했다.

"잠깐만 있어 봐!"

카이우스는 그녀의 얼굴을 촛불에 희미하게 반짝이는 유리 수조 쪽으로 돌렸다.

"아니, 그럴 리가 없어!"

메리는 입을 딱 벌리고 멍하니 바라보며 말했다.

"맞아, 바로 그거야!"

카이우스는 흥분하여 몸을 떨었다.

"그거 아냐?"

"하지만 너무 많아."

"빛을 받았을 때만 눈에 보인다면……. 그래, 그게 틀림없어. 틀림없다니까. 과학 시간에 배웠어. 정말 놀랍다! 이토록 아름다울 거라고는 상상도 못했어! 정말 반짝거리네!"

카이우스는 손짓으로 가리키고는 유리 수조에 손을 넣으려고 했다.

"기다려!"

메리는 카이우스의 팔을 홱 잡아당기며 말했다.

"무슨 일이야?"

"발소리야!"

그녀는 조용히 말했다.

발소리가 점점 가까워지면서 분명해졌고 그들은 그 자리에서 점점 더 몸이 굳어져 갔다. 발소리가 울릴 때마다 카이우스는 심장이 목에서 뛰는 것 같은 느낌이 들었다. 악몽을 꾸면서도 잠에서 깨어날 수 없는 끔찍한 느낌이 생각났다. 아무리 눈을 뜨려고 애써도 그것들은 우리가 가장 두려워하는 것을 바라보지 않으면 안 된다고 고집을 부린다.

정적이 흘렀다. 갑자기 문 밑 틈으로 은색 불빛이 스며들고 그림자가 다가왔다. 누군가 반대편에 있다는 것을 알 수 있었다. 문손잡이가 돌아갔다. 카이우스는 본능적으로 뒤로 물러서다가 유리 수조에 부딪쳤지만 메리가 쏜살같이 앞으로 나와서 사고를 막았다. 그녀는 손가락으로 촛불을 끄고 카이우스를 책상 아래로 밀고 함께 들어갔다. 그들은 몸을 웅크리고 꼼짝 않고 앉아서 겁에 질려 숨도 쉬지 못하고 눈을 둥그렇게 뜬 채 최악의 순간을 기다렸다.

문이 열리고 복도의 불빛이 사무실 안으로 밀려들었다. 그림자는 남자의 모습이었는데, 그 때문에 그들은 더욱 부들부들 떨었다. 방에 들어온 위협적인 발소리는 누구의 발소리인지 드러나지 않았다. 누군가 가까이, 바싹 다가오고 있었다. 그들의 바로 눈앞에 손 하나가 나타났다. 메리는 카이우스의 팔에 몸을 의지해서 자신들이 드러나지 않게 했다. 핏기 없는 손이 천천히 서랍을 열었다. 기침과 씨근거리는 소리에 그림자의 주인이 드러났다. 카이우스는 미친 듯이 몸짓으로 친구에게 말하려고 했지만 그녀는 가만히 있으라는 몸짓을 했다.

그 남자는 그들 앞에 서서 안경을 집어 올렸다. 그는 누군가 있다는 사실을 깨닫지 못하고 사무실을 떠났다. 카이우스와 메리는 공포에 사로잡혀서 아직 몸이 얼어붙은 상태였지만 둘 다 동시에 입을 열었다.

"우리 빨리 여기서 나가자!"

카이우스는 간청했다.

"아냐, 다른 걸 찾아봐야지."

"그만둬. 목사님이 언제든지 돌아올 수 있단 말이야."

"조금만 더 기다려. 이 꾸러미를 다시 싸야 돼."

"그대로 둬! 여기서 나가자. 지금 당장!"

"안 돼!"

그녀는 꾸러미를 싸서 다른 것들과 함께 되돌려 놓고 바로 벽장 뒤쪽을 찾기 시작했다.

"여기에 뭔가 감춰져 있어, 나는 느낄 수 있어."

"내 말을 안 들을 거야?"

"거의 다 찾았어!"

"못 믿겠는데!"

카이우스는 소리쳤다.

"그가 돌아오고 있어!"

"기다려."

그녀는 눈을 감고 다가오는 발소리에 귀를 기울였다.

“이번 발소리는 리듬이 달라. 틀림없이 다른 사람 발소리야.”

“그래서 어쨌단 말이야?”

카이우스는 이미 창문 턱 위에 앉아서 말했다.

“빨리, 그들이 우리를 공격하기 전에.”

“몬티는 어떻게 하고?”

“걱정하지 마! 몬티는 혼자서 빠져나올 수 있어.”

카이우스와 메리는 서둘러 사무실을 빠져나갔다. 그들은 창문에서 내려가다가 한 남자를 발견했다.

“찰리!”

메리는 헐떡거리며 말했다.

“그러지 마!”

“내가 뭘 했는데?”

“깜짝 놀라서 죽을 뻔했잖아.”

메리는 날카롭게 말했다.

“여기를 벗어나야 돼.”

카이우스는 그들을 밀면서 말했다.

“어떻게 된 거야? 나는 어렸을 때처럼 그 경찰을 처리했어.”

찰리가 물었다.

“어렸을 때라고?”

메리가 말했다.

“네 어린 시절은 불행한 줄 알았는데.”

"나도 그런 줄 알았는데 생각해 보니까 재미있는 순간들이 있더라고."

"정말이야, 찰리?"

메리는 고개를 가로젓고서 그에게 다정한 미소를 짓다가 누가 오는지 거리를 살펴보았다.

"너는 참 세상을 기묘한 관점에서 보는구나."

"나는 항상 행복해. 그게 내 모든 문제를 해결하는 방법이야."

"우리 문제는 우리 다리로 해결하는 게 나을 것 같은데!"

모퉁이 벽에 비친 경찰의 그림자를 보고서 카이우스가 말했다.

"빨리 여기서 나가자."

# 다이아몬드

"다이아몬드야, 찰리!"

카이우스는 강조했다.

"틀림없이 오십 개는 있었을 거야."

"믿을 수가 없어! 어떻게 우리가 이런 난처한 처지에 빠졌을까? 어떻게 일이 이 정도로 커졌지? 우리는 그저 목이 졸려 죽은 부랑자의 시체를 찾고 있었을 뿐이었는데. 그게 문제야! 그 후에 우리가 여자 시체를 발견한 거야. 믿을 수가 없어! 시체가 둘이라니! 더구나 그 시체들은 공동묘지에 매장돼 있어. 설상가상으로 너희는 죽은 거지의 사진을 찾아내고 그 사람이 배우였다는 것을 알아낸 거야."

"그 사람은 부자들을 위한 연극에서 연기를 했어."

공원 벤치 하나에 앉아서 메리가 덧붙였다.

"그리고 자유 시간에는 도둑이었고."

카이우스는 서성거리는 찰리 옆에 서서 이어 말했다.

"이토록 혼란스러운 일은 겪어 본 적이 없어!"

찰리는 단호히 말했다.

"배우인 거지로 충분치 않은 건 우리가 배우인 살인자도 생각해 냈기 때문이야. 그런데 너희 둘은 어떻게 그걸 알아낸 거야? 맙소사! 그리고 살해당한 여자가 쉼터에서 일했으니까 그곳이 쉼터가 아니고 장물을 취득하는 곳으로 생각할 수도 있어! 도대체 이 이야기에서 왜 다이아몬드가 나타난 거지?"

"다이아몬드가 수조 안에 있다는 것을 잊지 마."

메리는 모자로 부채질을 하면서 덧붙였다.

"그건 훌륭한 수법이야."

카이우스는 싱긋 웃으며 말했다.

"물에 있는 다이아몬드 말이야. 깨끗한 물 같아서 눈에 보이지 않게 되거든. 귀중품을 감추는데 모두의 눈에 띄는 장소보다 더 좋은 장소는 없지."

"최악의 상태야."

찰리는 한숨을 쉬고 믿기지 않는다는 듯 고개를 저었다.

"사실 더 나빠질 수도 있어. 이 일 때문에 우리는 죽을 수도 있단 말이야. 내가 어떻게 그런 문제를 잊고 있었지?"

"진정해, 찰리."

카이우스는 그를 진정시키려고 했다.

"우리가 그 사실을 알고 있다는 것도 우리가 그곳에 갔다는 것도 아무도 모르잖아. 난 그렇게 생각해!"

"그럼 목사님은?"

찰리는 잊지 않고 물었다.

"장담하건대 목사님은 우리를 보지 못했어."

메리는 모자를 가만히 들고서 말했다.

"다른 사람도 보지 못했어."

"다른 사람이라고?"

찰리는 놀라서 물었다.

"사실 다른 사람이 있었는지 잘 몰라. 카이우스 때문에 수색을 못했어. 그렇게 서둘러 떠나지 않았으면 더 많은 것을 찾을 수 있었을 거야."

"뭐라고?"

카이우스는 소리쳤다.

"우리가 그곳에서 그 이상 머물렀으면 그들에게 들켰을 거야."

"네가 너무 급히 나왔어. 목사님에 대해서 더 알고 싶었단 말이야."

"목사님은 네가 꾸러미를 배달한 사람들과 함께 한몫 잡기 위해 일한 게 틀림없어. 누가 그런 일을 상상이나 하겠어!"

찰리가 말했다.

"나는 그를 별로 좋아하지 않았어."

카이우스가 털어놓았다.

"하지만 그가 다이아몬드에 관련됐을 거라고는 생각지 못했어. 살인 사건에도 관련됐을 수 있어! 어쩌면 변장한 살인자일지도 몰라! 그는 나를 죽일 수도 있었어!"

"아니야, 카이우스!"

찰리는 그의 긴장된 어깨 위에 손을 얹고 안심시켰다.

"그는 절대 너를 죽이지 않을 거야. 그가 그랬다면 그는 살인자일 뿐만 아니라 미치광이야. 자신의 정체를 알지 못하는 소년을 죽이게 되면 자신을 위해 배달을 하러 파리를 돌아다닐 사람이 있을까? 아무도 너를 의심하지 않아. 무슨 일이 일어나거나 네가 비밀을 털어놓는다면 그때 너를 죽이겠지. 생각해 보니 너는 그 사건을 다른 사람에게는 말하지 않았잖아. 아무도 목이 졸린 거지 시체가 사라졌다는 네 이야기를 믿지 않을 거야. 우리 둘 같은 괴짜들이나 그런 말을 믿지."

그는 카이우스가 잔뜩 움츠리고 있는 모습을 보고 등을 찰싹 때렸다

"카이우스, 너는 그 일에 딱 맞아. 무엇보다도 너는 자유를 위해 일하는 거야!"

"너나 우리가 봤던 다른 꾸러미들을 나르는 부랑자들 말이야. 그들도 자신들이 무엇을 운반하는지 몰라."

메리가 언급했다.

"바로 그거야! 그게 어울리지 않는 퍼즐 조각이야."

찰리는 생각에 잠겨 말했다.

"그 꾸러미들…… 전부 종이 한 장만 싸여 있었다고 말하지 않았어? 이게 뭐지? 그러면 그 다이아몬드들은 어떻게 이 상황에 들어맞는 거지?"

"그 꾸러미들은 모두 색깔이 달라."

카이우스가 설명했다.

"틀림없이 그게 무슨 신호나 암호 같은 걸 거야."

"배달하는 물건의 종류를 나타낼지도 몰라."

메리가 넌지시 말했다.

"그게 무슨 말이야?"

"우리는 다이아몬드밖에 찾지 못했지만 아마 그들은 다른 보석도 취급할 거야."

"만약에 그 꾸러미가 단지 신호라면 그들은 어떻게 다이아몬드를 보내는 거지?"

카이우스가 물었다. 카이우스와 메리가 그 문제에 대해 더 깊이 토론하는 동안 찰리는 하숙집 앞의 부산한 움직임에 주의를 돌렸다. 호기심이 생긴 찰리는 도대체 무슨 일인지 살펴보러 갔다. 잠시 뒤에 찰리는 심각한 얼굴을 하고서 친구들에게 돌아왔다.

"무슨 일이 생겼어?

메리가 물었다.

"네 용의자에 대한 생각은 접어. 목사님이 돌아가셨다고 마린느 아줌마가 방금 말했어."

"돌아가셨다고?"

그들은 둘 다 어리둥절한 표정으로 가만히 있었다.

"어떻게 된 거야?"

메리는 간신히 말을 꺼냈다.

"지난밤에 마차에 치이셨대."

"그건 사실이 아닐 거야."

카이우스는 자리에서 일어났다.

"그는 사무실에 있었어! 그가 어떻게 죽을 수 있지? 그는 우리 용의자였어. 모든 게 앞뒤가 맞았는데."

그들 세 사람은 서둘러 하숙집으로 갔다.

"마린느 아줌마, 목사님에게 무슨 일이 생긴 거예요?"

걱정스런 눈빛을 한 메리가 마린느와 다른 손님들 사이의 대화에 끼어들어 물었다.

"비극적인 일이야! 그렇게 훌륭하신 목사님이……."

그녀는 코를 훌쩍거리며 말했다.

"마차에 치이셨어! 아, 그의 영혼에 자비를 베푸소서."

"아멘!"

손님들은 일제히 외쳤다.

"누, 누구한테 들으셨어요?"

"경찰한테. 그들이 뒤팽 부인을 찾아왔어. 사건을 조사 중이야. 가엾은 부인, 그녀는 충격에 빠져 있어. 들어가서 차라도 한 잔 만들어 드려야 할 것 같아."

"왜 조사를 하는 거죠? 그냥 사고였다고 말하지 않았어요?"

메리가 물었다.

"그래. 그런데 상황이 좀 이상했던 모양이야."

"이해가 안 돼요."

"목사님을 친 마부가 자기 잘못이 아니라고 했대. 목사님이 난데없이 나타나서 미친 사람처럼 말 앞으로 뛰어들었다는 거야."

"그럴 리가!"

꼭 끼는 두건을 쓴 갈색 머리의 키 작은 여자가 추측을 늘어놓았다.

"마부들은 항상 바쁘게 돌아다녀요. 망나니들! 미치광이처럼 마차를 몬다고요. 왜 목사님이 말 앞으로 뛰어가셨겠어요?"

"그 마부에게 책임이 있지만 잘못을 인정하지는 않을 거예요. 감옥에 가고 싶지는 않을 테니까요!"

다른 여자가 말했다.

메리는 열심히 이야기를 나누는 불안한 표정의 사람들 곁을 떠났다. 하숙집에서 멀어질 때까지 카이우스와 찰리는 그녀를 따라갔다.

"우리는 쉼터로 돌아가야 돼."

메리는 뻣뻣하게 말했다.

"뭐, 지금?"

찰리는 걸음을 멈추고 그녀를 바라보았다.

"지금은 사람들로 가득 차 있을 거야. 불가능해!"

"상관없어.

메리는 결정하고, 이미 밖으로 나가고 있었다.

"뭘 꾸물대고 있는 거야?"

카이우스는 찰리에게 물었다.

"또 시작이군."

찰리는 투덜거리며 그들을 뒤쫓았다.

카이우스와 찰리의 도움으로 메리는 사람들 눈에 띄지 않고 쉼터로 들어갔다. 그곳에서 밤을 보낸 그녀의 작은 애완동물도 그녀가 잠긴 사무실에 들어가는 것을 도왔다. 다른 사람들이 카이우스와 찰리의 재미있는 행동에 정신이 팔려 있는 사이에 그녀는 금방 다시 나타났다. 마침내 많은 박수를 받은 뒤에 그들 세 사람은 쉼터를 떠났다.

"다이아몬드가 사라졌어."

몬티가 그녀의 모자 밑에 자리를 잡자 그녀가 말했다.

"말도 안 돼!"

텁수룩한 머리를 헝클어뜨리며 카이우스가 말했다.

"다시 원점으로 돌아갔어."

"이번엔 또 무슨 일이야?"

찰리가 물었다.

"하숙집으로 돌아가자."

메리는 명령조로 말하고는 먼저 떠났고 두 사람은 총총걸음으로 그녀를 뒤따라갔다.

"우리는 최악의 상황에 대비해야 돼."

"무슨 얘길 하는 거야?"

"네가 두려워하는 것. 찰리, 이제 살인자가 아주 가까이 있어."

"누가 목사님을 죽였지? 누가 다이아몬드를 훔친 거야? 왜 나는 늘 곤란에 부딪치는 거지?"

카이우스는 질문을 멈추지 않았다. 메리는 말이 없었다. 그들은 그녀가 입을 열게 하려고 최선을 다했지만 그녀의 마음은 딴 곳에 가 있었고, 몸만 그곳에 있었다. 그녀의 눈은 똑바로 앞을 보고 있었지만 그녀의 생각은 분주한 거리 너머에 있었고 찰리가 작별 인사를 하고 기차역을 향해 모퉁이를 돌 때도 시선을 돌리지 않았다.

"어디 있었니?"

그들이 휴게실에 들어서자 뒤팽 부인을 보살피던 밀러 부인이 물었다.

"엄마! 괜찮으세요? 뒤팽 부인!"

메리는 미친 듯이 둘러보았다

"도대체 어떻게 된 거예요? 괜찮으세요?"

"진정해라, 얘야."

메리의 엄마는 미소를 지었다.

"뒤팽 부인과 함께 있던 중이란다. 이제 기분이 좀 나아지셨어요, 부인?"

"네, 좋아졌어요."

그녀는 옆 탁자에 찻잔을 놓으려고 애쓰며 대답했다.

"제가 도와 드릴게요."

이렇게 말하고 메리는 노부인의 떨리는 손을 잡았다. 하지만 그녀는 여전히 망연자실한 상태였다.

"고맙구나, 얘야. 너나 네 어머니처럼 이렇게 관대한 사람들에게 의지할 수 있다는 것을 알게 되니 좋구나. 나는 내 방에 가서 좀 쉬어야겠다. 충격이 너무 커서 말이다."

뒤팽 부인은 손수건으로 안경 뒤에 가려져 있는 주름진 눈을 가볍게 두드렸다.

"사무엘 목사님이 그리울 거야."

"이해해요."

밀러 부인은 위로의 말을 던졌다.

"부인은 목사님과 오랫동안 일하셨죠?"

"사실 목사님과 안 지는 몇 달밖에 되지 않았지만 참 좋은 분이셨어요. 진심으로 말씀드리는 거예요. 이제 제 방으로 가야겠어요. 좀 쉬고 싶네요. 내일 할 일이 많아서요. 내일 장례식에 참석해 주세요."

"아, 장례식 때에는 저희는 기차에 있지 않을까 걱정이네요."

"기차라고요? 엄마, 우리 다음 주에 가는 거 아니었어요?"

"더 머무를 수 없어서 유감이구나, 얘야. 습기 찬 날씨가 내 건강에 해로워서 말이다."

"하지만 엄마! 안 돼요."

그녀는 간청했다. 그리고 설명할 수 없는 엄마의 표정을 보았다.

"더 계실 수 없다니 서운하네요, 밀러 부인. 하지만 이해가 가네요."

"부인은 괜찮으시겠어요?"

메리가 물었다. 그녀는 노부인의 얼굴에 아주 가까이 얼굴을 대고 있었는데, 잠시 재채기를 할 것처럼 보였다.

"걱정하지 마라, 얘야. 나는 아직 일이 있어. 그렇지 않니, 카이우스?"

뒤팽 부인은 움츠리고 있는 소년을 꼭 껴안으며 물었다.

"나를 도와줄 거지?"

카이우스는 그 모든 상황에 몹시 당황한 것처럼 보였다.

메리는 뒤팽 부인이 코트에 감싸인 소년의 어깨를 쓰다듬는 장면을 보다가 얼굴이 밝아지더니 놀랍게도 부인의 품에 안겼다.

"뒤팽 부인!"

메리는 극적으로 흐느끼며 말했다.

"정말 강한 분이세요."

메리는 애원하듯이 그녀를 쳐다본 뒤에 갑자기 자신의 얼굴을 노부인의 얼굴에 꼭 붙였다.

"하나님께서 허락하시면요. 정의는 이뤄질 거예요. 틀림없어요."

그녀는 눈물 어린 눈을 문지르면서 진지하게 계속 말했다.

"얘야."

밀러 부인은 깜짝 놀란 뒤팽 부인에게 바짝 붙어 있으려고 하는 딸에게 말했다.

"짐을 꾸리려면 네 도움이 필요하단다. 내일 아침 일찍 출발하는 기차를 탈 거야. 빨리 따라 오너라!"

"네, 엄마."

그녀는 풀이 죽은 소리로 중얼거렸다.

"엄마의 건강에 문제가 된다면 떠나야죠."

# 코트의 비밀

다음 날 이른 아침에는 차가운 바람이 불었다. 역장은 밀러 부인을 데리고 그녀의 크고 작은 여행 가방을 잔뜩 싣고 있는 뚱뚱하고 땅딸막한 짐꾼에게 다가갔다. 카이우스와 찰리는 일찍 하숙집을 나간 뒤 그 이후로 보이지 않는 친구를 찾아서 플랫폼을 살펴보았다. 밀러 부인은 수하물과 핸드백에 둔 기차표를 확인하면서 애써 걱정을 숨기려고 했다. 기차는 이미 5번 플랫폼에 정차해 있었다.

"저기 오네요!"

카이우스는 눈에 띄는 챙이 넓은 큰 모자를 들고 그들을 향해 달려오는 메리를 보자 큰 소리로 알렸다.

"늦어서 죄송해요."

"시간을 지켜야지."

메리의 엄마는 단호히 말했다.

"너는 십 분 전에 왔어야 했어."

"엄마, 흥분하지 마세요. 아직 아무도 없잖아요!"

"내가 사람들이 붐비는 곳을 싫어한다는 걸 알잖니."

"알베르트와 파블로에게 작별 인사를 하고 싶다고 말씀드렸잖아요."

"그들과 얘기했어?"

카이우스가 물었다.

"음, 알베르트는 아직 깊은 명상 중이었고 파블로는 작업실에 틀어박혀 있었어. 그래도 그들이 좋아할 것이 확실한 작은 선물을 남겨놓았어."

그녀는 묘한 미소를 짓는 카이우스에게 눈짓을 했다.

"됐다, 얘야. 이제 아침 내내 기다려 준 친구들에게 작별 인사를 해야 할 때인 것 같구나."

"잘 가, 메리. 편지 쓸게."

찰리가 말했다. 몹시 부끄럽기는 했지만 재빨리 메리의 뺨에 키스를 했다.

"나도 편지할게, 찰리. 그런데 미리 말해 두지만 내 글씨는 끔찍해."

"더 연습하면 될 거야. 어떤 일에만 마음을 쏟으면 무엇이든 할 수 있어. 작가도 될 수 있어. 네가 해야 할 일은 노력뿐이야."

"잘 있어, 카이우스."

그녀는 카이우스를 꼭 껴안으며 말했다.

"정말 그리울 거야."

카이우스는 메리를 바라보았다.

"걱정하지 마."

메리는 멋진 모자를 들고서 미소를 지었다. 다행히도 밀러 부인은 마지막으로 기차에 싣고 있는 여행 가방들을 확인하느라 분주했다.

"모든 게 잘될 거야. 틀림없이 그 사건은 해결될 거야."

"그 사건을 생각하는 게 아니야."

그의 뚫어질 듯 바라보는 시선에는 진심이 담겨 있었다.

기차는 카이우스와 찰리 사이에 견딜 수 없는 그리움의 고통을 남겨 둔 채 메리를 태우고 천천히 떠났다. 그들은 플랫폼에 꼼짝 않고 서서 슬픔에 잠긴 텅 빈 공간을 향해 손을 흔들었다.

두 소년은 공동묘지로 향했다. 그들의 감정 상태를 나타내는 듯 날씨마저 흐리고 비를 뿌렸다. 카이우스와 찰리 외에 마린느와 동행한 몇 안 되는 사람들이 목사님에게 마지막 인사를 했다. 약간의 슬픈 표정을 띤 뒤팽 부인은 여느 때보다 더 가난한 사람들로 넘치는 쉼터의 일상으로 돌아가기로 결정했다.

자원봉사자들과 아침 식사 시중을 든 뒤에 카이우스는 휴가를 얻었다. 하지만 활기찬 거리도 그의 기운을 돋우기에 충분하지 않았다. 메리와 찰리가 없어서 그는 하숙집으로 돌아가기로 결정했다. 도착하자마자 그는 곧장 거실로 갔다. 주위에 모든 것이 메리를 생각나게 했다. 살인 사건에 생각을 집중하기가 어려웠다. 안락한 소파에 앉아서 그는 잠깐 동안 생각이 이리저리 떠돌도록 내버려두었다.

오락가락하는 이미지들이 모두 혼란스럽게 뒤섞여 떠올랐다. 객차에서 사과를 먹는 메리의 모습. 신문을 읽는 그의 어깨에 기댄 메리의 모습. 공원에서 알베르트에게 롤러스케이트를 가르치던 모습. 쉼터에서 꾸러미들과 낡은 코트들……. 그가 지금 베개로 베고 있는 것과 같은 코트들만 들어 있는 잠긴 벽장을 열어야 한다고 우기던 모습. 잠이 들었을 때 그 모든 이미지들이 뒤섞여 나타났다.

살해된 거지의 이미지가 다시 나타났는데, 이번에는 철사로 목이 졸리는 대신에 다이아몬드가 그의 숨통을 막고 있었다. 그의 발은 산처럼 쌓인 꾸러미들에 묻혀 있었다. 그는 손을 뻗어서 앞에 있는 것을 붙잡으려고 했다. 그것은 카이우스 자신이었다. 카이우스는 악몽으로 인해 공포심이 와락 밀려왔다. 카이우스는 가상의 객차에서 달아나려고 했지만 바깥에는 깊이를 알 수 없는 바다가 있었다. 난데없이 살인자가 나타났고 그를 죽음으로 몰아붙였다.

"어이, 진정해! 나야!"

찰리는 퍼덕거리는 그의 양팔을 붙잡았고 잠에서 깬 카이우스는 괴롭게 숨을 쉬었다.

"악몽을 꿨구나, 그렇지?"

찰리는 팔을 놓고 모자를 다시 썼다.

"괜찮아?"

"지긋지긋해!"

카이우스는 소파에 축 늘어져서 이마를 쓰다듬으며 얼굴을 찡그렸다.

"이놈의 악몽은 점점 심해져."

"그 목이 졸려 죽은 남자 꿈을 꾼 거야?"

찰리가 물었다. 카이우스는 고개를 끄덕였다.

"나 역시 편안한 잠을 방해하는 악몽에 시달린 적이 있어."

"어떻게 그것에서 벗어났어?"

"그 꿈을 끝까지 꾸었어. 그 후에야 벗어날 수 있었어."

"내 경우에는 이 미스터리를 해결해야만 사라질 것 같아."

"그래. 메리가 더 이상 여기 없어서 유감이야. 정말 훌륭했는데. 아마 성악가가 되는 것을 포기하고 탐정이 되는 것을 고려하게 될 거야."

"맞아."

카이우스는 웃음을 터뜨렸다.

"그러면 청중을 대면하지 않아도 될 테고."

"블랑슈 부인이 보기 전에 어질러진 것을 치우는 게 낫겠다. 점심시간이야. 내가 빈둥거리고 있는 것을 보면 날 들들 볶을 거야. 발로 차서 부엌에서 날 내쫓고 싶어 할 거야."

찰리는 방 안에 흩어져 있는 쿠션들을 정리했다.

"네 코트도 가위에 눌렸겠다. 온통 쭈글쭈글하네. 가엾어라! 떠돌이도 이 싸구려 코트는 원할 것 같지 않다."

카이우스는 깊은 생각에 잠겨서 코트를 받았다.

"코트들 말이야."

"그게 어떻다는 거야?"

"쉼터 벽장에 색색의 꾸러미들과 함께 코트들이 쌓여 있었어."

카이우스는 앉아서 코트를 응시했다.

"그게 어쨌다는 거야? 쉼터에는 항상 코트들이 있어."

"그래, 하지만 왜 자물쇠가 채워진 벽장에 들어 있을까? 다른 옷들과 함께 있어야지."

"그것들이 그 꾸러미와 관계가 있다고 생각하는 거야?"

"모르겠어."

카이우스는 멍하니 대꾸했다.

"전부 주머니가 두 개 달린 어두운 색깔의 코트였어. 모두 똑같은 모양이고. 그런데 나는 그런 모양의 코트를 기증받는 것을 한 번도 보지 못했어."

"아무도?"

"항상 심부름을 다니는 부랑자들만……."

걱정스러운 표정의 친구를 볼 때 그의 눈이 휘둥그레졌다.

"카이우스, 혹시 그 코트가 의심스러운 거야?"

"쉼터에서 그들이 내게 준 거야."

찰리와 카이우스는 놀라서 말도 못했다. 잠시 동안 침묵이 이어지다가 문득 떠오른 생각에 두 친구는 몸서리를 쳤다. 그들은 확신에 차서 즉시 코트를 뒤지기 시작했다.

"믿기지가 않아."

카이우스는 옆 호주머니에서 잘 위장된 구멍을 발견했을 때 작은 소리로 말했다.

"지금껏 내내 내가 답을 갖고 있었어! 내가 다이아몬드를 이리저리 운반했던 거야! 하지만 그들은 어떻게 그것들을 넣었을까?"

"야, 카이우스, 거리에 사는 사람들은 누군가와 부딪쳐서 소매치기하는 법을 알고 있어. 누군가의 주머니에 뭔가를 슬쩍 집어넣는 것은 더 간단한 일이야."

"알았어!"

카이우스는 자신의 이마를 찰싹 때리며 소리쳤다.

"내가 어떻게 이렇게 바보 같을 수 있었지?"

카이우스는 코트를 옆으로 던지고 방 안을 왔다 갔다 하기 시작했다.

"그래서 접수원이 나보고 코트를 벗으라고 강요한 거야. 내가 바보처럼 거기 앉아서 꾸러미가 전달되기를 기다리는 동안 그들은 감춰진 주머니에서 다이아몬드를 꺼냈을 거야. 그리고 그 사람 말이야. 그 사람은 다이아몬드를 넣기 위해서 나와 부딪칠 필요도 없었어. 그는 항상 내 주머니에 잔돈을 넣어 줬어. 내게 잘해 주는 거라고 생각했는데. 그가 나를 어린애처럼 취급한다고 생각했어. 믿을 수가 없어! 그 사람은 줄곧 나를 이용하고 있었던 거야. 그 사람이 다이아몬드를 이 주머니에 찔러 넣었는데도 나는 눈치도 못 챘어!"

"이런!"

찰리가 소리쳤다.

"그 사람이 누구야?"

"뒤팽 부인!"

"뒤팽 부인이? 설마, 농담이겠지!"

"정말이야!"

"하지만……. 잠깐만 기다려 봐."

찰리는 논리정연하게 생각하려고 애쓰면서 방 안을 둘러보았다.

"거지가 아닌 거지의 이야기는 이미 소화를 했어. 그리고 배우인 살인자, 쉼터가 아닌 쉼터도. 그런데 이제 노부인이 노부인이 아니라고 말하려는 거야?"

갑자기 찰리가 카이우스를 돌아보았다.

"그럼 그 살인자가……."

"뒤팽 부인!"

그들은 동시에 큰 소리로 외쳤다.

# 뒤팽 부인의 비밀

"의사를 불러요!"

카이우스와 찰리는 하숙집에 뛰어 들어온 남자를 발견했다.

"의사를 불러 줘요."

그 남자는 카이우스와 찰리를 돌아보며 소리쳤다.

"도대체 이게 웬 소란이야?"

접수대 뒤에서 블랑슈 부인이 소리를 질렀다.

"내 하숙집에서 도대체 무슨 일로 소리를 지르고 고함을 치는 거예요, 에밀리아노 씨?"

"뒤팽 부인이 몹시 아픈 것 같아요. 길가에 쓰러져 있어요."

그 남자는 바쁘게 뛰어다니며 모든 방을 들여다보았다.

"어디 계시죠? 보이르 선생님은 어디 계세요?"

"진정해요!"

마린느가 계단에서 말했다.

"보이르 선생님은 방에 계세요. 제가 불러 드릴게요."

"서둘러요!"

그는 절망적으로 소리쳤다.

"오래 기다릴 수 있을지 모르겠어요. 죽을지도 몰라요!"

"죽는다고요?"

블랑슈 부인은 고함을 쳤다.

"심장마비예요?"

노부인 옆에 서 있는 젊은 여자가 물었다.

"아니에요."

다른 여자가 대답했다.

"내가 보기에는 심장마비 같지 않은데요. 부인이 배를 잡고 있는 걸 봐요!"

"생선용 소스 때문일지도 몰라요."

두꺼운 안경을 쓴 여자가 천천히 소파 주위로 모여드는 다른 손님들에게 넌지시 말했다.

"생선용 소스 때문이라니 그게 무슨 말이에요? 뒤팽 부인은 아직 점심을 들지 않으셨다고요."

블랑슈 부인이 투덜거렸다.

"틀림없이 우리가 어제 저녁에 먹은 조개 때문일 거야."

한 남자가 말했다.

"좀 이상한 냄새가 났던 것 같단 말이야."

그는 코를 킁킁거렸다.

"그럴 리가 없어요."

칠흑 같은 검은 머리를 한 키가 작은 여자가 반박했다.

"나도 조개를 먹었는데 아무것도 느끼지 못했어요."

"나도 많이 먹었지만 전혀 복통을 느끼지 않았어요."

뚱뚱한 여자가 맞장구쳤다.

"잘못을 내 음식 탓으로 돌리지 말아요."

블랑슈 부인은 지팡이로 모인 사람들을 쫓아내면서 노발대발했다.

"여기서 낸 음식을 먹고 아무도 병에 걸리지 않아요."

"이런 말하긴 미안하지만, 블랑슈 부인."

환자 옆에 앉아서 맥박을 체크하던 보이르가 말을 꺼냈다.

"그 가능성을 아직 버릴 수는 없습니다. 개인의 저항력에 의해 같은 양의 독이 다른 식으로 영향을 미칠 수 있거든요."

"독이요?"

카이우스와 찰리를 포함하여 방 맞은편에서 그 모든 소동을 지켜보고 있던 사람들이 놀라서 말했다.

"독이라니 그게 무슨 말이에요? 참 별꼴이네!"

블랑슈 부인은 조롱하듯 말했다.

"이 부인은 비소에 중독됐어요."

"비소."

마린느는 되풀이 말하고 성호를 그었다.

"어떻게 그토록 확신할 수 있죠, 돌팔이 의사 선생?"

블랑슈 부인은 날카로운 목소리로 말했다.

"어떻게요?"

"참고로 말하자면 부인, 비소에 중독되면 희생자의 숨과 땀에서 마늘 냄새가 나지요."

블랑슈 부인은 최선을 다해 흥분을 가라앉히려고 했다. 어찌 되었건 그녀는 제때에 방세를 내는 몇 안 되는 손님 중 한 명 앞에 있었다. 의사는 엄격한 시선으로 그녀를 보고 나서 만족스런 얼굴로 대화를 계속했다.

"자, 그럼 진상을 조사해 볼까요."

마린느는 의사를 빤히 쳐다보았는데 그는 수척하고 피곤해 보였지만 자신의 진단을 확신하는 것 같았다.

"합병증이 없다면 부인은 괜찮을 겁니다. 하지만 이 일이 어떻게 일어났는지 알고 싶군요. 누가 저녁을 조리했나요?"

"다른 사람도 병이 날 수 있다는 말씀인가요?"

손님 한 명이 소리쳤다.

"네, 그럴 수 있어요."

의사는 분명히 말했다.

"내 음식 탓으로 돌리지 말아요."

블랑슈 부인은 지팡이를 들어 올리며 경고했다.

"내 음식에서는 이상한 맛이 나지 않았어요."

"비소는 무미, 무취죠."

사진사가 한 무리의 여자들 뒤에서 앞으로 나오며 말했다.

"그러니 버섯 수프였을지도 모르죠."

"정말 어처구니가 없어!"

블랑슈 부인은 소리쳤다.

"있을 수 없는 일이야! 내 하숙집에서는 있을 수 없는 일이에요!"

"부인, 제발 진정하세요."

위협하는 지팡이를 끌어내리면서 마린느가 말했다.

"이 모든 일에는 분명히 충분한 이유가 있을 거예요."

"오늘 아침 식사를 포함하여 이곳에서 낸 모든 음식의 목록이 필요합니다. 철저한 실험을 위해서 샘플을 모두 채취해야 돼요."

"보이르 선생님."

마린느는 노부인을 말리면서 작은 소리로 말했다.

"식중독일 수는 없을까요? 계획적인 중독보다는 그게 더 이치에 맞지 않을까요?"

"부인, 실험을 하기 전에는 판단할 수 없지만 환자의 증상에 근거해 비소 중독이라는 것을 알 수 있고, 그리고 무엇보다도 내 경험상 알 수 있어요."

"하지만 어떻게 부인 외에는 모두 괜찮을 수 있죠?"

"사람들은 다 다르게 반응하니까요. 부인은 알고 있잖아요. 내가 부인에게 비소를 처방했지만 나쁜 일은 일어나지 않았잖아요?"

모두가 당황하여 뒷걸음치는 마린느를 쳐다보았다.

"비켜서요!"

의사는 손님들에게 명령했다.

"부인이 숨을 쉬어요!"

모두 뒤로 물러났다.

뒤팽 부인은 무언가를 중얼거리며 신음 소리를 냈는데 거의 으르렁거리는 것 같은 이상한 소리를 냈다. 그녀는 격렬하게 몸을 떨었고 그 바람에 안경이 코에서 미끄러져 바닥에 떨어졌다. 의사는 그녀의 머리를 들어서 무릎에 얹었다. 바로 그 순간 예기치 않은 일이 구경꾼들의 이목을 끌었다. 그녀의 백발 머리를 지탱하고 있던 핀들이 풀리면서 짧고 검은 머리카락이 드러났다.

"남자예요! 맙소사!"

마린느가 손으로 입을 가리고 비명을 지르고는 다시 성호를 그었다.

"뒤팽 부인이 남자예요? 그럴 리가!"

어리둥절한 표정의 에밀리아노가 물었다.

"남자야! 남자예요!"

많은 목소리들이 의외의 사실을 되풀이하여 말했다.

공포의 외침에 이어 훌쩍이는 소리와 울부짖는 소리, 그리고 몹시 흥분한 속삭임이 뒤따랐다. 그들 앞에서 고통스러워하는 변장한 수수께끼의 인물처럼 모든 것은 불안한 상태였다.

"물을 좀 가져와요!"

두아르테가 부탁했다.

"어처구니없군! 경찰을 불러요!"

블랑슈 부인은 냉소적으로 말했다.

# 살인자의 정체

"모두 흥분을 가라앉혀요!"

긴 검정 콧수염과 염소수염이 있는 한 남자가 두 명의 경관을 동반하고 당당하게 들어와서 명령했다.

"당신은 누굽니까?"

두아르테가 물었다.

"토리오프 경위입니다."

그는 대답하고 나서 코트와 모자를 벗어 경관 한 명에게 건넸다.

가짜 부인은 마침내 독에 완전히 제압된 것처럼 전혀 말을 못했다. 갑자기 그녀가 양팔을 흔들고 고개를 뒤로 젖히면서 격렬하게 몸을 떠는 바람에 이제 그 연극을 재미있어 하는 관객들의 주의를 다시 끌었다.

"목사님을 모셔야 할 것 같아요."

마린느가 넌지시 말했다.

"아니에요!"

죽어 가는 남자가 소리쳤다.

경관은 의사가 기묘한 환자를 통제하려 애쓰고 있는 소파로 다가가서 그를 도와 환자의 팔을 움직이지 못하게 했다. 가짜 부인이 숨을 헐떡이는 것을 보고서 의사는 그의 스커트 허리 단추를 끄르려고 했다. 그러다가 허리띠에서 튀어나와 있는 길고 가는 철사를 발견하고는 깜짝 놀랐다. 카이우스는 그것이 살인에 사용된 철사인 것을 알아채자 온몸에 소름이 돋았다.

죽어 가는 남자가 유니폼을 입은 경관들 쪽으로 얼굴을 돌리더니 갑자기 간청하는 표정으로 바뀌었다.

"이렇게 죽을 수는 없어요."

희생자는 떠듬거리며 말했다.

"그들은……. 내가 실패했기 때문에 나를 죽, 죽이고 싶어 해요."

"그들이 누구지? 말해! 뭘 실패했다는 거야?"

경관은 심문을 했다.

"그를 봤어요. 목사가 그곳에 들어가는 것을……. 나는 그를 따라갔어요. 그는 유리 수조에 다가갔어요. 눈치를 챈 거예요. 그래서 그의 입을 막아야 했어요. 내가 그를 죽이지 못했어요. 그는 달아났어요. 그는 그렇게 죽지 말아야 했어요. 그런 식으로는 아니에요. 결사단에서는 실수를 용납하지 않아요. 이제 그들은 나를 죽이고 싶어 해요! 나는 실패했어요!"

"당신이 그 결사단 일원이란 말이야?"

경관은 깜짝 놀랐다. 주위에 모여든 사람들은 점점 더 동요했다.

"그 결사단이 뭡니까?"

의사가 물었다.

"우리도 별로 아는 게 없어요. 우리가 알아낸 것은 그 결사단이 돈이면 무슨 짓이든 하는 놈들이라는 것뿐입니다."

"그럼 다이아몬드는? 그건 어떻게 되는 거야?"

찰리는 카이우스에게 작은 소리로 말했다.

"내가 어떻게 알아? 하지만 틀림없이 그 결사단이 자금을 조달하는 방법일 거야."

"정말 미쳤어! 우리가 대체 무슨 일에 휘말린 거야?"

모든 사람들 앞에서 찰리가 소리쳤다.

범인이 세찬 경련을 일으키기 시작했다. 모두 잠자코 있는 동안 부드러운 선율이 허공에 흘렀다.

"솔직히 말해야겠어요! 내가 죽였어요. 내, 내가 에스테를 죽였어요. 나는 하고 싶지 않았지만 결사단이 요구해서 따를 수밖에 없었어요. 구스타프도……. 그들은 결사단에서 도둑질을 하지 말아야 했어요. 결사단을 위해 일하는 사람들은 모두…… 다른 배우들도 알고 있어요. 그 처벌은 죽음이에요. 알겠어요? 내가…… 그들을 죽여야 했어요. 그들은 내가 결사단에서 보낸 사람이라고는 추호도 의심하지 않았어요."

그 남자는 격렬한 기침에 맥을 못 추고 괴로운 듯 헐떡이기 시작했다. 잠시 후 그는 이어 말했다.

"그들은 나를 좋아했어요. 간단한 일이었어요 그들은 내가 자신들이 달아나는 것을 돕는다고 믿었어요. 난, 난 그 일을 하기 싫었어요. 결사단이 한 일이에요! 나는 결백해요."

"저 음악은 어디에서 나오는 거예요?"

찰리가 불쑥 묻고는 귀를 기울이다가 슬픈 곡조가 흘러나오는 쪽으로 고개를 돌렸다.

"뭐라고?"

찰리 옆에 서 있었던 마린느가 그를 이상하다는 듯 쳐다보았다.

"저게 무슨 음악이에요?"

"아, 저것!"

가짜 부인한테서 잠시도 시선을 떼지 않은 채 그녀가 말했다.

"알베르트의 바이올린 소리야. 음악이 집중을 돕는다더라."

"알베르트만이 이런 마무리를 할 수 있어."

카이우스는 깊은 잠에 빠진 살인자를 향해 고개를 끄덕이면서 엉겁결에 혼잣말을 했다.

"이게 웬 일이야! 바로 메리가 떠난 날에 말이야."

"내가 알려 주면 메리는 몹시 화를 내겠지."

상황이 종결된 뒤 뿔뿔이 흩어지는 사람들을 바라보면서 찰리는 생각에 잠겼다.

토리오프 경관은 하숙집 현관 밖에 주차된 구급차로 희생자를 옮기라고 지시했다. 아무도 카이우스와 찰리가 경관 곁을 떠나지 않고 있는 것을 깨닫지 못했다.

"괜찮을까요?"

토리오프가 의사에게 물었다.

"위험한 상태를 벗어났지만 후유증이 있을지도 몰라요. 섭취한 복용량을 참고하기 위해선 머리카락 샘플로 검사를 해야 됩니다."

"그러면 그동안 저는 그를 독살하려고 한 사람을 찾아야겠군요."

"그런 것 같네요."

"그가 어떻게, 언제 독에 중독됐는지 어떤 징후가 있나요?"

"확실히는 모르겠지만 독이 작용한 때를 고려하면 아침일 것으로 예상되네요. 누가 그를 독살할 수 있었을까요?"

"누구든 그럴 수 있었어요. 선생님도 조사를 받으셔야 합니다."

경관은 싱긋 웃었다.

"희생자와 직접 접촉한 모든 사람들을 심문해야 돼요. 그가 회복되면 몇 가지는 분명해질 거예요. 어쩌면 이 하숙집에 사는 그의 동료 배우일지도 모르죠. 그가 곧 말을 할 수 있을까요?"

"아니요. 해독 작용은 대개 소변을 통해 몸에서 천천히 진행되는 겁니다. 누가 그를 독살하려고 했든 투약량을 잘못 안 것 같네요."

"확실치는 않지만 말입니다."

토리오프는 콧수염을 쓰다듬으며 말했다.

"단지 식중독 증상을 일으키려고 했다는 그 부인 말이 맞는 것 같아요. 만약 그가 결사단의 일원이라면 이 일을 처리하려고 아마추어를 보내지는 않았을 거예요. 제 생각엔 그를 위협하고 싶었던 것 같아요. 아니면 그의 정체를 드러내고 싶었거나."

"하지만 그를 죽였다면 그들은 그자가 모두에게 패거리에 대한 비밀을 누설하는 위험을 무릅쓰지 않아도 될 텐데요."

의사가 추측했다.

"누구든 감히 결사단에 죄를 씌우는 말을 하는 경우에 대비하여 그들의 경고를 전한 것 같은데요."

"나라면 화가 치밀어서 경찰에 모든 것을 알릴 거예요."

"네, 그들의 처리 방식이 이상하다는 점을 인정합니다, 하지만 그런 행동의 이유를 추측해 봐야 소용없어요. 철저히 조사를 해 봐야죠. 아무래도 한동안 정신이 없겠어요."

# 메리의 편지

며칠이 지나갔다. 변함없는 일상 덕택에 모두 그 사건을 잊어 가고 있었다. 때때로 나타나는 토리오프 경관만이 거주자들에게 분명치 않은 소문들을 떠올리게 했지만 그들 대부분은 이미 다른 새로운 것에 관심을 갖고 있었다. 마린느는 항상 그 도시에 떠도는 새로운 소식을 알고 있었다. 매일 그녀는 조종사 산투스두몽이 만든 비행기에 관한 최신 정보를 가져왔다. 풍선이나 가스를 사용하지 않는 날개가 장착된 최신형 비행기는 사람들의 관심을 받았다.

"아, 산 제나로시여!"

금발의 이태리 여인은 마린느와 현관에 서 있는 신사에게 말했다.

"난 이미 머리 위로 날아다니는 이 산투스두몽이라는 사람 때문에 미치겠어요. 특히 지금처럼 내 카페 바로 옆에 그의 비행선을 정차해 놓았을 때는요. 이번 비행은 어떻게 될까요?"

"기분이 어떨지 알겠어요, 소피아."

소란스런 거리를 힐끗 보면서 마린느가 말했다.

"이 비행가들은 정말 골치 아픈 존재에요. 예전에 산투스두몽 씨가 공장 굴뚝을 부순 걸 알아요?"

그녀와 나란히 서 있던 여자는 너무 놀라서 말도 못했다.

"사실이에요! 그다음에는 농장 지붕에 착륙했지요. 이 모든 일이 어떻게 끝날지 모르겠네요."

마린느가 말했다.

"기술 발전을 위한 대가입니다, 부인."

지팡이를 들고 있는 남자가 의견을 말했다.

"이것이 훌륭한 업적이라는 것을 부인할 수는 없어요. 그 가능성을 좀 상상해 보세요."

"글쎄요, 내 카페 위로 날아다니는 고객들을 갖게 된다면 가격 인상을 고려해야 할 것 같네요. 웨이터들의 용기를 북돋워서 무시무시한 밧줄 사다리를 올라가 비행선에서 주문을 받게 하려면 특별 수당을 지급해야 할 테니까요."

그들이 즐겁게 웃고 있을 때 찰리는 그들을 지나서 부엌으로 갔다.

"안녕, 찰리."

탁자에 앉아서 코코아차를 따르다가 카이우스가 말했다.

"좋은 소식이 있어."

그는 겨드랑이에 편지 세 통을 끼고 있었다.

"시드 형한테 편지를 받았어."

"형이 뭐래?"

"형이 해냈어!"

"뭘? 자세히 얘기해 봐."

"카노에서 일할 것 같아!"

"어디라고?"

카이우스가 물었다.

"프레드 카노 극단에서! 쇼를 하는 극단이야."

찰리는 흥분하여 목이 메었다.

"시드 형은 지금 그곳에서 배우로 일하고 있어. 형이 날 불렀어. 나는 팬터마임 무대에 설 거야."

"멋지다! 그런데 어디에서 하는 거야? 이 근처야?"

"아니. 나는 런던으로 떠나야 돼. 시드 형과 프레드 씨가 런던에서 날 기다리고 있어."

찰리는 형이 보낸 편지에 입을 맞췄다.

"하지만 일이 잘 되면 다음에는 카노 극단의 스타가 돼서 파리에 올 거야."

"그럼, 찰리. 틀림없이 넌 크게 성공할 거야. 파리에서만이 아니라."

"그 꿈을 이루기 위해서 있는 힘을 다 할 거야."

그는 흥분을 가누지 못한 채 다른 편지를 카이우스에게 건넸다.

"이건 네게 온 편지야."

"메리한테 온 거야."

카이우스가 큰 소리로 말했다.

"나도 받았어. 메리가 편지에 뭐라고 썼는지 나중에 얘기해 줘. 나는 지금 가야 돼."

찰리는 부엌을 나가면서 말했다.

"오늘 아침 식사는 거르는 거야?"

"오늘은 그래야 할 것 같아. 신형 비행기 전시회 때문에 기차역이 사람들로 정말 혼잡하거든. 네게 편지를 주러 들린 거야. 나중에 보자."

카이우스는 작별 인사를 하고 재빨리 봉투를 열었다…….

카이우스에게

너와 찰리가 몹시 그리워. 너희들이 잘 지내면 좋겠다.

지금 너희 둘과 함께 그곳에서 뒤팽 부인의 자백을, 다시 말해 네가 말한 살인자의 자백을 지켜볼 수 있으면 정말 좋겠어. 맞아. 나도 그녀가 역에서 거지를 목 졸라 죽인 그 남자라는 것을 알아. 지난번에 우리가 쉼터에 돌아갔을 때 나는 다음과 같은 질문을 내게 해 봤어. '또 누가 사무실에 출입했을까?'

재채기를 나게 하는 강한 냄새를 맡았을 때, 찰리의 분장에서 나던 똑같은 냄새를 맡았을 때 내 의심은 분명해졌어. 나는 확인을 위해서 연극 수업 파우스트에서 연기를 한 것처럼 한바탕 소란을 피우기로 했어. 그래서 그렇게 과장된 태도로 울기 시작했던 거야. 그것이 뒤팽 부인의 얼굴에 내 얼굴을 대고 수염 자국이 있는지 확인할 수 있는 유일한 방법이었으니까.

우리가 살인자와 함께 있다고 큰 소리로 말하지 않는 게 어려웠지만 내 감정을 억제하지 못하면 전부 엉망이 될 거라는 것을 알았어. 네가 그녀, 아니 그와 서로 끌어안는 것을 볼 때 훨씬 더 힘이 들었지. 네가 코트를 입고 있는 모습을 보니 그 사람이 네게 그것을 줬다는 말을 들은 게 생각이 났어.

그날 밤 짐을 다 꾸린 뒤 나는 쉼터로 갔어. 다시 벽장을 들여다보고 안에 쌓여 있는 코트를 살펴봤어. 내 생각이 옳았어. 실제로 코드에는 보조 주머니가 있었어.

입을 다무는 게 참기 힘들었지만 내가 그 범인을 잡고 싶다면 냉정하게 행동해야 한다고 확신했어. 당장이라도 우리 의도를 알아챌 수 있는 살인자를 둔 채 그대로 여행을 떠날 수만은 없었어. 그가 찰리와 너를 죽일 수도 있으니까. 나는 그 문제를 해결할 방법을 찾아야 했어.

나는 골똘히 생각했고 마침내 어린 시절에 있었던 사건 하나를 기억해 냈어. 예닐곱 살 때였는데 나는 버섯 요리를 먹었어. 그리고 한밤중에 통증 때문에 잠에서 깨서 부모님 방으로 달려갔어. "나는 죽을 거예요. 버섯 독에 중독됐어요!" 내 비명소리에 부모님은 잠에서 깨셨어. 엄마는 나를 진정시키고 무릎을 꿇게 한 뒤에 내가 한 나쁜 짓을 모두 고백하게 하셨어. 막내딸이 도저히 했다고 상상할 수도 없는 일들을 말이야. 내가 그랬던 것처럼 틀림없이 살인자도 자신이 중독됐다고 믿게 되면 고백할 거라고 나는 확신했어.

의사 선생님 방에 들어가는 건 쉬운 일이었어. 알다시피 내 나름의 방법이 있잖아. 나는 비소를 좀 가져와서 알맞은 분량을 사용해서 살인자가 격렬한 죽음의 공포를 느끼게 만든 거야. 네가 묻기 전에 장담하지만 나는 알맞은 분량을 잘 알아. 보모 아줌마가 늘 집에서 약을 처리했기 때문에 그녀를 지켜보면서 꽤 많이 배웠거든.

아침에 나는 쉼터로 돌아가서 뒤팽 부인이 늘 핥아서 부치는 봉투 가장자리에 비소를 조금 발라 놓았어. 내 계획을 수행한 뒤에 알베르트의 논문과 파블로의 스케치를 되돌려 놓았어. 그것은 내가 떠나기 전에 해야 할 마지막 일이었어. 네게 털어놓지 않았던 건 미안해. 마침내 모든 것이 밝혀졌을 때 너희 둘이 가능한 자연스럽게 행동했으면 해서 찰리와 너를 내 계략에 끌어들이지 않기로 결정했던 거야.

도둑질에 관해선 알베르트와 파블로를 당황하게 할 의도가 아니었다는 것을 네가 알아주었으면 해. 나는 알베르트와 장과 파블로의 충고를 따랐던 것뿐이야. 나는 아주 화가 났어. 그들은 항상 내가 더 대담해져야 한다고 말했잖아. 또 항상 내가 너무 숫기가 없는 것 같다는 엄마의 충고에 따라서 행동했던 것이고. 아무도 숙녀가 되기 위한 교육을 받은 나 같은 여자애가 했다고 의심품지 않을 일을 하고 싶었어.

눈에 보이지 않는 내 친구를 다시는 그런 일에 이용하지 않겠다고 약속하겠지만 이것이 내 일생 최고의 모험이었다는 것을 부인하지는 않을래. 나는 알베르트의 차에 수면제 한 봉을 넣었고 그에게 백지를 주면서 종이에 손에 묻은 바나나를 문지른 것뿐이야. 아무튼 난 서서히 익숙해졌어. 파블로의 경우에는 스타인 부인의 파티에서 비참했던 내 공연 뒤에 나를 대한 그의 태도 때문에 기분이 안 좋아서 따끔한 맛을 보이기로 결정한 거야. 막스가 엄마와 이야기하는 동안 나는 그가 거실 탁자 위에 놓아둔 스케치에 다시 바나나를 문지른 다음에 와인에 수면제를 한 봉 넣었어. 잘 훈련된 내 친구는 모든 일을 완벽하게 해냈어. 내가 비상계단에서 기다리는 동안 그는 창문을 열고 그것들을 내게 가져다줬어.

엄마는 건강이 좋지 않으셔. 의사 선생님이 카이로에서 겨울을 보내라고 권하셨어. 엄마 심장이 더 나빠지셨거든. 엄마는 원래 많이 걷지 않는 분이신데 이번에 위험한 상태를 넘긴 뒤에는 거의 바깥출입을 하지 않으셔. 토키에서는 언덕을 오르내리지 않고 걷는 것이 불가능해서 말이야. 이런 이유 때문에 우리는 애쉬필드의 우리 집을 세놓기로 결정했어. 그 돈이면 여행 경비로 충분할거야. 어쩌면 그곳에서 나는 고대 이집트의 독약에 대해 더 배우게 될지도 몰라.

집시가 나에 대해 했던 말이 맞지 않았으면 좋겠어. 그녀가 예언한 '피 한 방울 흘리지 않고 내 손에서 많은 죽음이 나온다.'는 말에 죄의식이 생겨 견딜 수 없어서 말이야.

어쩌면 나는 카이로에서 나를 계속 괴롭히는 내 직관을 믿게 될지도 모르겠어. 네가 시간 여행자일지도 모른다는 것을 말이야.

오직 시간만이 내가 옳은지 알려 줄 테지. 아니면 네가 편지로 확실히 알려 줄 수도 있을 거야.

너의 친구, 애거사로부터.

추신 : 지독한 악필을 용서해 줘. 철자를 바꿔 쓰는 건 내가 읽는 것을 배우

고 단어를 암기하는 방법이지 편지를 쓰는 건 아닌 모양이야. 흘려 쓰지도 않고 철자를 잘못 쓰지도 않고 글을 쓰는 건 언제나 어려운 일이야. 다행히도 나는 작가가 될 계획은 없어. 엄마가 권하시긴 하지만 말이야.

카이우스는 잠시 동안 꼼짝 않고 있었다. 잘 골라 쓴 단어 하나하나에 그리움이 가득했다. 그는 마지막 문장을 읽고 또 읽었다. 왠지 신경이 쓰였다. 그 점쟁이가 메리에 대해 어떻게 말했더라? 그때 생각이 났다. '너는 부자가 되고 유명해져. 결혼을 하고. 음, 딸이 있군. 나이가 어린 사람과 재혼을 하네. 많은 사람을 도울 거야. 불행. 사막. 미라. 네 손에서 시간이 흘러가게 돼. 거짓말. 네 손에서 많은 죽음이 나올 거야, 하지만 피 한 방울 흘리지 않아. 너는 평생 크리스티라는 이름을 지니게 될 거야.' 점쟁이가 던진 마지막 말이 떠오르자 카이우스는 순간 숨이 막혔다. 그는 소리쳤다.

"그럼 메리가! 애거사야. 애거사 크리스티!"

"카이우스."

블랑슈 부인이 소리치면서 쿵쿵거리며 부엌으로 들어왔다.

"예?"

그는 재빨리 생각에서 벗어났다.

"그 독일 사람이 방금 전화를 했다. 네가 불로뉴 숲으로 자신을 만나러 와 줄 수 있는지 물었어."

"왜요?"

카이우스는 편지를 바지 주머니에 쑤셔 넣고서 물었다.

"알베르트에게 무슨 일이 생겼나요?"

"십중팔구 늘 하던 대로겠지. 그 미치광이 같은 독일인은 다시 길을 잃은 걸 게야. 네가 그를 데려오는 편이 좋겠다. 그 사람이 이번 주에 방세를 내지 못하는 것을 원치 않으니까. 어서 가지 않고 뭐해, 얼간아!"

그녀는 말하고 지팡이로 카이우스를 밀었다.

"그리고 빨리 돌아 와라! 정원 손질을 해야 하니까."

# 새로운 여행

"산투스두몽이다!"

한 남자가 불로뉴 숲에서 군중에 둘러싸여 있던 카이우스를 지나서 돌진하며 소리쳤다.

"이봐요, 카메라를 봐요!"

한 남자가 젊은 조종사에게 소리쳤다.

산투스두몽은 몸집이 작고 허약해 보였다. 그는 옷맵시가 아주 단정했고 강풍에 날아가지 않게 챙이 넓고 우아한 모자를 꽉 움켜잡고 있었다.

"여기요!"

그 남자는 산투스두몽이 두 명의 정비사와의 대화에 빠져 있다는 것을 분명 알아채지 못한 채 끈질기게 요구했다.

"카이우스. 이렇게 와 줘서 기쁘구나."

누군가 정신이 팔린 소년의 어깨 위에 손을 얹으면서 알베르트가 말했다.

"알베르트, 괜찮아요? 블랑슈 부인이 그러는데 제게 만나러 와 달라고 하셨다면서요. 또 길을 잃으신 거예요?"

"아니야, 카이우스, 오늘처럼 방향을 잘 알았던 적은 없었어. 그저 너나 나나 하숙집에서 좀 벗어날 수 있도록 너를 부른 것뿐이야. 이 아이디어가 마음에 들지 않니?"

"네. 정말로 마음에 들어요. 여기 정말 붐비네요! 저 비행기를 바로 가까이에서 볼 기회가 있을 거라고는 상상도 못했어요. 제가 본 사진과 다르네요."

"사진하고?"

알베르트는 무심하게 말했다.

"좀 더 자세히 보고 싶지 않니? 나중에 여기서 만나자."

"좋아요!"

카이우스는 씩 웃고 나서 군중 속으로 사라졌다.

"곧 돌아올게요!"

"서두르지 않아도 돼."

과학자는 이미 구경꾼들과 함께 비행기 앞에 가 있는 카이우스에게 손을 흔들며 대꾸했다.

"원하는 만큼 있어라!"

"정말 멋진데!"

알베르트 옆에서 다른 사람과 이야기하고 있던 키 큰 남자가 말했다.

"저게 무사히 출발하면 정말 멋지겠지."

"자네 의심하는 거야?"

친구가 고개를 끄덕이자 큰 키의 남자는 한쪽 눈썹을 추켜세우며 반박했다.

"이봐, 어처구니가 없군. 자네는 위대한 작품 앞에 서 있으면서 마치 별것 아닌 것처럼 반응하는 거야?"

"나는 산투스두몽이 이전에 시도했다가 실패한 것처럼 비행선이나 보조 엔진으로 끌지 않고 단독으로 출발시키는 날이 되면 믿을 거야."

"그는 해낼 거야, 안 그렇습니까?"

키 큰 남자는 카이우스에게서 시선을 떼지 않느라 경황이 없는 알베르트에게 물었다.

"안 그래요?"

그 남자는 거듭 물었고 마침내 알베르트의 이목을 끌었다.

"언젠가 산투스두몽이 비행선의 도움 없이 날 수 있을 거라고 생각하지 않아요? 그가 간단히 솟아오를 수 있을 거라고 생각하지 않습니까?"

"예."

알베르트는 여전히 카이우스를 주시한 채 말했다.

"그건 시간 문제예요. 내 생각에는 우리는 레오나르도 다빈치에 의해 시작된 작업을 계속하고 있는 겁니다."

"그렇죠."

그는 믿지 않는 친구를 보고 미소를 지었다.

"조종석 뒤에 있는 단발 프로펠러로 이륙할 수 있을지 의심스럽군. 저런 자전거 바퀴로는 비행기 무게를 지탱할 수 없단 말이야. 이봐, 불가능해! 너무 무거워."

"가능한 일이에요! 우리가 업적을, 위대한 업적을 보고 있다는 것을 인정해야 합니다. 앞으로 많은 가능성을 가져올 수 있는 업적 말입니다. 대서양 상공을 날아 수백 명의 승객을 수송하는 것도 생각할 수 있답니다!"

"그래요, 알겠어요."

그 남자는 확신 없이 말했다.

"우리끼리 얘기지만 이런 비행기는 무섭잖습니까. 나는 신용할 수 있는 이전의 비행선이 더 좋습니다. 동의하지 않으세요?"

그는 알베르트에게 물었다.

"미지의 것은 항상 우리를 두렵게 하죠. 하지만 형식에 얽매이지 않고 받아들여야 합니다."

알베르트는 딱 잘라 말했다.

웃고 있던 알베르트가 비행 시도를 응원하고 있는 모든 사람의 눈에는 보이지 않는 광경을 마주하고 있다는 것을 깨달은 건 바로 그때였다. 갑자기 카이우스가 푸른빛을 띤 반짝이는 구름에 휩싸였다. 다음 순간 그는 흔적도 남지 않고 사라졌다. 알베르트는 침착하게 파이프에 불을 붙이고 그 자리를 떠났다.

"어?"

알베르트가 떠나는 것을 보자 키가 큰 남자가 소리쳤다.

"여기서 보지 않을 겁니까?"

"보셔야죠!"

다른 남자가 말했다.

"어쨌든 비행기의 미래를 누가 알겠어요?"

"나는 미래에는 관심이 없어요."

알베르트는 거대한 기계 장치를 뒤덮은 번갯불처럼 번쩍이는 푸른 구름이 떠 있는 하늘 쪽을 쳐다보았다.

"늘 우리를 뒤쫓고 있으니까요."

알베르트는 그들에게 등을 돌리고 시공에서의 긴 여행을 계속했다.

# 카이우스의 친구들 :아인슈타인

1905년 스물여섯의 나이에 알베르트 아인슈타인(1879~1955)은 물리학에 대변혁을 일으킨 세 편의 논문을 발표했는데, 그중 하나가 상대성 이론에 관한 논문이었다. 그가 죽은 후 과학계에서는 그의 이론을 둘러싼 논쟁이 계속 이어졌다. 유엔은 아인슈타인의 논문 발표 100주년을 기념하여 2005년을 '세계 물리의 해'로 정했다.

알베르트 아인슈타인은 1879년 3월 14일 독일 울름의 유대계 중산층 가정에서 태어났다. 아버지 헤르만 아인슈타인은 동생 야코프와 함께 전기회사를 운영했고, 전기와 관련된 발명에 관심이 많은 사람이었다.

1881년 마리아 아인슈타인이 태어났다. 아인슈타인과 여동생은 늘 가까운 사이였다. 남매는 비종교적인 교육을 받고 자랐다. 아인슈타인은 어린 시절 내내 외톨이로 지냈다.

세 살이 돼서야 겨우 말을 배우긴 했지만 그가 우둔한 학생이라는 건 사실이 아니었다. 훗날 드러나게 될 그의 성격의 특징은 완고함과 무모함이었다. 학생 시절에 그는 자신이 흥미를 갖는 과목만 공부했고 어렸을 때부터 죽을 때까지 과학에만 열중했다.

다섯 살 때 그는 아버지가 선물로 준 나침반에 강한 인상을 받았다. '기계 장치의 도움 없이 어떻게 바늘이 공간에 떠서 움직일 수 있을까?'라는 의문을 품고 모든 물체에는 틀림없이 신비로운 것이 숨겨져 있을 거라고 추측했다.

일곱 살 때 그는 '피타고라스의 정리'를 증명해서 불과 며칠 전에 조카에게 기하학의 원리를 가르쳤던 삼촌 야코프를 깜짝 놀라게 했다. 열한 살에는 후에 『기하학의 경전』이라고 일컬어진 유클리드의 저서를 이해했다.

1894년에 아버지의 사업이 파산하는 바람에 가족들은 고등학교를 마쳐야 하는 아인슈타인만 혼자 남겨두고 뮌헨을 떠나 이탈리아로 이사를 갔다. 아인슈타인은 학교의 엄격한 규율을 견디지 못하고 열다섯 살에 학교를 그만두고 가족이 있는 밀라노로 갔다. 나중에 그는 이렇게 털어놓았다.

> "사실 현대의 교육법이 성스러운 호기심을 아직 완전히 눌러 죽이지 않았다니 그야말로 기적이에요. 이 섬세한 어린 식물은 자극보다 자유를 필요로 하니까요. 강제와 의무감을 통해서 관찰하고 탐구하는 기쁨을 이끌어 낼 수 있다고 생각하는 건 아주 큰 잘못입니다."

반년간 여행을 한 뒤에 그는 스위스 취리히에 있는 연방 공과대학에 진학

하기 위해서 입학시험을 쳤다. 고등학교 졸업장도 없었고 나이도 대학 입학 요건보다 어렸지만 시험에 합격하려고 노력했다. 그는 화학, 생물학, 어학 시험에는 통과하지 못했지만 수학과 물리학에서는 높은 점수를 받았다. 수학과 물리학 점수에 강한 인상을 받은 학장은 아인슈타인에게 취리히 아라우 주립 학교에서 고등학교 과정을 마칠 것을 권했다.

이 학교에 잠시 다니는 동안 그는 자신의 장래 계획에 대해 이렇게 썼다.

> "운 좋게 시험에 합격한다면 나는 취리히에 갈 거다. 그곳에서 4년간 수학과 물리학을 전공할 것이다. 자연 과학 분야에서 이론적인 부분을 선택해 교사가 되고 싶다. 이 계획을 세운 이유가 있다. 무엇보다도 나는 추상적이고 수학적인 사고를 좋아하지만 상상력과 실제적인 능력은 부족하기 때문이다."

아인슈타인은 주립 학교의 자유로운 환경에 크게 만족했고, 오로지 자신이나 자신의 교사 모두 해결하지 못하는 문제, 이를테면 '어떤 사람이 빛과 같은 속도로 나란히 달린다면 빛의 파동은 어떤 모습일까? 정지한 것처럼 보일까?'와 같은 문제에 대해서만 고민했다. 나중에 아인슈타인이 상대성 이론을 체계적으로 정리할 때 이 문제의 답을 얻을 수 있었다.

1896년 9월에 아인슈타인은 졸업 시험을 통과했고 대학 입학 허가도 받았다. 취약과목인 프랑스 어만 제외하고 모든 과목의 점수가 좋았지만 특히 수학, 물리학, 노래, 음악이 뛰어났다.

마침내 그는 1896년에 연방 공과대학에 입학했다. 그러나 실망스럽게도 연방 공과대학은 기대에 부응하지 못했다. 수업 중에 토론이 이루어지도록 격려하는 아라우 주립 학교와 반대로 연방 공과대학의 선생님들은 처음부터 끝까지 큰 소리로 책을 읽기만 했다. 아인슈타인은 그런 단조롭고 지루한 수업에서 벗어나기 위해서 수업에 들어가지 않았고, 대신에 자유 시간에 이론 물리학에 관한 책들을 읽었다.

1900년 8월에 대학과정을 마친 후 아인슈타인은 후르비츠 교수의 조교 자리를 얻기를 바랐지만, 알고 보니 전 지도 교수인 H. F. 베버 교수가 그것을 반대하고 있었다. 그때부터 그는 전 지도 교수에 대하여 나쁜 감정을 숨김없이 드러냈다. 아인슈타인은 오랫동안 일자리를 찾았고, 그동안 중등학교에서 몇 시간씩 보조 교사로 일했다.

1902년 부활절에 마우리케 솔로비네는 「베른 일보」에 알베르트 아인슈타인이 시간당 삼 프랑에 수학과 물리학을 개인 교습한다는 광고를 읽었다. 수업 셋째 날 아인슈타인은 그에게 수업료를 받지 않기로 하고 무슨 생각이든지 자유롭게 토론할 수 있는 모임을 매일 갖자고 제안했다. 몇 주 뒤 콘라트 하비히트가 이 모임에 참석하게 됐다. 그들은 과학 아카데미를 조롱하는 의미로 모임의 이름을 '올림피아 아카데미'라고 불렀다. 이 두 명의 친구 그리고 미헬레 베소와 함께 아인슈타인은 1905년에 발표한 놀라운 논문의 내용이 될 과학적 아이디어에 대해 토론했다.

말년에 아인슈타인은 향수에 젖어서 친구들을 위해 바이올린 연주회를 열기도 했던 이 활기찬 모임들을 떠올리곤 했다. 지적으로는 풍성한 분위기였지만 저녁 식사는 형편없었다. 그들은 대개 소시지, 과일, 치즈 한 조각과 꿀 등으로 빈약한 저녁을 먹고 차 한두 잔을 마셨다. 세 사람 중에서 이 모임에 대해 쓴 사람은 솔로비네밖에 없었다. 그의 책 『알베르트 아인슈타인 -

솔로비네에게 보낸 편지』의 머리말에서 자신들은 철학과 과학을 토론하기 위해서 플라톤, 스피노자, 칼 피어슨, 스튜어트 밀, 데이비드 흄, 에른스트 마흐, 헬름홀츠, 앙페르, 푸앵카레의 저서를 읽었다고 쓰고 있다. 그들은 또한 소포클레스, 라신, 찰스 디킨스의 문학 작품도 읽었다. 이런 저자들 중에서 아인슈타인에게 가장 큰 영향을 미친 사람은 흄, 마흐, 푸앵카레였다.

반대로 말년의 아인슈타인은 끈기 있게 과학 논문들을 읽지 못해서 친구들에게 의지해 다른 과학자들의 최신 연구에 대한 정보를 얻어야 했다.

1902년 마침내 아인슈타인은 베른의 특허청에 기술 전문가로 취직했고, 1906년에는 2급 공학 기술 전문가로 승진했다. 아인슈타인은 취리히 대학에서 교수 자리를 제의받은 1909년까지 그곳에서 일했다.

아인슈타인이 베른에서 보낸 몇 년은 아주 행복한 시간이었다. 그는 바이올린을 연주하면서 무한한 기쁨을 느꼈고, 그 순간 완벽한 명상에 잠길 수 있었다.

이제 그는 특허청에서 받는 급료에 의지해서 수수한 생활 정도는 할 수 있었다. 과도한 노력이 필요하지 않은 일이라서 명상을 할 시간도 많았다. 그의 독창적인 이론은 빠르게 전개됐다.

1905년에 아인슈타인은 취리히 대학 박사 학위 논문을 썼다. 친구 그로스만에게 바친 그 논문은 「분자 차원에 대한 새로운 결정」이라는 제목의 글이었다. 그의 학위 논문은 다섯 편의 논문이 들어 있는 독일 과학 학술지 『물리학 연감』에 실렸다.

그다음에 발표된 논문 「움직이는 물체의 전기 역학에 관하여」는 뉴턴 물리학에 일대 변혁을 일으켰다. 고전 역학과 광학 그리고 맥스웰(1831~1879, 전자기학의 기초를 세운 영국의 물리학자—옮긴이)의 전자기 이론을 종합해서 시간과 공간이 각기 독립적인 것이 아니고 실제로는 상대적이며, 운동 상태에 따라 질량이 상대적이라는 것을 설명한 것이다.

그 뒤를 이은 논문 「물체의 관성은 그 물체의 에너지 함량에 따라 달라지는가」는 앞서 발표된 논문의 결과였다.

아인슈타인은 질량과 에너지 사이의 등가성에 관한 새로운 이론을 전개했다. 훗날 전 세계에 알려지게 될 상대성이론을 처음으로 공식화한 것이다. 아인슈타인은 그 유명한 공식을 내놓았다.

$$E=mc^2$$ (E : 에너지, m : 질량, c : 빛의 속도)

이 공식에 따르면 어떤 물체의 에너지는 그 질량에 비례한다는 것이다. 이것이 발표된 시대의 사람들은 아인슈타인의 이론을 난해하고 대단히 논쟁의 여지가 있는 것으로 평가했다.

1909년에서 1932년까지 아인슈타인은 취리히, 프라하, 베를린 대학의 이론 물리학 교수를 지냈다. 그는 1915년에 새롭게 일반 상대성 이론을 발표했고, 1921년에는 노벨 물리학상을 받았다. 아인슈타인은 물리학의 거의 전 분야에서 중요한 공헌을 했지만, 특히 특수 상대성 이론과 일반 상대성 이론과 관계있는 분야에서 아주 큰 공헌을 했다.

1940년 아인슈타인은 미국 시민이 됐다. 나치 정권이 집권하자 1933년에 미국으로 이주해서 뉴저지 프린스턴 고등연구소에서 강의를 시작했다. 아인슈타인은 언제나 사회 문제에 관심을 가졌으며 적극적인 평화주의자이자 유대주의의 옹호자였다. 그러나 1952년에 그는 이스라엘 대통령이 돼 달라는 요청을 정중히 거절했다.

그는 훌륭하고 심오한 사색가였고 침묵 속에서 과학 및 철학적 숙고를 즐겼다. 일반적으로 그는 과학자로 알려져 있지만 훌륭한 사상가이기도 하다. 1955년 그는 프린스턴에서 생을 마감했다.

### ❖ 밀레바 마리치

19세기 말 밀레바 마리치와 알베르트 아인슈타인은 취리히 연방 공과대학에서 함께 공부했다. 그녀는 수학 및 과학부의 홍일점이었고 주로 수학에 뛰어났다.

그들은 1900년 1학기 과정을 마쳤지만 밀레바는 중등학교 교사 자격 취득 시험에 두 번이나 떨어졌다. 1901년 7월 두 번째 시험을 볼 때 그녀는 임신 3개월(아인슈타인의 딸 리제를을 임신 중이었는데 이 아이에 대해서는 알려진 것이 없다.)의 몸이었다. 낙담한 그녀는 아버지의 집으로 돌아갔고 연방 공과대학에서 자격증을 취득하겠다는 계획을 단념했다.

그들은 1903년에 결혼하여 한스 알베르트와 에두아르트 두 자녀를 두었다. 하지만 그들은 잦은 불화 끝에 결국 10년 뒤인 1913년에 헤어졌다. 밀레바는 뇌결핵을 앓고 있어서 아인슈타인은 이혼 문제로 그녀를 괴롭히지 않기로 했다. 그들은 1919년에 정식으로 이혼했다. 아인슈타인은 1917년 9월에 사촌 엘자 뢰벤탈에게 가서 1936년 12월 20일에 그녀가 세상을 떠날 때까지 함께 살았다.

조르제 크르스티치와 같은 몇몇 작가들은 수십 년 동안 아인슈타인에 대해 철저히 조사했다. 그의 책 『알베르트와 밀레바 아인슈타인 부부 - 사랑과 과학의 협력자』에서는 아인슈타인의 혁명적 연구가 두 사람의 합작품이라고 제시하고 있는데, 슬로베니아 어와 영어로 출판돼 일련의 논쟁을 불러일으킨 후에 세르비아 어로 출판됐다. 크르스티치에 따르면 그 부부는 1913년이나 1914년까지 공동 연구를 했고, 헤어지고 나서 5년 뒤에 이혼했다. 그녀는 별거로 인해 정신적 타격을 받았으며 그것에서 결코 헤어나지 못했다.

밀레바 마리치의 전기 작가들은 그녀가 남편의 그늘에서 살았고 아인슈타인과 가족에게만 열중했다는 데 의견을 같이한다. 그녀는 자신과 남편이 '하나의 돌'을 이룬다고 자랑스럽게 말했는데 그것은 독일어로 글자 그대로 'ein stein(아인슈타인)'으로 번역됐다. 밀레바가 죽을 때까지 간직하고 있던 연애편지가 출판되자 사람들은 그녀의 삶에 관심을 갖게 되었다. 그것들은 "알베르트 아인슈타인이 그녀 곁에서 과학자로서 어떻게 성장했는지를 보여주기 때문에 중요하다."고 보지치 박사는 설명한다.

1994년 노비사드 대학교는 수학 과목에서 가장 뛰어난 학생에게 주는 밀레바 마리치 상을 제정했다. 또한 노비사드 대학교에 그녀의 아버지가 지은 유명한 집을 박물관으로 바꾸는 계획도 있다.

### ❖ 철학가 아인슈타인

아인슈타인은 과학 연구를 실행하는 방식 역시 새로웠다. 그것은 과학 천학적 접근이었다. 그는 자리에 앉아서 상상력을 통해 공식을 쓰고 현실로 돌아와 수정이 필요한지 확인하고 다시 이론으로 돌아가곤 했다. 그때까지 과학 연구는 그런 방식으로 실행된 적이 없었고 오로지 실험실에서 증명된 사실만을 근거로 했다.

아인슈타인은 임마누엘 칸트(1724~1804, 독일의 철학자—옮긴이)의 철학에 깊은 감명을 받았다. 칸트는 그의 저서 『순수이성비판』에서 다음과 같이 말했다. "인간의 모든 지식은 직관에서 시작하여 개념으로 나아가 이론으로 끝난다." 또한 "내용 없는 사고는 공허하며 개념 없는 직관은 맹목적이다."라고 말하기도 했다. 그렇게 해서 아인슈타인은 다음과 같은 생각을 정립했다.

> "자연의 기본적인 원리를 발견하는 데에는 어떤 논리적 방법도 필요하지 않다. 오직 직관만이 필요하다."

칸트의 『순수이성비판』과 같은 책을 읽어서 얻은 새로운 통찰력에 의해 아인슈타인은 뉴턴의 이론에 맞서서 고전 역학의 법칙들을 수정할 필요가 있다는 것을 알았다. 수정된 법칙 중 하나는 좌표가 바뀌면 시간도 바뀌어야 한다는 것이다. 새로운 패러다임이 시작된 것이다. 누군가 운동 중에 있으면 공간 간격은 두 기준점에 따라 다르고, 그러면 시간 역시 같은 이유 때문에 달라야 한다. 시간 간격과 공간 간격은 각각의 기준점에 따라 다르다. 두 간격은 상대적이고, 그래서 '상대성' 이론이라고 불리는 것이다. 기준점에 따라 운동 상태가 달라지므로 동시성은 존재하지 않는다. 두 개의 시계를 비교해 보면 운동 중에 있는 시계가 다른 것보다 더 느리게 간다는 것을 증명할 수 있다. 만약에 시계가 콩코르드 비행기 안에 놓여 있다면 비행 몇 시간 뒤 다른 시계와 차이가 있다는 것을 확인할 수 있다. 이 차이는 미미하지만 상당히 중요하다. 왜냐하면 이것이 아인슈타인의 이론을 증명해 주기 때문이다.

### ❖ 상대성 이론의 이름

알베르트 아인슈타인이 '모든 것은 상대적'이라고 말했다고 생각하는 것은 잘못이다. 그는 자신의 이론을 어떻게 불러야 할지 확신이 없었다. 그는 그 이론이 질량과 에너지의 동등 관계를 나타내기 때문에 '등가 이론'이라고 부르는 것을 고려하기도 했다. 아마 빛의 속도가 변함이 없기 때문에 '불변 이론'이라고 부를 수도 있었을 것이다. 아니면 그보다는 시간과 공간이 상대적이라는 것을 강조하기 위해 '상대성 이론'이라고 불렀을지도 모른다. 과학자들은 그 이론의 이름을 불변 이론으로 바꾸려고 했지만 상대성 이론이라는 이름이 이미 인기를 얻고 있었다.

### ❖ 인정받지 못한 과학자

아인슈타인은 1921년에야 노벨상을 받았다. 사실 1910년에서 1921년까지 심사위원들이 상대성 이론을 놓고 의견을 달리한 탓에 노벨상 위원회는 여덟 번이나 아인슈타인을 탈락시켰던 것이다. 그들은 심사위원 한 명에게 상대성 이론을 검토하라고 지시했지만 허사였다. 그는 이론을 전혀 이해하지 못했다. 스웨덴 왕립 과학 아카데미 노벨 물리학상 선정 위원회는 언젠가 그 이론이 틀렸다는 것을 누군가 증명할까 두려워서 감히 상을 주지 못했던 것이다.

마침내 아인슈타인은 노벨상과 삼만 이천 달러의 상금을 받았지만 그것은 광전 효과에 관한 연구 성과로 인한 것이었다. 시상식에서 연설을 하는 중에 그는 자신의 풍자적 유머 감각을 살려서 상대성 이론만 언급하고 광전 효과에 대해서는 한마디도 하지 않아서 사람들을 놀라게 했다.

아인슈타인은 이혼할 때 합의한 대로 상금으로 받은 돈을 그의 첫 아내 밀레바 마리치에게 주었다.

### ❖ 음악가

아인슈타인은 여섯 살에 어머니에게 이끌려 바이올린을 시작했고 여섯 살부터 열세 살까지 헬러 슈미트에게 개인 교습을 받았다. 일생을 통하여 바이올린은 그가 이론을 떠올리는 데 도움을 준 중요한 악기가 되었다.

아인슈타인은 피아노로 찬송가를 작곡하는 것도 좋아했다. 피아노는 재능 있는 피아니스트인 어머니의 연주 소리를 듣고서 독학으로 배운 것이었다. 그는 집에서 유대교에 대해 배웠지만, 열두 살 때 '바르미츠바(유대인 소년이 열세 살이 되면 치르는 통과 의례—옮긴이)'를 준비하면서 후에 그가 '어린 시절의 종교적 낙원'이라고 부른 것을 잃어버리게 됐다. 특히 그에게 충격을 주어서 평생토록 인격화된 신의 개념을 거부하도록 이끈 것은 그리스의 크세노파네스(그리스의 음유시인·종교사상가—옮긴이)의 말 때문이었다.

> "만일 소나 말, 사자 같은 것이 손이 있어서 그 손으로 인간이 하는 것처럼 그림을 그릴 수 있다면, 말은 말과 같은 신의 모습을 그리고 소는 소와 같은 신의 모습을 그릴 것이다. 즉 각자 자기를 본떠서 신을 그리게 될 것이다."

아인슈타인은 자신의 종교적 신념을 '우주적 종교심'이라고 불렀다.

1919년 베를린에서는 작가와 과학자들로 이루어진 소규모 오케스트라 팀이 수학자 하다마르의 집에서 자주 모임을 가졌다. 그 아마추어 음악가들이 좋아하는 연주곡은 모차르트의 교향곡들과 베토벤의 몇몇 작품이었다.

그들은 실력 있는 바이올린 연주자가 필요했고, 그래서 자크는 그 문제를 해결하기 위해서 새 친구 알베르트 아인슈타인을 데려갔다. 그는 전문 집단 밖에선 아직 이름이 알려져 있지 않았으므로 단원들은 그 새로운 바이올린 연주자가 이름난 독일 연구소를 관리하고 끊임없이 노벨 물리학상 후보로 거론되는 인물이라는 것을 알지 못했다.

처음 연습에 참가한 아인슈타인에 대한 소설가 조르주 뒤아멜의 의견을 살펴보자.

> "아인슈타인은 훌륭한 바이올린 연주자였다. 그는 명쾌하고 엄격하게 연주했고 매우 정확하게 감정을 이해했지만 다른 연주자들 사이에서 두드러지지 않으려고 했다. 연주를 하지 않는 동안에는 솔직하고 지적인 표정을 하고서 고개를 당당히 들고 있었다. 옷맵시는 단정했지만 그의 옷은 소박했다. 의복에는 별로 신경을 쓰지 않는 것처럼 보였다. 그러나 음악은 그의 영혼에 대단히 중요한 것이었다. 아인슈타인의 성격에는 그런 강한 애착과 소박함이 있었다. 무엇보다도 나는 우리가 모차르트 교향곡 〈주피터〉의 악보를 읽고 연구했던 몇 번의 연습이 생각난다. 내게 이 교향곡은 아인슈타인을 기억하는 하나의 상징이 되었다."

### ❖ 항해자

아인슈타인은 연구를 하지 않을 때면 자연과 접하는 것을 좋아했고 배를 타는 것을 몹시 즐겼다. 그는 고독을 좋아해서 종종 배에서 혼자 지내거나 산길을 오래 걸었다.

그는 베를린 근교의 작은 마을 카푸트를 매우 좋아했는데, 호숫가에 그의 여름 별장이 있었다. 그 별장은 베를린 시 당국이 과학자로서의 그의 국제적인 명성을 인정하여 준 선물이었다. 그는 그 집을 낙원으로 생각해서 여름마다 그곳에서 보내면서 친구들이 그의 쉰 번째 생일에 선물로 준 배를 탔다. 튀믈러(쥐돌고래)라는 이름을 갖고 있었지만 아인슈타인은 '뚱뚱한 돛단배'라는 애칭으로 불렀다.

아인슈타인은 배를 타고 하벨 호숫가에서 많은 시간을 보냈다. 그는 혼자 항해하는 것을 좋아했는데 수영을 못하면서도 구명조끼를 입으려 하지 않았다. 이 때문에 그가 배를 타고 나갈 때면 가족들은 노심초사했다. 그는 가끔 손님들을 태우고 항해를 하기도 했다.

그러나 영원한 것은 아무것도 없는 법이다. 아인슈타인은 나치 정권을 피해서 그의 낙원을 버리고 미국으로 망명해야 할 처지에 몰렸다. 독일군 기습 부대는 총과 탄약을 찾으려고 그의 별장을 수색했다. 그들은 공산주의자 전투원들의 군용품을 그의 별장에 보관할 수 있게 그가 허가해 주었다는 정보를 갖고 있었다. 그러나 빵을 자르는 칼 외에는 아무것도 발견되지 않았다! 아인슈타인은 그런 일들을 예견했었다. 카푸트에 있는 별장 문을 잠근 뒤에 그는 엘자에게 분명히 말했다. "잘 보아 둬요. 다시는 보지 못하게 될 테니."

1933년 5월 10일 괴벨스(1897~1945, 독일 나치의 선전 장관—옮긴이)에 의해 아인슈타인의 논문도 타 버렸다. 1933년 8월에 아인슈타인의 배가 몰수됐고, 그 뒤 1935년에는 여름 별장과 그 근처의 정원을 빼앗겼다. 1933년 7월에 아인슈타인은 독일 시민권을 박탈당했고 재산은 압수됐다.

아인슈타인은 유럽으로 돌아가기 직전인 1933년 5월 10일에 자신이 독일로 돌아가는 것은 불가능하다고 대중에게 발표했다. 그가 한 말은 정확히 다음과 같았다.

> "나는 정치적 자유와 관용 그리고 모든 시민이 법 앞에서 평등한 나라에서만 살 수 있습니다. (중략) 요즘 독일은 이런 조건을 충족시키지 못합니다."

### ❖ 천재

어렸을 때 아인슈타인은 인내력과 끈기를 요구하고, 되도록이면 혼자서 할 수 있는 게임을 좋아했다. 유치원에서 다른 아이들과 유아용 게임을 하는 대신에 그는 혼자서 나무 블록으로 복잡한 구조물을 만들거나 카드로 커다란 성을 만드는 것을 더 좋아했다. 앞에서 말했듯, 일곱 살 때에는 피타고라스의 정리를 증명해서 불과 며칠 전에 기하학의 원리를 가르쳐 주었던 삼촌을 깜짝 놀라게 만들기도 했다.

그는 상상하는 것을 좋아했다. 이를테면 빛과 같은 속도로 달리면 어떤 일이 일어날까 같은 상상이었다. 이렇게 머리로 하는 상상이 특수 상대성 이론과 일반 상대성 이론의 전개에 중요한 역할을 했다.

학생 시절에 아인슈타인은 엄격한 학교 규칙에 잘 적응하지 못해 어려움을 겪었다. 교사들은 너무 권위적이었고 학생들에게 모든 것을 암기하라고 요구했다. 그에게 지리와 역사, 프랑스 어는 고역이었다. 그리스 어는 극복할 수 없는 장애물이었다. 동사 변화를 암기하는 것은 끔찍한 일이었다. 결국 어린 시절에 아인슈타인이 받은 성적은 천재성과는 거리가 멀었다. 가족들은 그가 난독증 같은 것을 앓고 있을지도 모른다고 생각했다. 그는 수학처럼 이해력과 추론을 요구하는 과목을 좋아했다.

암기력 부족 탓에 아인슈타인은 그런 능력을 필요로 하는 수업에 흥미를 잃었고, 그 때문에 선생님들을 화나게 했다. 어느 날 교장 선생님이기도 한 그리스 어 교사가 그를 불렀다. 교장 선생님은 그가 그리스 어에 무관심한 것은 교사에 대한 존경심의 부족을 나타내는 것이고, 또 학급에서 그의 존재는 다른 학생들에게 나쁜 본보기라고 말했다. 그는 아인슈타인이 아무 짝에도 쓸모없다고 했다.

1880년에 독일의 군사 환경에서 교육을 받은 아인슈타인은 절대 군인이 되고 싶지 않았다. 군사 퍼레이드가 벌어지는 동안 그의 부모님은 언젠가 그도 그런 멋진 제복 중 하나를 입을 수 있다고 말했다. 소년은 "저런 불쌍한 사람들이 되고 싶지 않아요."라고 대답했다. 체스 같은 경쟁적인 활동도 기피했다. 열여섯 살 때 그는 독일의 병역을 피하기 위해 스위스 시민권을 신청했다.

자신의 회고록에서 아인슈타인은 졸업 직후 과학적 문제들에 매달리느라 전문 학술지들을 읽지 않고 꼬박 한 해를 보냈다고 썼다. 이것은 그가 학기 중에 이미 모든 위대한 과학자들, 특히 헬름홀츠(1821~1894, 에너지 보존의 법칙을 확립한 독일의 물리학자—옮긴이), 헤르츠(1857~1894, 전자파의 존재를 확인한 독일의 물리학자—옮긴이), 볼츠만(1844~1906, 열역학 이론을 발전시킨 오스트리아의 물리학자) 등의 논문을 읽었기 때문일 것이다. 그는 수업에 출석하는 것보다 집에서 책을 읽는 것을 더 좋아했다.

그의 수학 교수 중 한 사람으로 훗날 특수 상대성 이론을 처음으로 기하학적 방법을 써서 푼 헤르만 민코프스키는 1905년 『물리학 연감』에 실린 아인슈타인의 논문을 읽었을 때 너무 놀라서 말도 하지 못했다. "그 아인슈타인일까?"라고 그는 동료에게 물었다. 그리고 이렇게 이야기했다고 한다. "몇 년 전에 내 학생이었던 그일까? 그 당시에 그는 자기가 내 학생이라는 것도 잘 몰랐는데!"

### ❖ 양말을 신지 않고 신발을 신은 이유는?

두 번째 아내 엘자가 아인슈타인에게 더 건강한 습관을 가지도록 요청하자 그는 "기분 좋게 죄를 짓고, 굴뚝에서 연기가 나듯 담배를 피고, 비버처럼 열심히 일하고, 앞뒤 생각 없이 가리지 않고 먹고, 뜻에 맞는 모임에만 들어가는 것"이 더 좋다고 대답했다.

일상생활에서 그는 예의 바른 복장 규정이나 격식 차리는 것을 싫어했다. 1909년 스위스에서 대학 교수직을 시작했을 때 그는 점잖은 지위에 어울리지 않는 옷차림을 하는 사람으로 간주됐다. 1936년 두 번째 아내가 세상을 떠난 뒤 그의 기준은 더욱 자유로워졌다. 당시에 그는 미국 프린스턴에 살았다. 구겨진 셔츠와 양말을 신지 않고 신발을 신는 것으로 그는 캠퍼스에서 유명 인사가 되었다.

원칙에 반하는 몹시 단정치 못한 모습이었지만 아인슈타인은 결코 세상사에 관심이 없는 과학자가 아니었다. 그는 역사와 정치 문제에 대단히 관심이 많았다. 전쟁에 대해서도 언제나 자신의 생각을 드러내어 말했다. 제1차 세계대전 동안 그는 중력에 관한 연구에 계속 전념하는 한편 반전 운동에 관여하여 국가들 사이에 대화를 주장했다. 1920년에 그는 과중한 연구 작업으로 인해 몸이 쇠약해졌는데, 나중에 그와 결혼한 사촌 엘자 뢰벤탈의 간호를 받았다.

### ❖ 평화 없는 평화주의자

파시스트 나치 체제의 위협에 직면했을 때 아인슈타인은 "적군이 생명을 위협한다면" 전쟁은 공정할 수 있다고 말했다. 그는 다른 평화 운동가들의 비난을 받았지만 자신의 입장을 굳게 지켰다. 또한 프랭클린 루스벨트 미국 대통령에게 핵에너지 사용에 관한 연구를 옹호하는 편지를 보내기도 했다. 그 편지는 원자 폭탄이 만들어지게 된 결정적인 요인 중 하나가 됐다. 아인슈타인은 자신이 실수했다고 말하지는 않았지만, 전쟁이 끝난 후 반전 활동을 계속했고 1945년 "폭탄은 승리를 가져오지만 평화를 가져오지 않았다."고 주장했다.

고등 연구소에서 그의 연구는 물리학 법칙들의 통합에 집중돼 있었는데, 그는 그것을 통일장 이론이라고 불렀다. 하지만 하나의 논리적 구조에서 중력 현상과 전자기현상을 포함하는 이론을 찾아내지 못했다. 그는 연구를 계속했다. 하지만 이론을 완성하는 목표에는 도달하지 못했다.

# 카이우스의 친구들
## :피카소

몇몇 화가들은 햇빛을 황반으로 변형시킨다.
다른 사람들은 황반을 햇빛으로 변형시킨다.
– 파블로 피카소

파블로 루이즈 피카소(1881~1973)는 안달루시안 지역의 말라가 시에서 태어난 스페인 화가이자 도안가이며 조각가였다. 그는 어머니 마리아 피카소 로페즈의 처녀 때 성을 따랐다. 아버지 호세 루이즈 블라스코 역시 화가였다.

피카소는 마드리드에서 미술을 공부한 뒤 1900년에 유럽 예술의 중심지인 파리로 갔다. 파리에서 그는 저널리스트이자 시인이며 그의 프랑스 어 공부에 도움을 준 막스 자코브와 함께 살았다. 막스는 밤에 잤고, 피카소는 밤에 작업을 했기 때문에 낮에 잠을 잤다. 그들은 극심한 가난과 추위 속에서 절망적인 시간을 보냈다. 연료가 없을 땐 자신의 그림을 태워 작은 방을 따뜻하게 해야 했다. 1901년에는 친구 솔러와 함께 마드리드에서 「젊은 미술」이라는 잡지를 창간했고 초판의 모든 삽화를 그렸다. 그때부터 피카소는 작품에 '파블로 루이즈 이 피카소'로 서명했던 이전과 달리 간단히 '피카소'로

서명하기 시작했다.

파블로의 작품은 종종 다음과 같은 일련의 시기로 구분된다. 청색 시대(1901~1904), 장밋빛 시대(1905~1907), 니그로 시대(1908~1909), 분석적 큐비즘 시대(1909~1912), 종합적 큐비즘 시대(1912~1919).

청색 시대에 피카소는 주로 청색을 사용하여 불행한 사람들의 초상을 그려서 슬픔과 소외의 감정을 되살려 냈다. 그는 "청색으로 그림을 그리기 시작한 것은 카사헤마스를 생각하면서부터입니다."라고 말했다. 친구의 자살로 그는 인간의 불행과 절망에 대한 탐구를 시작했다. 그것을 통해 삶과 사랑과 죽음의 문제에 대한 사고를 정립했다. 이 시기의 작품들은 우울한 배경과 고통의 심연을 나타낸다.

1904년 4월 12일에 피카소는 네 번째이자 마지막으로 바르셀로나를 떠났다. 그 후 몽마르트르 라비냥 가 13번지에 '세탁소'로 알려져 있는 지저분한 목조 건물에 정착했는데, 그곳은 1970년 화재로 전소됐다. 1904년 8월의 폭풍우치는 날 그곳에서 그는 페르낭드 올리비에를 만났다.

그들이 만난 직후 피카소는 새로운 시대를 열었다. 페르낭드 올리비에는 그의 예술에 영감을 준 수많은 연인들 중 첫 번째 여인이었다. 특히 이 연애로 관능적이고 에로틱한 작품이 많이 창작됐다. 또 이 시기에 그는 우정과 호기심에 이끌려서 일주일에 서너 번씩 메드라노 서커스를 관람했다. 그곳에서 스페인과 카탈로니아 예술가들에 둘러싸여 있을 때면 근심 걱정 없이 행복했다.

장밋빛 시대에는 캔버스에 분홍 색조와 붉은 색조가 주를 이루었고, 곡예사, 무용수, 어릿광대, 서커스 공연자들이 등장하는 서커스 세계를 즐겨 그렸다.

그해 가을 그의 운명을 결정하게 된 한 모임에서 그는 거트루드 스타인을 만났다. 1903년 봄에 자신의 화가로서의 재능을 깨닫게 된 젊은 미국인 리오 스타인은 파리의 플뢰뤼스 가 27번지에 정착했다. 이윽고 그는 저명한 작가가 될 그의 누나 거트루드와 함께 살게 됐다. 상당한 재산을 물려받은 터라 그들 남매는 1904년부터 마티스의 작품을, 그리고 1905년에는 피카소의 작품을 사들였다. 머지않아 스타인 남매는 피카소와 다른 예술가들이 살고 있는 작업실을 방문하기 시작했다. 그들은 피카소와 친구가 되었고 그의 작품을 더 많이 구입했다. 그때부터 피카소는 그에게는 생소한 비교적 안정적인 재정 상태에서 살 수 있게 됐다. 거트루드는 토요일마다 파티를 열어서 늘 화가들과 작가들에 둘러싸여 살았다.

이렇게 거트루드 저택을 드나들던 어느 날 피카소는 마티스가 이국적인 골동품 가게에서 구입했다는 작은 콩고 조각상을 보았다. 피카소는 특히 그 조각상의 텅 빈 눈에 깊은 인상을 받았다고 한다.

1906년에 피카소는 거트루드를 통해 앙리 마티스(1869~1954, 원색을 대담하게 사용한 프랑스의 화가—옮긴이)를 만났고, 그때부터 그 유명한 화가는 피카소의 가장 친한 친구가 되었다. 이후 수십 년간 피카소는 마티스와 경쟁하면서 그에게 깊은 인상을 주려고 노력했다. 이 우정 덕분에 그의 작품은 그리스와 이베리아 반도 그리고 아프리카 미술의 영향을 특징으로 하는 큐비즘(여러 방향에서 입체적으로 본 대상을 재구성하여 평면에 표현하는 미술 기법. 입체파라고도 한다.—옮긴이) 이전의 초기 큐비즘 시대로 접어들었다.

피카소가 그린 거트루드 스타인의 유명한 초상화를 보면 그는 가면 형태로 얼굴을 표현하고 있다. 이 변화 이전에 이미 거트루드 스타인의 초상화에는 정반대인 세잔과 아프리카 흑인 조각의 특징이 한데 어우러져 있었다.

이 새로운 화풍에 도달하기 위해서 거트루드는 아흔여섯 번이나 포즈를 취해야 했다. 하지만 만족하지 못한 피카소는 잠시 그 작품을 손에서 놓았다. 그는 더 많은 영감을 얻으러 카탈로니아 피레네의 작은 마을인 고솔로 떠났다. 다시 파리로 돌아온 피카소는 초상화 작업을 계속했는데 기존의 얼굴을 지우고 그가 선택한 새로운 화풍을 바탕으로 다시 작업했다.

1907년 그는 이베리아와 아프리카 조각에서 영감을 얻어 〈아비뇽의 아가씨들〉을 그렸다. 매음굴의 창녀를 그린 이 작품은 미술계에 일대 변혁을 가져왔다. 그는 선과 절단면과 각도를 구성하여 공간과 여성 누드의 이상적 표현 형태를 파괴하여 표현했다.

큐비즘은 세잔의 작품에서 시작됐다. 세잔은 마치 자연이 원뿔, 구, 원통으로 이루어진 것처럼 자연의 형태를 처리했다. 그러나 큐비즘 예술가들은 세잔보다 그것을 더 진전시켰다. 그들은 한 평면에 대상의 모든 면을 표현했다. 마치 그 대상이 동시에 모든 면으로 향해 있고, 관람자와의 관계에서 똑같이 정면을 향해 있는 것처럼 표현했다. 이런 태도는 대상을 파괴하고 사실성에 대한 새로운 시각을 제시했다.

큐비즘 화가들은 직선을 포함한 기하학적 형태를 이용하여 평면에 삼차원 물체를 표현하려고 한다. 사실상 두 개의 인체나 물체의 구조를 묘사하지 않고 그것을 연상시키는 것이다. 관람자가 돌아다니면서 완전히 모든 시점에서 보고 모든 면과 부피를 인지한 것처럼 묘사하는 것이다.

큐비즘이라는 용어는 파블로 피카소와 조르주 브라크가 그린 풍경화가 '작은 큐브'로 이루어진 것 같다는 미술 비평가의 말에서 유래했다. 큐비즘은 6세기 이전부터 사용된, 깊이가 있는 듯한 착각을 일으키게 하는 수단이었던 전통적 원근법을 파괴했다. 그리고 사실성에 대한 새로운 시각을 제시했다.

1911년 평생 그의 삶에서 중요한 역할을 한 여인 중 한 명인 마르셀 험버트를 만났다. 동거하던 페르낭드 올리비에와 막 헤어진 직후였다. 피카소는 그녀가 자신의 첫사랑이라는 것을 나타내기 위해서 마르셀을 '이브'라고 불렀다. 마르셀 역시 그의 작품 속에 모델로 등장했지만 1917년 갑자기 세상을 떠났다.

1918년 피카소는 로마에서 세르게이 디아길레프 발레단이 공연할 발레극 〈퍼레이드〉(프랑스의 시인이자 극작가, 영화 감독인 장 콕토의 연극—옮긴이)의 무대 미술을 담당하다가 발레리나인 올가 코흘로바를 만나 결혼했다. 그는 올가와의 사이에 파울로라는 아들을 두었다. 화가는 올가와 아들을 여러 차례 화폭에 담았지만 두 사람은 1935년 이혼했다. 기묘하게도 시간이 흐를수록 그는 올가를 무서운 짐승으로 묘사하기 시작했다.

1930년대 초 피카소는 그의 작품 활동의 새로운 뮤즈가 될 마리 테레즈 월터를 만났고, 1935년에 그녀와의 사이에서 딸 마야를 낳았다. 마리와 여전히 함께하면서도 피카소는 1936년 그의 작품에 모델로 등장하는 또 한명의 연인 도라 마르를 만났다.

1937년 피카소는 나치의 폭격으로 초토화된 스페인 도시를 화폭에 담은 대표작 〈게르니카〉를 선보였다. 이 공격은 스페인 공화국 정부군과 싸운 프란시스코 프랑코 장군을 지원하여 감행된 것이었다. 이 작품에서 피카소는 전쟁의 잔혹상을 생생하게 표현한다. 그러한 기법과 효과로 나타낸 이미지에서 우리는 억누를 수 없는 감정적 자극을 경험하게 된다.

작품의 꼭대기에는 전등 불빛이 공포의 순간이 벌어지는 광경을 내려다보고 있다. 중심에 그려진 질주하는 겁에 질린 말은 파괴력을 나타낸다. 일그러진 손은 시골 저택에서 흔히 볼 수 있는 석유 램프를 들고 있다. 오른쪽에 스페인 내전을 상징하는 겁에 질린 황소의 옆모습은 파괴에 직면했을 때의 무기력한 감정을 나타낸다. 황소 밑에서는 어머니와 그녀의 무릎에 늘어져 있는 죽은 아이를 볼 수 있다. 그녀는 갓 태어난 아이의 생명의 불꽃을 살려 달라고 호소하고 있다. 그것은 피카소의 피에타(시체를 안고 슬퍼하는 마리아상—옮긴이)이다. 그림의 밑 부분에는 한 남자가 널브러져 있다. 그는 부러진 단검을 손에 들고 있다. 단검 쪽에는 꽃 한 송이가 있다. 오른쪽에 가슴을 드러낸 한 여인은 불빛을 향해 고통이 끝나기를 빌고 있고, 다른 여인은 희망이 사라진 집이 불타 버린 텅 빈 공간을 향해 두 팔을 들고 있다. 작품 속에 흐르는 공포는 마지막 삶의 기운마저 무자비하게 사라지게 한다.

독일 통치 기간 동안 그들은 피카소가 그의 작품을 대중 앞에 내놓는 것을 허락하지 않았다. 한 장군이 커다란 캔버스 위에 그려진 〈게르니카〉를 자세히 보고서 피카소에게 물었다.

"이것을 그린 게 당신이요?"

그의 대답은 매우 날카로웠다.

"천만에요! 이런 짓을 저지른 게 당신이죠!"

피카소는 〈게르니카〉에서의 무력 충돌의 해악을 묘사하고 프랑코 장군에게 공공연히 반대했지만 제2차 세계대전 동안 점령된 파리에 머물고 있었다. 몇 년 뒤 그는 공산당에 들어갔고 전쟁이 끝나자 자신이 스탈린을 지지한다는 것을 보여 주기 위해서 모스크바로 갔다.

1940년대에 사생활에서 혼란을 겪고 있을 때 피카소는 화가인 프랑수아즈 질로를 만났다. 두 사람 사이에는 클라우드와 팔로마라는 이름의 두 아이가 태어났으며 그녀는 그의 그림에서 왜곡되지 않은 유일한 여자였다. 반대로 1953년 둘 사이의 관계가 끝났을 때 그는 자신의 이미지를 왜곡시켰다.

일생을 통해 파블로 피카소는 다른 방식에 과감히 도전했다. 그는 일상적인 물건들을 소재로 하여 조각에 대변혁을 일으켰다. 회화에서는 여러 가지 형식과 색상, 20세기를 망라하는 미술의 다양한 단계와 방향을 시도했다. 게다가 그는 자신을 하나의 흐름에 가두지 않고 초현실주의 같은 새로운 흐름의 작품을 만들어내기도 했다. 그는 조각, 도예, 판화, 그래픽 아트의 작업도 진행했고, 1973년 세상을 떠날 때까지 계속 자신의 재능을 찾아냈다.

피카소는 프랑스 노트르담 드 비의 자택에서 1973년 4월 8일에 91세의 나이로 숨을 거뒀다.

## 카이우스의 친구들 : 아인슈타인과 피카소

"실재의 모습은 나타나는 대로 묘사해서는 안 된다.
우리가 이해하는 대로 묘사해야 한다.
아인슈타인, 피카소, 애거사, 채플린처럼
진실을 보는 새로운 눈이 필요하다."
– 헤지나 곤살베스

아인슈타인과 피카소, 두 사람의 공통점은 무엇일까? 그들은 둘 다 미술과 과학이 인식과 현상의 범위를 넘어서 세상을 탐구하는 수단이라고 생각했다. 이것을 위해 그들은 창의성과 직관을 사용했다.

20세기 초 미술과 물리학 분야에서는 동시에 대변혁을 맞이했다. 한편에서 파블로 피카소는 큐비즘으로 오랫동안 확고하게 자리 잡은 고전적 원근법을 파괴하고 사실성을 표현하는 새로운 방법을 재발견했다. 큐비즘을 주장한 사람들은 마음이 느끼는 대로 물체를 표현한다. 큐비즘은 존재하는 것을 그리는 것이지 보이는 것을 그리는 것이 아니다.

알베르트 아인슈타인 역시 뉴턴의 고정불변한 시공간 개념을 파괴했다. 공간과 시간의 크기는 절대적인 것이 아니고 사실상 관찰자 사이의 상대적 운동에 좌우된다는 것을 제시했다. 그것이 사실성을 설명하는 그의 새로운 방법이었다.

피카소의 작품 〈아비뇽의 아가씨들〉은 1907년에, 그리고 아인슈타인의 상대성 이론은 1905년에 발표되었다. 이렇게 두 걸작이 서로 근접한 시기에 발표된 것을 고려하면 과학이 현대 미술에 영향을 주었다고 생각하는 건 당연하다.

〈아비뇽의 아가씨들〉에서 피카소는 사차원 표현의 문제에 대한 해법을 제시한다. 그 작품은 매음굴의 벌거벗은 다섯 명의 창녀들을 묘사하고 있다. 오른쪽에 있는 두 여인의 얼굴은 가면을 쓴 것처럼 눈에 띄는 얼굴형을 보여 준다. 코의 형태나 얼굴은 아프리카 가면들을 참고로 일련의 드로잉 속에서 고심하여 만들어 낸 것이다.

유니버시티 칼리지 런던의 과학철학 및 과학사 교수 아서 I. 밀러는 최근 저서 『아인슈타인, 피카소 - 현대를 만든 두 천재』에서 이 주제를 꺼내서는 명백한 시대적 일치에 대한 아주 그럴듯한 해석을 제시하고 있다. 밀러에 따르면 아인슈타인과 피카소의 걸작 사이에는 사실상 직접적인 영향은 없었다. 둘 다 20세기 초에 이미 시작된 뚜렷한 문화적 변화의 일부였다. 이 변혁이란 우리가 판단력에 의해서만 실재를 이해할 수 없다는 논점에 초점을 맞추는 것이었다.

피카소는 각각의 각도에서 동시에 보이는 형태와 이미지를 연구했다. 관람자가 조각상을 바라볼 때 그는 대상의 부피감뿐만 아니라 다른 각도의 모습도 알 수 있다. 무엇보다 중요한 것은 세상에 순간적으로만 존재하는 조각상은 없다는 것이다. 만약에 있다면 공간에서 어떻게 움직이겠는가?

어떤 물체가 존재하기 위해서는 삼차원뿐만 아니라 시간인 사차원도 필요하다. 시간이 사차원으로 고려될 수 있다면 시공간이라는 새로운 개념이 존재한다는 것도 고려될 수 있다.

입체파 화가로서 피카소는 우리가 사람의 앞과 뒤를 동시에 볼 수 있는 것처럼 그림 속에서도 사차원 공간을 관람할 수 있도록 대상의 모든 면을 표현하려고 한다.

한편 아인슈타인은 특수 상대성 이론에서 상대적인 운동을 하는 관찰자들, 이를테면 보도에 정지해 있는 사람과 차를 타고 지나가는 사람의 경우 거리 간격과 시간 간격을 측정하면 다른 결과를 얻을 수 있다는 점을 제시했다.

보도에 정지해 있는 사람이 일 미터짜리 자를 수평으로 들고 있다면 차를 타고 있는 사람 눈에는 자가 더 짧게 보일 것이다. 이런 효과는 초당 삼십만 킬로미터로 가는 빛의 속도에 가까운 속도에서만 의미가 있기 때문에 이것을 인지할 수는 없다.

시간에서는 정반대의 일이 일어난다. 보도에 정지해 있는 사람의 손목시계와 비교해 보면 차를 타고 가는 관찰자의 시계가 더 느리게 간다. 시간이 팽창하기 때문이다. 아인슈타인은 시간과 공간이 물리적 현실에서 합쳐져 나타난다고 결론을 내렸다. 몇 년 뒤 상대성 이론에서는 시간을 사차원으로 간주한다는 것이 명백해졌다.

### ❖ 푸앵카레의 영향

피카소와 아인슈타인은 금세기 초에 기하학만이 실재를 묘사하지 않는다는 것을 제안한 프랑스 수학자 앙리 푸앵카레의 영향을 받았다.

푸앵카레는 상대성 이론의 개척자 중 한사람으로 여겨진다. 1902년에 출판됐고 1904년에 독일어로 번역된 철학적 숙고와 과학적 주장을 다룬 그의 저서 『과학과 가설』에서 그는 이렇게 설명하고 있다. "망막에 투영된 이차원 프레임을 상상력으로 유추해서 사차원 세계를 묘사할 수 있다."

푸앵카레의 설명에 따르면 우리는 물체가 삼차원으로 존재한다는 것을 알고 있는데 다양한 시점에서 그것을 연속하여 보기 때문이다. 그는 이렇게도 말했다.

> "삼차원 시점의 형상을 평면에 표현할 수 있는 것과 마찬가지로 사차원에서도 형상을 표현할 수 있다. 우리는 다양한 시점에서 여러 방면을 볼 수 있으므로 사차원 공간에서 누군가 움직이는 일련의 모양을 묘사할 수 있다."

피카소가 푸앵카레의 책을 읽었을까? 피카소는 활기찬 예술가 무리들과 함께 살았다. 그 친구들 중에 보험사 지점의 보험 회계사이며 취미로 고등 수학을 공부하는 모리스 프랭세라는 사람이 있었다.

가장 유명한 모델 중 한 사람이자 피카소의 절친한 친구인 알리크 게리는 그림 그리는 재능을 계발하고 싶어 하던 자신의 애인을 화가에게 소개시켰다. 애인과 동행한 프랭세는 곧바로 예술가들이 모이는 술집을 드나들기 시작했다. 후에 프랭세는 승진을 하기 위해서 알리크와 결혼했는데, 19세기 사회에서는 결혼한 남자를 더 확실하고 믿을 만하다고 여겼기 때문이다.

프랭세는 피카소와 그의 친구들에게 푸앵카레의 저서를 여러 번 들려주었다. 프랑세는 피카소가 〈아비뇽의 아가씨들〉을 창작하던 시기에 피카소의 작업실을 자주 방문했다. 그는 기하학에 대해 논했고 전통적 원근법에 반대했다.

### ❖ 피카소와 아이슈타인의 다른 공통점

아인슈타인과 피카소는 사생활 측면에서 공통점을 공유한다. 피카소의 전기 작가 존 리처드슨은 화가의 연인 중 한 명인 도라 마르의 말을 인용하고 있다.

> "그의 생활 방식과 스타일에는 다섯 가지 요소가 있다. 사랑하는 여인, 자극제 역할을 하는 시인들, 그가 사는 장소, 충분히 받아보지 못한 감탄과 공감을 주는 친구들, 떨어질 수 없는 벗인 그의 개."

피카소는 하수도, 전기, 가스, 포장도로도 없는 가난한 이웃들이 있는 몽마르트르 구역 라비냥 가 13번지에 살았다. 이 집은 시청에서 세탁부들에게 준 낡은 배와 비슷하다고 해서 '세탁소'라는 애칭으로 불렸다. 이 기간 중에 1907년 〈아비뇽의 아가씨들〉을 창작할 당시에 피카소는 페르낭드 올리비에와 동거하고 있었다. 〈아비뇽의 아가씨들〉은 큐비즘의 시초를 알리는 작품이다. 이 작품으로 피카소는 악평을 얻었고 비평가들 사이에서 많은 논쟁을 불러일으켰다.

1905년 아인슈타인과 그의 아내 밀레바는 스위스 베른의 크람 가 49번지의 낡은 건물로 이사했다. 베른에서 아인슈타인의 절친한 친구들은 그와 마찬가지로 무명의 공무원들이었고, 피카소의 친구들처럼 그들 중 아무도 아인슈타인이 전개할 혁명적인 개념을 상상도 하지 못했다. 아인슈타인은 친구들 집에서 열리는 모임에 참석하는 것을 좋아했다. 점잖은 척하는 과학 아카데미를 조롱하는 뜻에서 그는 이 모임에 '올림피아 아카데미'란 이름을 붙였다.

### ❖ 세잔의 영향

일반적으로 미술사가들 사이에 논쟁은 큐비즘이 폴 세잔과 아프리카 원시 미술에서 기원한다는 것이다.

세잔은 그의 작품에 기하학적 형상을 사용했고 자연에서 원통형, 구형, 원추형을 본다고 주장했다. 그의 그림에서는 삼각형 구도로 대상을 표현하는 전통적 원근법이 파괴됐다. 그리고 한 개 이상의 복수 시점을 이용해 형상을 미묘하게 왜곡된 형태로 나타냈다. 세잔의 형태 왜곡은 표현파 화가들의 형태 왜곡과 달리 사면에서 평면의 파괴, 부피의 분할, 새로운 균형 형식에 의한 것이다. 피카소의 스케치북과 이 작품의 다른 목격자들에 의해 판단하건대 세잔이 오랫동안 심사숙고하여 이 그림을 준비했다는 것을 알 수 있다.

세잔의 스케치에는 다양한 드로잉이 있는데 그중 하나는 사차원 입방체를 투영하여 그린 것이다. 그의 스케치를 모두 살펴보면 인체의 요소를 단순화해서 기하학적 모양에 가깝게 그리기 위해 부단히 탐구하고 있다는 것이 드러난다.

여러 시점에서 바라본 대상의 연구를 통해 파블로 피카소와 조르주 브라크는 그들의 다음 작품에서 이 큐비즘의 중요한 요소를 분명하게 드러냈다. 즉 동일한 캔버스에 다양한 시각을 겹치고, 같은 대상을 각각의 시점에서 나타냈다.

### ❖ 창의성은 다른 원천들에서도 나올 수 있다

20세기 미술에 주로 영향을 미친 큐비즘 운동의 근원을 왜 미술에서만 찾아야 할까?

피카소의 〈아비뇽의 아가씨들〉의 원천을 과학과 수학 그리고 공학적 기술로 넓힘으로써 우리는 피카소의 걸작을 더 자세히 관찰할 수 있다.

상대성 이론과 〈아비뇽의 아가씨들〉은 과학과 미술, 두 세계의 해법을 제시한다. 문화적으로도 지리적으로도 떨어져 있었지만 아인슈타인과 피카소는 셰익스피어가 다음과 같이 말한 대로 사실성에 대한 시각을 넓히는 극적 변화를 불러왔다.

"과학과 미술에는 우리가 철학에서 꿈꾸는 것보다 더 많은 것이 있다"

# 카이우스의 친구들
## :애거사 크리스티

나는 진실을 알아내고자 했습니다.
진실이란 아무리 추한 모습을 하고 있다고 해도
그것을 찾는 사람에게는 항상 흥미롭고 아름다운 겁니다.
– 애거사 크리스티(『애크로이드 살인 사건』 중에서)

애거사 메리 클라리사 밀러(1890~1976)는 1890년 9월 15일 영국 데번주 토키에서 태어났다. 아버지 프레더릭 앨버 밀러는 부유한 미국인 주식 중매인이었고, 어머니는 영국 귀족인 클라라 보머였다. 애거사는 언니와 오빠가 각각 한명씩 있었는데 애칭이 매지인 열한 살 많은 언니 마가렛 프래리 밀러와 애칭이 몬티인 열 살 많은 오빠 루이스 몬탠트 밀러가 있었다.

그녀는 빅토리아 여왕이 통치하는 시기에 성장했다. 그 당시에 토키는 넓은 사유지가 있는 귀족들의 거주 지역이었다. 이것으로 그녀의 작품 대부분의 무대가 시골 저택으로 설정된 이유를 알 수 있다. 그 시대에는 남자아이들만이 학교에 다녔다. 여자아이들은 집에서 가정 교사의 교육을 받았다. 애거사의 어머니는 관습을 따르지 않는 사람이어서 큰딸 매지를 학교에 보냈다.

추리 소설의 여왕이 될 그 꼬마는 네 살, 아니 그 이전부터 이미 혼자서 동화책을 읽을 수 있었다. 호기심이 많은 소녀였던 애거사는 보모에게 그녀가 본 어떤 단어든, 이를테면 가게 진열창에서 본 단어 같은 것의 의미를 묻는 버릇이 있었다. 그녀는 그 단어들을 암기해서 글자를 모르고도 간단한 문구를 읽을 수 있었다. 이런 짧은 문구에서 점차 책으로 옮겨 가서 그녀는 아주 어린 시절부터 왕성한 독서가가 되었다. 애거사는 어린 시절에 피아노를 배웠고 학교에는 다니지 않았다. 부모님을 제외하고 그녀의 교육에 가장 큰 영향을 미친 사람은 보모와 큰 언니, 오빠, 그리고 조부모님이었다. 아버지에게는 훗날 그녀가 가장 좋아하는 과목이 된 수학의 기초를 배웠다.

애거사는 사과를 몹시 좋아했는데, 특히 목욕을 하거나 이야기를 만들면서 먹는 것을 좋아했다. 주로 강아지 토비와 눈에 보이지 않는 친구들과 놀았다. 매년 축제에서 원숭이 인형을 사 모으고 넓은 바다에서 수영하는 것을 즐겼는데 특히 폭풍우가 치는 날에 수영하는 것을 좋아했다. 잘하지는 못했지만 승마와 테니스도 조금씩 했고 댄스 레슨도 받았다. 음악회 철이 지나면 겨울에는 프린세스 부두에서 친구들과 어울려 롤러스케이트를 타기도 했다.

애거사는 열두 살 때 아버지를 잃고 힘든 시기를 보내야 했다. 아버지가 돌아가신 후 수개월간 경제적인 문제와 어머니의 건강 문제가 나타났다. 그녀는 청소년기인 1906년 파리에서 성악 레슨을 받았다. 그녀가 장기 여행을 한 이 시기에 그녀의 가족은 애쉬필드에 있는 소중한 집을 세놓아서 여행을 위한 경비를 마련했다. 한때 그녀는 음악회에서 노래를 하는 오페라 가수를 꿈꿨지만 그녀의 음악적 재능과 내성적인 성격이 조화를 이루지 못했다.

그들이 영국으로 돌아왔을 때 어머니의 건강이 악화됐고 가족 주치의는 토키와 같은 바닷가 도시보다 습기가 없는 곳에서의 요양을 권했다. 다시 집을 세놓고, 애거사와 어머니는 카이로에서 석 달을 보냈다. 이 기간 동안 애거사는 영국인 가족이 많이 있는 곳에서 댄스 파티에 자주 참석하면서 성격이 빠르게 바뀌었다. 그녀는 어머니의 영향을 받아 글을 쓰기 시작했는데, 애거사가 독감에 걸려 누워 있을 때 어머니는 딸을 격려해 소설을 창작하게 했다. 한때 그녀는 자신의 능력을 의심하기도 했지만 어머니의 거듭된 권유로 결국 소설을 쓰게 됐다. 이웃에 사는 가족의 친구인 극작가 이든 필포츠(1862~1960, 영국의 소설가·시인·극작가—옮긴이)의 격려에 힘입어 그녀는 계속해서 글을 썼다. 유명해졌을 때 그녀는 대부분의 등장인물들이 죽는 우울한 이야기를 쓰는 게 너무 재미있었다고 얘기했다.

제1차 세계대전 동안 애거사는 토키의 한 병원에 간호사로 자원하여 일했고 거기서 장래에 매우 유용하게 사용할 독약에 관한 지식에 정통하게 됐다.

애거사는 영국 육군 항공대의 아치볼드 크리스티 대령을 만났다. 몇 년간의 구애를 받은 뒤 전쟁이 끝나고 나서 그녀는 마침내 그와 결혼했고 애거사 크리스티로 알려지게 됐다. 5년 뒤 그녀의 외동딸 로잘린드가 태어났다.

애거사는 늘 코난 도일과 애드거 앨런 포, 가스통 르루가 쓴 추리 소설을 많이 읽었다. 이런 독서의 영향으로 그녀는 언니 매지와 즉흥적으로 추리 소설을 짓곤 했다. 그녀의 첫 추리 소설 『스타일즈 저택 괴사건』은 자신이 추리 소설을 쓸 능력이 없다는 언니의 말에 자극을 받아 만들어 낸 것이었다. 언니는 한번 해 보라는 식이었지만 애거사는 진지하게 그 도전에 응했던 것이다. 이 책은 여섯 명의 편집자에게 거절당한 끝에 1920년에 출판됐다.

평균적으로 일 년에 한 권씩 추리 소설을 발표한 뒤, 1926년 그녀는 대표작인 『애크로이드 살인 사건』을 썼다. 편집자 콜린스에 의해 출판된 그녀의 책들 중 첫 번째 작품이었다. 이 책은 이후 50년간 계속하여 70권의 책을 출판하는 작가와 편집자 관계의 기원을 연 첫 번째 작품이었다. 『애크로이드 살인 사건』은 〈알리바이〉라는 제목으로 연극화되어 런던 웨스트엔드에서 성공을 거둔 최초의 책이기도 했다.

애거사의 삶은 1936년 어머니의 죽음으로 산산이 무너졌다. 애거사는 딸과 함께 시골로 떠났고, 남편은 런던에 머물렀다. 이 기간에 애거사의 남편은 다른 여자와 바람을 피웠고 그녀를 혼란과 충격 속에 빠뜨린 채 떠났다.

기록에 따르면 그녀는 한동안 실종됐다가 마침내 남편의 애인 테사 넬러의 이름으로 숙박부를 기재하고 투숙한 어느 호텔에서 발견됐는데 단기 기억 상실증에 걸렸다고 주장했다고 한다.

이혼 후에도 그녀는 이미 그녀의 책에 트레이드마크가 된 남편의 성을 그대로 사용했다. 그녀는 12편의 희곡과 단편집 그리고 60편 이상의 추리 소설을 썼다. 그녀의 가장 성공적인 무대극은 런던에서 처음 상연된 〈쥐덫〉이었다. 이것은 오늘날까지도 공연되고 있으며 영어권에서 가장 오래 공연되고 있는 연극이 됐다. 그녀는 또한 메리 웨스트마코트라는 이름으로 19편의 희곡과 6편의 로맨스 소설을 썼다.

애거사는 몇 년 뒤에 재혼했다. 남편은 그녀보다 열 살 이상 연하인 맥스 맬로원이라는 고고학 교수였다. 그녀는 남편의 고고학 여행에 동반했고, 결혼 후 이름 애거사 크리스티 맬로원을 사용해서 여행기를 쓰기도 했다. 그녀의 추리 소설 중 『나일강의 죽음』, 『메소포타미아의 살인』, 『죽음과의 약속』, 『마지막으로 죽음이 온다』와 같은 작품도 이 여행에서 나왔다.

그녀의 추리 소설에서 범죄는 행동주의적 심리학을 이용해서 해결된다.

이것을 위해서 그녀는 이웃에서 영감을 얻는, 검정 머리와 손질이 잘 된 콧수염을 가진 작은 키의 벨기에인 탐정 에르퀼 포와로를 창조해 냈다. 그의 동료는 헤이스팅스 대령이다. 포와로는 범죄를 해결하기 위해서 날카로운 판단력을 요구하고 '작은 회색 뇌세포'에 대해 이야기한다.

애거사가 창조해 낸 또 한 명의 탐정은 세인트 메리미드의 시골에 사는 영국 노부인을 풍자한 인물인 미스 제인 마플이다. 단순한 우연의 일치로 그녀는 항상 범죄가 일어나는 장소에 가까이 있고, 세인트 메리미드 사람들과의 심리적 유사점을 통하여 언제나 경찰보다 한발 앞서 살인자를 찾아낸다.

애거사 크리스티의 작품들은 긴장감을 더 정교하게 만드는 아주 논리 정연한 단서를 제공한다. 그것들은 조각 그림 맞추기의 조각들 같다. 책 전체를 통하여 나타나는 여러 단서를 결합해서 짜 맞추어야 한다. 그런데 단서와 우연의 일치를 구별하는 것이 항상 쉬운 일은 아니다. 작가는 일단 살인 사건을 제시하고 책을 시작했다. 그다음에 사건이 일어난 방법과 동기를 살폈다. 그런 다음에야 비로소 진짜 단서와 가짜 단서를 여기저기 심어 놓았다. 그녀의 추리 소설에는 등장인물들이 모두 죽는다거나 모든 용의자들이 살인 사건에 관계하거나 살인자가 다름 아닌 이야기의 화자라는 것처럼 항상 예기치 않은 일이 존재한다. 애거사 크리스티는 1976년 1월 12일 옥스퍼드 주 월링퍼드의 자택에서 세상을 떠났다. 비공개 장례식을 마친 뒤에 옥스퍼드 주 촐시에 위치한 세인트 메리 교회 묘지에 묻혔다.

1920년 이래 그녀의 책은 십억 부 이상 발간됐고 수많은 언어로 번역됐다. 애거사는 성경책 다음으로 가장 많이 번역된 책을 쓴 작가이다.

# 카이우스의 친구들 :찰리 채플린

"이해하기 위해서 설명이 따라야 한다면
아무리 훌륭한 작품이라도 참을 수 없다.
만약에 창작자를 제외한 누군가의 보충 설명이 필요하다면,
나는 그것이 목적을 달성했는지 질문을 던져 본다."
– 찰리 채플린

찰스 스펜서 채플린 경(1889~1977, 찰리 채플린은 그의 예명이다.—옮긴이)은 1889년 4월 16일 런던 교외에서 태어났다. 아버지는 바리톤 가수 찰스 채플린이고 어머니는 배우 릴리 하비(본명은 한나 해리엇 힐)였는데, 둘 다 뮤직홀에서 공연했다.

채플린의 의붓형인 시드니는 한나와 오늘날까지 거의 알려진 바가 없는 남자와의 첫 번째 결혼에서 태어난 아들이었다. 이후 한나는 뮤직홀 가수가 됐고, 그곳에서 채플린의 아버지를 만났다. 두 사람이 결혼을 한 뒤 그녀의 남편은 시드니를 입양해 시드니 존 채플린으로 자신의 호적에 올렸다.

부부는 찰리 채플린이 아직 아이일 때 헤어졌다. 그의 아버지는 아내가 다른 뮤직홀 가수 리오 드라이든과 바람을 피우고 있다는 것을 안 뒤에 형제들을 어머니에게 남겨 둔 채 가족을 떠났다. 1892년 두 사람의 관계에서 채플

린의 두 번째 의붓 형제 휠러 드라이든이 태어났다. 그는 아버지와 인도로 가서 산 탓에 위대한 코미디언이 유명해진 후에야 채플린과의 혈연관계를 알게 됐다.

휠러는 1920년대가 돼서야 어머니와 형제들을 만났다. 1928년 그는 시드니가 출연한 영국을 무대로 한 〈아가씨〉라는 영화를 감독했다.

후두의 심각한 이상으로 어머니는 가수로서의 경력을 끝내게 됐다. 주로 난봉꾼들과 군인들이 찾는 최악의 공연 장소인 올더숏 극장에서 〈라 칸티나〉를 공연할 때 어머니의 첫 번째 위기가 찾아왔다. 릴리는 무자비한 청중들이 던진 물건에 크게 다친 채 야유를 받고 퇴장했다. 무대 뒤에서 그녀는 울부짖으며 매니저와 언쟁을 벌였다. 그동안 채플린은 혼자 무대에 나가서 그 당시에 잘 알려진 잭 존스의 노래를 불렀다. 갓 다섯 살의 나이에 그는 까다롭고 무자비한 바로 그 청중들로부터 동전 세례를 받았다.

한나는 일자리를 잃고 실업자 신세가 되었고, 결국 두 아이들과 램버스에 있는 쉼터인 램버스 빈민 구호소에서 살아야 했다. 그녀는 간병인으로 일했고 빌린 재봉틀로 집에서 삯바느질을 시작했다.

그 후 그들은 고아들과 무주택자들을 위한 한웰 보육원에서 살게 됐는데 이 시기에 한나의 정신 분열 증세가 처음 나타났다. 1896년에 한나 채플린은 신경 쇠약으로 인해 케인힐 정신병원으로 보내졌고, 그곳에서는 아이들과 다른 방에 격리됐다. 이 시기에 시드니는 전보 배달부 일자리를 얻었고, 채플린은 식료품점과 문구점 배달원, 개인 병원 접수원, 사환, 유리 부는 직공(이 일은 유리를 너무 세게 불다가 기절하는 바람에 하루 만에 끝이 났다.), 식자 직공, 옷감 판매인 등의 다양한 직업을 거쳤다.

의붓형 시드니가 해군에 입대하면서 채플린은 한동안 고아원에서 혼자 살아야 했고, 한나는 여전히 정신병원을 들락거리는 신세였다. 이처럼 가난하고 고통스런 환경에서 채플린은 훗날 그가 주연하고 감독한 시나리오 창작에 사용될 소재들을 얻었고 자신의 강점과 재능을 찾을 수 있었다.

여덟 번째 생일에 찰리는 아버지의 도움으로 '8명의 랭커서 소년들'이라는 댄스 극단에 입단했다. 1901년 알코올 중독으로 인해 아버지가 세상을 떠난 직후에 그는 배우로서 첫 번째 계약에 사인을 했고 〈셜록 홈스〉 연극에서 배달부 역할을 맡았다. 이 일로 그는 돈을 벌기 시작한다.

이후 찰리는 케이시 서커스에서 일하게 됐고, 그곳에서 그의 희극적 재능을 계발했다. 첫 번째 공연에서 그는 처음으로 많은 관객들의 웃음을 멋지게 끌어내고서 무대에 빗발치듯 날아든 동전들을 긁어모을 수 있었다.

십대 시절에 채플린은 프레드 카노 곡예단에 들어갔다. 당시에 그 곡예단에서 일하던 시드니의 소개를 통해서였다. 시드니는 항상 동생의 재능을 인정했다. 카노는 마임 쇼를 무대에 올려서 성공을 거두고 있었다. 의심할 여지없이 이 분야는 채플린의 장기였으므로 그는 같이 공연을 하는 연기자 해리 웰든을 곧 뛰어넘었다.

1909년 그는 파리에서 첫 번째 시즌을 보냈다. 채플린은 그 뒤 잉글랜드 북부에서 순회공연을 하고 토론토에 갔다가 그곳에서 뉴욕으로 자리를 옮겼다. 브로드웨이 무대는 영국 유머를 이해하지 못했지만, 몇몇 신문은 그를 주목했다. 특히 그 당시 영화 산업에서 일하고 있었고 나중에 새로운 고용주가 될 맥 세넷이 찰리의 재능에 주목하게 됐다.

1913년 필라델피아에 있는 동안 채플린은 브로드웨이 중심에 있는 키스톤 코미디 영화사 본사 사무실로 와 달라고 요청하는 전보를 받았다. 그는 주당 세 편의 영화를 만드는 조건으로 150달러의 급료를 제안받았다.

1914년 2월 그의 영화 데뷔작은 신문사 편집실에서 벌어지는 익살스런 등장인물의 모험에 관한 것이었다. 두 번째 영화 〈베네치아의 어린이 자동차 경주〉(1914)에서 그는 사람들의 관심을 끌게 될 인물을 만들어 냈다. 세넷은 그에게 재미있는 옷차림을 하라고 요청했다. 그 유명한 찰리가 어떻게 탄생하게 됐는지 설명하면서 채플린은 이렇게 말했다.

> "헐렁헐렁한 바지, 큰 구두, 지팡이 그리고 중절모 차림을 생각했어요. 모든 것을 부조화스럽게 만들었지요. 바지는 헐렁하게, 웃옷은 꽉 끼게, 모자는 조그맣고, 구두는 크게 말이에요. 처음에는 내가 나이가 들어 보여야 하는지 앳돼 보여야 하는지 몰랐어요. 하지만 내 나이가 훨씬 많은 줄 알았다던 세넷의 말이 생각났을 때, 나는 얼굴 표정을 가리지 않으면서도 나이를 더 들어 보이게 콧수염을 붙였어요."

찰스는 무언의 몸짓에 의지해 궁핍함이 연상되는 탁월한 이미지를 특징으로 하는 독특한 스타일을 창조해 냈다. 채플린은 부르주아 계급의 위선을 비판했고 가난한 사람들의 편에 섰다.

그의 초기 걸작에는 〈매장 감독〉(1916), 〈자립재정〉(1917), 〈치유〉(1917), 〈이민선〉(1917), 〈공채〉(1918), 〈어깨총〉(1918), 〈개의 삶〉(1918), 〈유한계급〉 (1921), 〈순례자〉(1923), 〈키드〉(1921) 등이 있다.

유나이티드 아티스츠에서 만든 그의 영화 중 하나는 채플린이 좋아하는 걸작인 〈황금광 시대〉(1925)이다. 이 영화에서 팬터마임의 대가는 골드러시 시대에 희망을 갖고 알래스카의 클론다이크에 노다지를 찾아 온 떠돌이 역할을 연기한다. 그가 연기한 '롤빵의 춤'과 구두를 요리해서 먹는 희극적인 장면은 그의 모든 작품을 통틀어 가장 유명하고 기억에 남는 장면이다. 당시로서는 생각하기 어려웠던 육백오십만 달러라는 상당한 비용이 들었지만 이 영화는 그에게 가장 많은 이익과 인기를 안겨 주었다.

### ❖ 좋았던 옛 시절은 끝나고

첫 유성 영화 〈재즈 싱어〉(1927)의 등장은 큰 화제를 불러일으켰다. 찰리는 〈시티 라이트〉(1928)를 촬영하고 있을 때 무성 영화의 시대가 끝나가고 있다는 것을 깨달았다. 그런데도 그는 채플린이 말을 하게 하지는 않았다.

뉴욕 주식 시장이 붕괴된 뒤에 뉴딜 정책이 추진되고 좌우익이 대결하는 전체주의적 기운이 일자 채플린은 민주 사회주의에 대한 공감을 감추지 않고서 1930년대에 만든 영화 두 편에서 자신의 불안감을 반영했다.

〈모던 타임스〉(1936)에서 채플린은 대량 생산 과정에서 소외되는 노동자들을 풍자적으로 그리고 있다. 주인공은 여전히 채플린이지만 영화 내내 단 한 마디도 하지 않는다.

〈위대한 독재자〉(1940)에서 위대한 영국인 영화 제작자는 의심할 여지없이 아돌프 히틀러를 풍자한 파시스트 독재자 아데노이드 힝켈 역을 맡았다. 이 영화에서 채플린은 전쟁에 대한 논쟁의 여지가 있는 연설을 하면서 처음으로 말을 하게 된다. 독일과 피점령국들 그리고 중립국들은 그 영화를 상영하기 위해선 다른 정치적 시기를 기다려야만 했다. 미국인들 모두가 영화의 마지막에 나오는 평화주의 연설에 동감한 것은 아니었다. 프랭클린 D. 루스벨트 대통령은 〈위대한 독재자〉를 본 뒤에 채플린을 백악관으로 불러서 꽤 간결하게 의견을 말했다.

"당신 영화가 많은 문제를 일으키고 있는 건 분명해요, 찰리."

그 영화를 감독하고 주인공을 연기한 탓에 채플린은 제2차 세계대전 뒤에 등장한 반공산주의 운동의 주목을 받았다. 반나치 영화를 상영하고 동맹국을 위하여 인도주의적 논쟁을 표현하는 것만으로도 역설적으로 독일과 교전 중이자 소련과 같은 편인 미국에 위협으로 간주되기에 충분했다.

채플린은 이때 이미 그의 네 번째 아내가 된 유명한 극작가 유진 오닐의 딸 에러 우나 오닐을 만났고, 에러와는 1943년에 캘리포니아 해안의 작은 마을에서 결혼했다.

〈무슈 베르두〉(1947)는 여자들을 유인하여 살해한 사디스트적인 살인자 랑드뤼의 전기에 근거한 영화이다. 채플린은 결정적으로 이 영화로 인해 추방됐다. 〈무슈 베르두〉는 미영화협회뿐만 아니라 많은 언론과 몇몇 우익 조직들의 비난을 받았다. 영화는 완전히 실패로 끝났다. 미 의회 반미활동위원회는 '적의를 가진 증인' 리스트에 채플린을 포함시켰다. 채플린은 곧바로 소환되지는 않았지만 다음과 같은 진술서를 보냈다.

> "위원회의 편의를 위해 한 가지 일러두고 싶은 것이 있습니다. 나는 공산주의자도 아니고 평생 어떤 정당이나 조직에도 소속된 적이 없었습니다. 나는 당신들이 말하는 소위 '평화론자'입니다. 이 말에 오해의 소지가 없기를 바랍니다."

완전히 불리한 환경임에도 불구하고 채플린은, 젊은 발레리나에게 용기를 주는 데 자신의 말년을 헌신한 뮤직홀 배우에 관한 멜로 드라마 〈라임라이트〉(1952)를 미국에서 촬영했다. 채플린은 이 영화에서 그 시대의 또 한 명의 위대한 희극 배우인 버스터 키톤과 함께 작업했다.

1952년 9월에 채플린은 이민국 직원들을 맞았다. 그는 공산주의자이고 비애국자이며 일부러 귀화하지 않고 간통까지 했다는 의심을 받았다. 그때가 미국에서 채플린의 마지막이었다. 휴가가 필요하다는 구실로 그는 뉴욕으로 가서 언론 관계자들에게 〈라임라이트〉를 발표하고 나서 그곳에서 아내와 아이들 넷을 데리고 런던으로 출항하는 퀸엘리자베스 호에 몸을 실었다. 출항 이틀째 되던 날 채플린은 그의 정치 활동과 사생활에 관한 예전의 죄상이 다시 드러나서 연방 감찰관의 요청으로 새로운 조사가 시작된다는 것을 알리는 전보를 받았다. 이것은 지난 40년 동안 그의 고향이었던 나라와의 최종적인 단절을 나타냈다.

런던과 파리, 로마에서 〈라임라이트〉가 최고의 영화로 주목을 받으면서 채플린은 유럽을 두루 여행할 수 있었다. 마침내 그는 스위스 브베 근교에 정착했다. 우나는 재정적 문제들을 해결하고 채플린 영화에 대한 부정적 견해도 알아보기 위해서 미국으로 돌아갔다. 유럽으로 돌아와서 그녀는 로잔에 있는 미국 영사관에서 "자신은 그런 난센스를 참을 수 없을 만큼 나이를 먹었다."는 이유를 내세워 시민권을 포기하고 비자를 반환했다. 〈뉴욕의 왕〉(1956)은 런던에서 촬영됐는데 미국에서 겪은 굴욕에 대한 채플린의 분풀이를 나타낸 영화였다.

### ❖ 조명이 꺼지고

1965년 채플린의 생일날 시드니가 세상을 떠났다. 그는 줄곧 채플린을 도왔고 배우와 사업가로 일했으며 무엇보다도 훌륭한 형이었다.

1971년 미국 영화 아카데미는 미국 정부의 명성을 회복하기 위해서 '금세기 영화 예술 발전에 기여한 값진 공로'로 채플린에게 아카데미 특별상을 수여했다. 일 년 뒤 〈라임라이트〉가 음악상을 수상함으로써 그는 또 한 번 아카데미상을 받았다. 그 영화는 로스앤젤레스에서 개봉되지는 않았지만 이십 년 뒤 아카데미상 후보에 올랐다. 이 기회에 채플린은 미국으로 돌아가기로 결정했고 긴 박수를 받으면서 마지막으로 무대에 올랐다.

삼 년 뒤 영국 여왕은 채플린에게 대영 제국의 기사 작위를 수여했다. 1977년 12월 25일 한밤중에 그는 88세로 눈을 감았다.

천재는 가고 없지만 과거 세대와 미래 세대를 망라하여 수많은 팬들을 웃음 짓게 만드는 그의 영화가 주는 기쁨과 감동은 절대 사라지지 않을 것이다.

추천의 말

## 아인슈타인, 피카소, 애거사, 채플린과 미술, 과학, 교육의 관련성

이 책은 네 명의 비범한 인물(알베르트 아인슈타인, 파블로 피카소, 애거사 크리스티, 찰리 채플린)의 삶을 다룬다. 그들은 미술, 과학, 교육에 대한 대화를 나누는데, 이 과정에서 그들은 상대성 이론, 사차원, 큐비즘, 살인 사건에 관한 반짝이는 아이디어를 나눈다.

이 이야기는 1905년의 파리에 도착한 시간 여행자 카이우스가 한 기차역에서 살인 사건을 목격하는 것으로 시작한다. 그 후 한 하숙집에서 10대의 애거사와 채플린 그리고 20대 중반의 아인슈타인과 피카소를 만나게 된다. 카이우스는 살인 사건을 해결하는 데 그들의 도움을 받는다.

저자는 이 독특한 인물들의 삶에 대해 많은 조사를 했고, 책의 사이사이에 그들에 관한 흥미로운 전기를 썼다. 이 소설에서 그들은 젊은 날의 어려움과 희망에 대해 말한다. 그들과 카이우스가 나누는 토론은 상당히 놀랍다. 그들은 대화 속에서 자신의 본모습을 발견한다. 살인 사건 수사에서 이성적인 추리 능력을 보여 주는 매력적이고 수줍음 많은 애거사와 조르주 멜리에스의 영화를 좋아하는 팬터마임의 귀재 채플린을 보는 것은 매우 즐겁다. 아인슈타인은 이해하기 쉬운 방식으로 상대성 이론을 설명한다. 그가 과학을 무한한 상상력과 관계있는 것으로 생각한다는 사실은 정말 멋진 일이다. 아인슈타인, 피카소 그리고 다른 흥미로운 인물들은 사차원에 대해 토론하고, 그 생각이 과학과 미술에 어떻게 영향을 미치는가에 대해서도 이야기한다. 이 토론을 통해 피카소는 처음으로 전통적 원근법을 버릴 생각을 하게 된다.

교육 현장에서 이 책을 사용한다면 성인들뿐만 아니라 청소년들 사이에서 미술과 과학에 대한 호기심을 자극할 수 있을 것이다. 우리는 이 책을 통해 많은 자극과 삶의 영감을 얻을 수 있다. 우리 학창 시절에도 이런 책이 있었더라면 학습이 의미 있고 흥미로우며 유쾌한 경험이 될 수 있었을 것이다.

이 책은 매우 유익하고 익살스러운 대화로 이루어져 있는데 덕분에 재미있게 위대한 지성을 이해할 수 있다. 또한 미술과 과학이 같은 요소로 만들어진다는 것을 보여 준다. 바로 상상력과 열정으로!

헤지스 호자(Regis Rosa)

# 과학 천재가 된 카이우스


펴낸날 초판 1쇄 2010년 7월 6일
초판 3쇄 2013년 7월 5일

지은이 헤지나 곤살베스
옮긴이 이정임
펴낸이 심만수
펴낸곳 (주)살림출판사
출판등록 1989년 11월 1일 제9-210호

주소 경기도 파주시 문발동 522-1
전화 031-955-1350 팩스 031-955-1355
기획 · 편집 031-955-1395
홈페이지 http://www.sallimbooks.com
이메일 book@sallimbooks.com

ISBN 978-89-522-1459-1 43400

※ 값은 뒤표지에 있습니다.
※ 잘못 만들어진 책은 구입하신 서점에서 바꾸어 드립니다.